无人作战飞机导论

主编　刘志敏

副主编　张子军　孙智孝　张传超　李志

航空工业出版社

北　京

内 容 提 要

本书从无人作战飞机的定义和分类出发，阐述了无人作战飞机的内涵和外延、发展历程、战术技术要求、关键技术，综述了美国、英国、法国、俄罗斯等世界军事强国在无人作战飞机领域取得的成就。在此基础上，本书重点描述了无人作战飞机的武器火控系统和地面站与数据链系统，并提出了无人作战飞机的任务想定，预测了未来无人作战飞机的发展趋势。

本书适合无人机行业从业人员及军队、工业部门研发和管理人员以及高校师生阅读。

图书在版编目（ＣＩＰ）数据

无人作战飞机导论 / 刘志敏主编 . -- 北京：航空
工业出版社，2021. 12
ISBN 978-7-5165-2852-5

Ⅰ . ①无… Ⅱ . ①刘… Ⅲ . ①歼击机 – 基本知识
Ⅳ . ①V271.4

中国版本图书馆 CIP 数据核字（2021）第 276386 号

无人作战飞机导论
Wuren Zuozhan Feiji Daolun

航空工业出版社出版发行
（北京市朝阳区京顺路 5 号曙光大厦 C 座四层　100028）
发行部电话：010-85672666　010-85672683

三河市航远印刷有限公司印刷	全国各地新华书店经售
2021 年 12 月第 1 版	2021 年 12 月第 1 次印刷
开本：787×1092　1/16	字数：401 千字
印张：16.5	定价：98.00 元

编 写 组

主　　编　刘志敏

副主编　张子军　孙智孝　张传超　李　志

编写人员　岳智敏　史贵超　陈思亮　詹　光　卢元杰
　　　　　白浩雨　金琳乘　刘　扬　王书省　胡立安
　　　　　李明华　李　梁　吴凤军　张　蕾　佟　鑫
　　　　　杨　珂　许　涤

丛 书 序

沈阳飞机设计研究所（简称沈阳所），成立于 1961 年，如今已进入"耳顺"之年。沈阳所成功研制了歼 8 系列、歼 11 系列和歼 15 系列飞机，对我国国防装备建设做出了重大贡献。而在这约 60 年的时间里，有上级机关批文而最终没有研制成功的飞机项目也有四五个之多，足见自行设计军用飞机之路的艰难曲折。究其原因在于这是一条与世界上最先进的军事装备强国的竞争之路。自改革开放以来，在中共中央、国务院、解放军和航空工业各级机关的指导下，沈阳所曾先后与德意志联邦共和国（又称西德）、美国、意大利、苏联 / 俄罗斯等航空强国进行了技术合作，开阔了眼界，也学到了不少先进技术和管理经验。与此同时，自 20 世纪 80 年代以来，沈阳所就比较注重预先研究，坚持独立自主的方针，曾抓住机遇，进行过一个将中、美、意、法四国的飞机和设备进行综合、改装、试验和试飞的"技术输出"项目。后来该项目虽然因国际原因停止了，但沈阳所提高了技术，锻炼成长了一批人才。

从 20 世纪 90 年代中期开始，世界上掀起了"无人作战飞机"（也称"无人空战系统"）的研制热潮。1996 年，美国国防部发布了《世界新前景》研究报告，其中强调指出：美国迫切需要无人机系统，尤其是无人作战飞机。1997 年，美国空军就提出了《无人作战飞机先进技术发展计划》（UCAV-ATD），由此拉开了无人作战飞机概念研究和演示验证的序幕。

沈阳所敏锐地捕捉到世界航空领域这一新的技术发展趋势，组织技术力量开始进军"无人空战系统"研究领域。在"无人空战系统"的研制过程中，经过二十多年的努力，沈阳所技术人员逐步掌握了无人作战飞机的设计、制造、试飞、使用等关键技术，积累了一定的经验，并取得了一些技术突破。

为总结二十多年的研究工作，着眼未来发展，沈阳所联合中航文化筹划编写和出版一套"无人作战飞机丛书"。丛书分别从发展历程现状、关键技术、典型研制案例、项目管理等多个角度、多个维度，系统地阐述了无人作战飞机的技术发展水平，深入地分析了无人作战飞机的技术体系，全面总结了无人作战飞机的宝贵研制经验。目的是向读者全面介绍世界各国"无人空中作战系统"的发展情况、取得的成果、发展的趋势，同时对该领域的未来发展进行技术预测分析，以利再战。

这套丛书所描述和研究的内容，对于无人机系统研制领域的设计师，尤其是无人作战飞机研制领域的专家和技术人员非常有益。对于航空院校内从事教学和进行毕业设计的师生，部队内从事航空武器装备论证研究的专家和技术人员，也有很大

的参考价值。我相信,"无人作战飞机丛书"的出版,将为促进无人作战飞机的研制、推动国内无人作战飞机的技术发展、完善我国航空武器装备体系建设等提供有价值的参考。

中国工程院院士　李明

2020 年 8 月

丛 书 前 言

1951年4月17日，中央人民政府人民革命军事委员会颁发《关于航空工业建设的决定》，并随后在重工业部成立了航空工业管理局，新中国航空工业正式启航。5年之后，航空工业管理局在沈阳成立飞机设计室，标志着新中国自行设计飞机的开始。1961年，我国组建了第一个飞机设计所——沈阳飞机设计研究所，航空工业由此加快了追赶世界航空先进技术的步伐。

我国的航空科研和航空工业在建国初期是从飞机修理和仿制开始的，为解决修理和仿制过程中的生产问题和了解仿制产品的设计思路、方案原理、结构特点、工艺方法、使用边界和条件等，需要进行比较细致的分析研究工作。因此，外机研究工作一直是我国取得先进航空技术、改进飞机设计的主要技术手段之一。我国既研究引进的苏联飞机，也研究美国、欧洲等航空先进国家的飞机。这些研究不仅使我们积累了丰富的生产经验，也为以后的飞机设计提供了宝贵的实践经验。通过研究国外先进航空技术和经典机型，我国在20世纪60年代至80年代，走完了从修理仿制国外飞机到自行研制的道路，并且逐步追赶上世界航空强国的发展步伐。

纵观世界航空史，第二次世界大战（简称二战）后，世界航空进入到喷气式飞机时代。在朝鲜战争中，双方使用的是第一代喷气式战斗机 F-86 和米格 -15。在越南战争期间，第二代战斗机米格 -21 与 F-4 同场竞技。在第四次中东战争中，第三代战斗机 F-15 和 F-16 第一次参战就取得了不俗的战绩。进入21世纪，各国已经开始装备第四代战斗机，其中包括美国的 F-22A、F-35，俄罗斯的苏 -57，中国的歼 20 等。总之，在飞机发明后的100年时间里，有人驾驶飞机一直占据主导地位，尤其是战斗机。

但是，从20世纪90年代中期开始，形势发生了变化。1996年，美国国防部发布了《世界新前景》研究报告，其中强调指出：美国迫切需要无人机系统，尤其是无人作战飞机。1997年，美国空军就提出了《无人作战飞机先进技术发展计划》（UCAV- ATD），由此拉开了无人作战飞机概念研究和演示验证的序幕。

无人作战飞机是指无人在机上驾驶，可自主控制或者地面遥控的复杂飞机武器系统，执行空对空、空对地（海）作战任务，由地面操作员参与武器的投放决策，并且有可回收、可重复使用的特征。无人作战飞机是信息化战争中夺取信息优势、实时精确打击、完成特殊作战任务的重要装备之一，是未来军事力量的倍增器。

无人作战飞机拥有大过载、高机动性、高隐身、经济可承受性强等优点，能有效执行压制敌方防空系统、情报监视与侦察、通信中继、攻击固定目标、战区导弹防御与巡航导弹防御、攻击运动目标、空空作战、空地作战、反大规模杀伤性武器等典型作战任务，极大丰富了无人机的任务域。由于作战任务的不同，无人作战飞机在技术体系方面与之前的无人机有着质的区别。同时，无人作战飞机是一种先进的复杂武器系统，集飞行平台、火控系统、任务设备和地面保障于一体。因此，无人作战飞机独特的火控与武器系统、地面站与数据链系统以及其他关键技术急切需要取得实质性突破。

正是无人机系统在海湾战争和科索沃战争中的广泛运用与优异表现，在军事需求和技术创新的双重驱动下，世界各军事强国的无人机计划获得了越来越多的关注。自20世纪90年代以来，美国和欧洲掀起了无人作战飞机的研制热潮，美国、英国、法国、俄罗斯等先后推出无人作战飞机技术验证机计划。

21世纪初，随着美国研制的X-45A、X-47A等演示验证无人机的成功试飞，美国、英国、法国、德国等加大了无人作战飞机的研制投入，中国和俄罗斯也加入到无人作战飞机的研制行列。经过十几年的努力，美国海军的X-47B、法国的"神经元"、英国的"雷神"、德国的"梭鱼"等对地攻击无人作战飞机演示验证机都进行了验证试飞，X-47B甚至已经完成了舰基起飞和拦阻着舰试验。

在此过程中，无人作战飞机的概念逐渐成熟。由最初美国空军定义的"无人作战飞机"（UCAV）逐渐演变成"无人作战飞机系统"（UCAS）。在本套丛书中，为方便读者阅读，大多数情况下直接使用"无人作战飞机"，省略了"系统"二字，但二者的含义是相同的。

无人作战飞机演示验证机的研制成功，为未来世界航空武器装备增添了新的成员。对于我国航空工业领域和军事研究部门，无人作战飞机的研制、试飞和使用等都是一个新课题，需要进行探索和研究。为了推动无人作战飞机研制和使用的发展，迫切需要相关资料、工具，为研究人员提供支撑。

为此，沈阳飞机设计研究所联合中航文化，编写了"无人作战飞机丛书"，目的是为国内广大无人作战飞机的研究人员提供理论和技术支持。

本套丛书共分4册，分别为《无人作战飞机导论》《无人作战飞机研制的关键技术》《无人空战系统验证机X-47B》《无人作战飞机技术验证流程的管理》。

《无人作战飞机导论》系统梳理了国内外无人作战飞机的需求背景、发展历程和研制进展。重点介绍美国、苏联/俄罗斯、欧洲、亚洲等国家和地区的无人作战飞机系统技术探索、技术验证，以及装备研制、试验和使用情况，最后对无人作战飞机的发展路线、技术规律、典型作战场景等进行分析总结。

《无人作战飞机研制的关键技术》通过搜集、整理和分析国内外大量无人作战飞机研制和演示验证试飞的资料，包括美国波音公司的X-45系列、诺斯罗普-格鲁门公司（简称诺格公司）的X-47系列，以及法国的"神经元"、英国的"雷神"、德国的"梭鱼"、俄罗斯的"鳐鱼"等，同时结合编者们各自的设计经验，总结出当前和今后一段时期，无人作战飞机研制所需要掌握的关键技术。

国内外关于无人作战飞机的资料很多，主要研究对象是美国的X-47B，而且X-47B也是目前演示验证试验走得最远的一型无人作战飞机。实际上，无人作战飞机并不局限于舰载和对地攻击，美国空军也一直在研制未来夺取制空权的无人作战飞机。欧洲各国、俄罗斯、中国也根据各自国家空军、海军的需要，研制具有各自特点的无人作战飞机。尽管如此，在一些关键技术上，这些无人作战飞机是存在共性的。《无人作战飞机研制的关键技术》尝试着介绍无人作战飞机共性的关键技术和个性关键技术，供空海军人员、飞机设计单位的专家及航空院校的师生们参考。

《无人空战系统验证机 X–47B》一书以公开搜集的资料，系统描述 X–47B 无人作战飞机的研制和试验情况，详细分析该型无人机的技术参数、气动布局、隐身、结构等技术特性及相关关键技术，总结 X–47B 无人作战飞机研制的技术创新点，预测了无人作战飞机的未来使用方式及在战争中的作用。

在无人作战飞机的研制实践中，各国几乎不约而同地都采用了制造演示验证机这一途径。在航空武器装备的研制历史上，美国、俄罗斯、欧洲等都广泛采用演示验证模式，特别是美国，X 系列演示验证飞机为航空武器装备研究做出了巨大的贡献，《无人空战系统验证机 X–47B》系统介绍了无人作战飞机研制的途径——演示验证机的研制、试验和评价。

国内关于航空项目演示验证方面的书籍很少，而关于无人作战飞机演示验证技术和方法的资料就更少。《无人作战飞机技术验证流程的管理》尝试介绍无人作战飞机演示验证方案的确定、系统的设计、制造和试飞的方法、流程、评价体系等方面的内容，供军方、航空管理层及各研制单位参考。

希望本套丛书所描述和研究的内容，对无人机系统研制领域的设计师，尤其是无人作战飞机研制领域的专家和技术人员能有所帮助；对航空院校内从事教学和进行毕业设计的师生，部队内从事航空武器装备论证研究的专家和技术人员，具有参考价值。衷心希望广大读者，尤其是热心该领域的读者，能够提出宝贵的批评指正意见，以共同努力推动我国航空装备的发展。

刘志敏

2021 年 4 月

前　　言

　　无人作战飞机是当前世界航空武器装备的尖端科技，是当前世界军事科技强国竞相争夺的武器战略高地，是未来信息化作战、智能化作战、集群化作战的制胜主力装备之一。无人作战飞机是指无人在机上驾驶、可自主控制和地面遥控的飞机武器系统，执行空对空、空对地（海）作战任务，由地面操作员参与武器的投放决策，并且有可回收、可重复使用的特征。广义上讲，察打一体无人机、自杀式无人机、专用的无人作战飞机以及近年来研制的忠诚僚机均属于无人作战飞机的范畴。而专用的无人作战飞机技术难度最大、体系最完备、技术最前沿，本书针对专用的无人作战飞机进行了详细阐述，因而本书提到的无人作战飞机均指专用的无人作战飞机。自 20 世纪 90 年代末和 21 世纪初以来，在军事和技术的双重驱动下，美国、俄罗斯、英国、法国等军事强国纷纷布局无人作战飞机领域，研发了以 X-47B、"猎人"-B、"雷神"、"神经元"等为代表的技术验证机。其中，美国的 X-47B 是当前人类历史上第一架完成技术验证、实现在航空母舰上自主起降和着舰的无人作战飞机，也是人类历史上第一架实现了空中加油技术验证的无人作战飞机。

　　无人作战飞机是一种先进的复杂武器系统，集飞行平台、火控系统、任务设备和地面保障于一体。基于无人作战飞机在军事作战和技术引领方面的重要地位，为了借鉴国内外无人作战飞机研制的经验和成果，本书对国内外无人作战飞机的发展进行了全面综述，并对其独特的武器火控系统、地面站与数据链系统进行了重点介绍。全书分为 8 章，依次从无人作战飞机概述、美国无人作战飞机的发展、欧洲无人作战飞机的研制和发展、俄罗斯无人作战飞机的发展、中国无人作战飞机的发展、无人作战飞机武器火控系统、无人作战飞机地面站与数据链系统、无人作战飞机发展展望等 8 个方面进行讲解。

　　本书是集体智慧的结晶，由刘志敏担任主编，张子军、孙智孝、张传超、李志担任副主编，沈阳飞机设计研究所岳智敏、史贵超、詹光、胡立安、李明华等同志参加了全书的撰写和修改。在此，对上述为本书付出辛勤劳动的同志们致以衷心的感谢！向本书引用的参考文献的各位作者表示诚挚的谢意！感谢他们的劳动丰富了本书的内容。

　　尽管编者们在本书的编写过程中投入了大量的时间和精力，但由于编者水平有限，加上无人作战飞机正处于技术验证机发展阶段，资料和技术还不完善，错误和不妥之处在所难免，敬请专家和广大读者予以指正。

编者

2021 年 4 月

目　录

第1章 无人作战飞机概述

1.1 无人作战飞机概念

1.1.1 定义

2001 年以来，无人侦察机的有效载重、续航时间和任务载荷性能不断提高，无人机装备数量和使用强度呈爆发式增长，开始承担渗透侦察和精确打击等新任务，成为军事强国的重要航空武器装备，并提供了新型常规威慑和作战能力。

无人作战飞机（UCAV）的历史可追溯到第一次世界大战，在经历了越南战争、海湾战争、阿富汗战争等的洗礼后，2001 年，武装化的"捕食者"发射了第一枚导弹武器，用于直接攻击作战的无人机由此引发了世界各国的高度关注。

无人作战飞机主要指大气层内无人驾驶的作战航空飞行器，特点以无人驾驶、固定翼类飞机、可重复使用、大挂载、强机动和涡轮动力为主；除无人外，更具有有人战斗机、攻击机及轰炸机的相似特征，广义上包括察打、攻击及其衍生蜂群类攻击机等。

目前在各种文献中提到的无人作战飞机，主要是指用于执行压制敌方防空火力（SEAD）的 X-45 和 X-47 系列，以及欧洲研制的"神经元""雷神"等演示验证机。实际上，无人作战飞机的使用范围要比这些演示验证机大得多，制空、近距空中支援、纵深遮断等一些有人驾驶战斗机、攻击机、轰炸机所执行的作战任务也在其未来的能力发展范围内。从作战任务角度来看，目前发展的无人作战飞机更类似于战斗轰炸机。UCAV 对应的另外一种中文叫法是战斗无人机，但从语义角度和 UCAV 的含义来讲无人战斗机更确切一点。无人作战飞机包括对面攻击型和制空作战型两类，但无人作战飞机概念的内涵并非如此简单。

迄今为止，世界各国研制的无人作战飞机主要还是对面攻击型无人作战飞机。其中美国诺斯罗普 – 格鲁门公司研制的舰载型对面攻击无人验证机 X-47B 不仅完成了全面的技术验证，而且完成了夜间航行、空中加油、编队飞行等战术任务。

无人作战飞机没有统一公认的准确定义，根据当前无人机的发展现状，可用于作战的无人机均可称为无人作战飞机，这是一种广义的定义。中国工程院院士李明于 2001 年提出了专用的无人作战飞机的定义，即无人作战飞机是无人在机上驾驶、可自主控制和地面遥控的飞机武器系统，它执行空对空、空对地（海）作战任务，由地面操作员参与武器的投放决策，并且有可回收、可重复使用的特征。对于无人作战飞机，国内外很多学者和机构均做出了各自的定义和解释：

（1）国外的 Paul GF 和 Thomas JG 提出的定义是，无人作战飞机系统是一个先进的

复杂武器系统，它是集飞行器平台、任务设备和地面保障于一体的一项系统工程。

（2）无人作战飞机是指无人在机上驾驶、可自主控制或遥控的武器系统，它可执行对空、对地（海）作战任务并且具有可回收、可重复使用的特征。

1.1.2　研发背景

无人作战飞机到底具有哪些显著特征，使其有别于其他飞行器，并受到各国武装力量的青睐？有人驾驶战斗机在研制过程中遇到了哪些无法解决的困难，需要无人作战飞机去替代？有时候，通过回顾历史，往往会找到一些问题的答案。在有人驾驶作战飞机的发展历程中，起初，各国航空兵所使用的作战飞机都是单一用途的，而且分类特别详细，甚至各国同一用途飞机的称谓也不尽相同。例如，在第二次世界大战期间，负责夺取制空权和护航任务的飞机，美国称作战斗机或驱逐机，而苏联又分为前线歼击机和截击机（负责国土防空）；还有负责攻击地/水面目标的各种轰炸机、鱼雷机等，负责战场遮断和近距支援的攻击机/强击机。进入20世纪60年代后，美国开始研制多用途战斗机，典型代表就是F-4"鬼怪"，但其作战效果不佳。在研制第三代战斗机的过程中，美国充分吸取了越南战争的教训，暂时放弃了多用途战斗机的想法，提出了空中优势战斗机的概念，所研制的F-15战斗机更加突出机动性和空战能力。美国在研制F-35战斗机的时候，又提出了"一机多型"概念：F-35A为美国空军等使用的空中优势战斗机，F-35B为舰载型，F-35C为短距起飞垂直降落型。诺斯罗普-格鲁门公司在研制X-47B无人作战演示验证机时，也尝试"一机两型"使用概念。X-47B飞机的机翼、内埋武器舱都为可更换部件。作为无人作战飞机使用时，使用机翼翼展稍短的外翼，内埋武器舱内悬挂攻击武器。作为无人侦察机使用时，使用大翼展外翼，内埋武器舱改为油箱。所以，未来的无人作战飞机既可能是单一用途的，也可能是多用途的，飞机机体外形可变，机内任务载荷也可以根据所执行的任务而改变。

到了20世纪80年代，计算机技术、电子技术开始突飞猛进发展，精确制导武器得到广泛应用。90年代后，通信技术、网络技术飞速发展，又提出了网络中心战概念，战斗机中远距空战所占比例明显增大。网络中心战要求有人作战飞机、无人作战飞机、空中预警机、卫星、各种保障性飞机进行混合编队，这又为无人作战飞机的使用概念增加了内容。

未来，世界各国所面临的战略环境及由此导致的国家安全挑战多种多样，武器装备的作战范围也从陆地、海洋、大气层向临近空间转移。航空武器装备也从有人驾驶飞机为主，向有人机、无人机协同作战方向发展。早在20世纪70年代初爆发的第四次中东战争中，无人机就发挥了巨大的作用。

海湾战争后，无人侦察机、察打一体无人机在战场上得到广泛应用。在军事需求牵引和工业部门的技术推动下，专用的无人作战飞机概念开始变得清晰。所谓察打一体无人机，也称为侦察型无人攻击机，例如，美国的"捕食者"B无人机，中国的"翼龙"-2无人机等，它们都具有监视侦察地面目标并实时对其进行打击的能力。这种无人侦察-作战飞机是无人作战飞机在其发展历史上迈出的第一步，它们与多用途战斗机概念有类似之处，为无人作战飞机的定义提出了新问题。它们属于无人作战飞机吗？从使用功能上分类，察打一体无人机的任务是侦察和监视，攻击是其次要功能。无人作战演示验证机 X-47B 则恰恰相反，执行的主要任务是对地攻击，侦察和监视是次要功能。这就是察打一体无人机与无人作战飞机的主要区别。轰炸机也安装有自卫武器，能够攻击敌机，但其主要任务是轰炸，因此，不能称轰炸机为战斗机。

由于精确制导武器和先进导航 - 瞄准系统的出现，这些侦察型无人机可以不用俯冲降低高度就可以完成对地面目标的攻击，这是航空技术发展的必然结果。美国在执行联合攻击战斗机（JSF）计划时，就放弃了"多用途"概念，采用"一机多型"思路——F-35A 为空中优势型战斗机，F-35B 为舰载型战斗机，F-35C 为短距起飞垂直降落型战斗机。诺斯罗普 - 格鲁门公司在研制 X-47B 无人作战飞机时，又采用了"一机多用"方案。X-47B 飞机的机翼外翼可以根据侦察和作战需要进行更换，而内埋武器舱也可以根据任务需要更换成油箱，以增大航程。

很显然，武装无人侦察机"捕食者"所代表的无人驾驶飞机发展处于另外一个平面内，与无人作战飞机的发展不在一个平面。这可以从 MQ-1 及其随后衍生的"死神"和"天空勇士"的外形中就可以看出来，它们都是低速飞机，最佳技术外形都是针对巡航状态，只是符合当时美国无人作战飞机的定义。

当然，在有人机分类时还考虑了飞机的机动能力，例如，战斗机属于高机动飞机，其最大使用过载应超过 7。运输机和轰炸机属于非机动飞机，其最大过载通常限制在 3.5 以下。攻击机的最大过载则低于战斗机、高于轰炸机。

1.1.3　基本要求

无人作战飞机是充分利用信息技术革命成果而发展的高性能信息化武器装备，对提高战场空间感知能力、高风险目标突防能力、通信导航支援能力、电子战能力、压制敌防空系统能力、固定和移动目标攻击能力、高过载机动能力、作战生存能力和联合作战能力与主宰战场空间能力等起着重要作用，在未来战争中处于突出的地位。因此，未来战争要求无人作战飞机除了能够承担传统无人机所承担的常规任务外，对无人作战飞机提出的基本任务要求为：

（1）最基本的任务是携带武器完成攻击任务；

（2）执行压制敌防空系统、纵深攻击等危险性较大的任务；

（3）在危险作战环境中替代有人机，如轰炸生产、储存化学武器和生物武器的工厂和仓库等；

（4）作为满足滞空时间、生存性和飞行高度等要求的经济型空中监视平台；

（5）作为指挥、控制、通信、计算机、情报、监视与侦察（C^{4}ISR）系统中的一员，以及空中武器的发射平台；

（6）在联合作战体系中，实现有人 / 无人编队、协同作战。

除了任务要求以外，对无人作战飞机的性能要求是：

（1）能够进行全高度（低、中、高空）、长时间的飞行；

（2）具有大过载与高机动性；

（3）具有隐身性；

（4）多用途；

（5）应具有一定的智能化水平和自动化程度；

（6）其机载航空电子设备、推进系统、任务载荷应具有较高的自动化、可靠性水平，并具有较小的体积和重量[①]等。

1.1.4　系统组成

由于无人作战飞机具有飞行边界大、飞行时间长、飞行高度高、飞行环境复杂等特点，因此对无人机提出了许多新的要求，技术上必须有新的突破。对无人作战飞机的飞行控制、通信系统，侦察设备、武器系统的控制与管理也有更高的要求。无人作战飞机应由飞行器平台、动力、自主飞行控制、信息处理与传输、目标探测、武器控制管理及各种任务载荷、目标识别、精确导航定位、自主起降与航行、空域管理和自主攻击决策等多个系统组成。

（1）飞行器平台。无人作战飞机要在敌方上空作长时间飞行，作战半径大、飞行高度高，因此需要超常的气动布局和气动设计。低雷诺数高升阻比翼型、大展弦比机翼的气动弹性技术都将被飞行器平台广泛采用。为保证在敌方上空长时间飞行，不被敌方发现、跟踪和攻击，需要采用多种隐身技术，以降低雷达截面积（RCS）、控制和减少系统的信号特征、降低可探测信号。无人作战飞机飞行平台一般具有尺寸小、重量轻、承受过载能力强等特点。

（2）动力系统。以往的无人机以靶机和侦察机居多，动力装置大多为寿命短、成本低的活塞式发动机带动螺旋桨。而无人作战飞机要求动力装置寿命长，能高空、高速、低油耗飞行，功率大，重量轻，要有高的功率/重量比，尺寸小，同时发动机的声音也要小。在满足飞机的推力要求之外，还应满足隐身性能的要求。

（3）自主飞行控制系统。无人作战飞机的自主飞行控制系统是无人机系统的核心，直接影响无人作战飞机的可靠性和生存力，负责控制无人机完成自主飞行、着陆、出航、返航及在战区执行攻击任务。无人作战飞机的一般起飞重量都比较大，多采用常规轮式起落架装置进行自主式起飞和着陆，这样才能保证无损伤着陆，并缩短再次起飞时间。

（4）信息处理与传输系统。无人作战飞机在执行作战任务时，一方面要通过自身的机载探测设备获取外界信息，另一方面还要与空中的母机、地面的控制站、外层空间的卫星和海洋上的军舰进行信息交流、传递情报、接收指令。为此，无人作战飞机应配备先进的数据链系统、战术信息收发系统。自主能力强的无人机还需安装战术决策支持系统，依靠机载数据库和专家系统进行实时战术决策。这种无人机能够根据空战态势的变化，灵活实施巡航飞行、机动飞行、占位、攻击和规避等。

---

① 本书中的重量为质量（mass）概念。

（5）信号探测系统。无人作战飞机需具有大覆盖面、高分辨率和实时传输融为一体的信号探测系统。无人作战飞机一旦安装这种信号搜集设备，它就能收到敌方低功率的通信信号和发自电子设备的信号，这样无人机就可深入到敌方的信号发射源附近去获取信息。

（6）武器系统。无人作战飞机主要用来攻击敌方纵深地区的地面设施，因此要有全天候和瞄准点极为精确的武器系统。武器系统能提供所需要的武器控制和投放功能。在特定的情况下无须地面指挥介入，能自主地进行武器选择、瞄准和投放。无人作战飞机携带重量轻、杀伤力大的常规武器或定向能武器。

（7）目标识别系统。先进的无人作战飞机和导弹已具备了自动目标截获（ATA）能力，但这并不够。当战场上的目标很多时，截获的目标是否就是要攻击的预定目标很难确定。因此，无人作战飞机必须具备自动目标识别（ATR）能力。目标识别大致分三个层次：敌我识别、所选目标识别和目标细节识别。例如，发现地面的坦克集群后，首先要判断是友军还是敌军；然后识别坦克的型号，确定能不能攻击；若搜索到的坦克正是要打击的目标，还必须区分出它们是完好的还是已被摧毁了，并找出完好坦克的薄弱环节（如顶部）实施攻击。

在有人驾驶飞机上，敌我识别需要飞行员目视判断与辅助技术手段相结合。而无人作战飞机的识别能力起码应达到这种水平，因此必须发展先进的传感器以及模式识别、柔性智能决策等人工智能技术。当然，如果携带了具备自动目标识别能力的导弹，那么对载机的要求可以适当降低。另外，将无人机探测到的目标信息发回到地面站，由地面操纵人员进行分析、决策，也是可行的办法之一。但该方法存在无线控制链路容易受到干扰和阻断的问题。

（8）精确导航系统。在作战行动中，无人作战飞机必须要能够及时到达指定区域、精确定位、获取敌我双方的相关参数，以构成武器投射的条件。在对方的威胁下进行机动规避，也需要改善导航定位精度。未来的无人机实现精确定位的要求，将主要依靠惯导、全球定位系统（GPS）、多普勒导航、组合式导航、程序控制、地形匹配、地图匹配等多项技术。

（9）自主起降与航行系统。现役大型无人侦察/攻击机的起飞和着陆主要依靠地面操控。未来的大型无人作战飞机应具备自主起飞、着陆和空中机动飞行的能力，小型的无人作战飞机可采用母机投放和自主返航、回收的方式。随着精确测高技术的完善，部分民用和军用飞机已经或接近拥有自主起降与航行的能力，部分无人机也可以不靠地面人员的辅助而自行起降。对无人作战飞机的新要求是：当机场被毁、无人机负伤或出现故障时，能够在没有导航和着陆控制设备的情况下降落。

（10）空域管理系统。无人机的大量使用带来了新的空域管理问题，而这些问题的解决将涉及为避免空中相撞而制定的基于规则的操作过程和协议以及所需的技术。携带弹药的无人作战飞机的返航问题也要引起特别关注，对于舰载机来说这一问题更复杂。除了扩展宽带数据链以及单一的综合空中图像（SIAP）、空域管理外，尚需发展的关键技术包括抗干扰 GPS、极低漂移率的惯性测量设备、冲突检测和防撞系

统、空中交通管制和任务管理算法、精确着陆辅助装置、预测气候对作战环境的影响等。

（11）自主攻击决策系统

自主攻击决策系统是无人作战飞机完成作战任务的主要系统，包括目标信息传感器和任务软件，主要功能是自动完成目标探测、信息处理、传感器管理、任务规划、航路管理、战场态势评估、火控攻击解算、战术管理、武器管理、数据链通信等。

无人作战飞机的自主攻击决策系统通过与地面指挥控制系统和自主飞行控制系统的柔性结合，实现无人作战飞机的各种作战任务功能。该系统各功能模块的详细描述如下：

任务规划模块接受地面指挥控制系统的控制，或根据战场态势规划无人作战飞机的任务。

传感器管理模块根据地面指令或任务规划对传感器的工作模式、探测空间、工作时机、辐射功率、协同工作等进行智能化管理。

信息融合模块接收机载数据链、合成孔径雷达（SAR）、红外成像装置、雷达告警系统等各种目标传感器的信息，选择适当的融合算法，处理后得到确定的、完整的目标信息。可以在机上自动进行目标识别，也可把图像下传，由操作人员进行目标识别。

态势评估模块根据目标信息和己方信息对整个战场态势进行评估，确定影响任务执行的外部威胁的类型、位置和意图。对威胁的意图进行估计并对其未来活动进行预测。

航路规划模块实时监视地形信息和飞机的状态，根据本机燃油状况、系统任务、战场态势和威胁评估实时规划飞机的航路，确保飞机以时间最少或最省油的航路，避开外界威胁，到达战区，确保传感器能够发现目标，并占据最佳的武器投放位置。在飞行过程中实时进行防止与地面相撞的规避计算。

导航管理模块根据飞机任务、传感器信息和其他可以得到的信息，提供一个综合的导航解决方案，包括准确的导航信息、导航状态与飞行控制命令，选择相应的导航方式，解算导航偏差，送给飞行控制系统，确保飞机沿着规划的航路飞行。

战术管理模块根据己方的作战任务、对方作战意图和己方无人机性能与武器特性，给出相应战术对策，包括攻击策略、防御策略和战斗退出策略，确定最佳作战空域及要攻击的目标，选择攻击目标使用的武器，确定跟踪目标的优先级和跟踪精度。

火控解算模块主要管理空空和空地武器的发射或投放。它从战术管理模块接收要攻击的目标清单，从信息融合模块接收目标的信息，还要接收载机的信息、确定武器的使用方式，解算出武器瞄准目标需要的飞机空间指向，发送给飞行控制系统以控制飞机改变位置和姿态，使目标处于武器发射包线，完成对目标的瞄准。确定武器的发射时机后由武器管理模块投放武器。

通信管理模块对各种通信数据链进行管理，产生和管理每条数据链路数据的输入和输出，完成数据链信息的接收、转换，并把飞机的信息发送出去。它还根据飞行计划和战术管理决定控制无线电发射的级别，自动进入相应的静默模式。通信管理软件还可以自动管理通信的信道和工作方式。

武器管理模块主要完成机载武器的状态管理、确定武器投放顺序、控制武器舱门开启 / 关闭、完成武器的投放和武器的应急处理、产生武器清单。

1.1.5　系统特点和功能

（1）无人作战飞机平台

无人作战飞机平台是无人作战飞机系统的核心。无人作战飞机平台的特点是：

①能够进行高高度、远距离、长时间的飞行

无人作战飞机一般具有足够的航程、更高的飞行高度和空中待命 / 巡逻时间。

②大过载与高机动性

无人作战飞机没有驾驶员，其使用过载不受人的生理限制，可以远高于有人驾驶飞机，因此可以大幅度提高机动性，过载可达到 15 ~ 20。

③隐身性

无人作战飞机采用最先进的隐身技术：一是采用复合材料、雷达吸波材料和低噪声发动机；二是采用限制红外反射技术；三是减少表面缝隙；四是采用充电表面涂层。这些技术使得无人作战飞机具有更好的隐身性。

④多用途

无人作战飞机可通过更换任务载荷满足执行不同作战任务的需要。

⑤经济可承受性

无人作战飞机具有较好的经济可承受性，主要表现在两个方面：一是降低采购费用；二是减少外场使用保障费用。由于其不含机上驾驶员，可省去人机接口及生命保障系统，因而可以比有人驾驶飞机设计得结构更简单、尺寸更小、重量更轻；机载设备的简化以及更多地使用商用货架产品（COTS），使无人作战飞机的单机采购价格下降。有人驾驶作战飞机使用寿命的 70% ~ 90% 是和平时期的训练飞行所消耗的，而无人作战飞机平时可像导弹一样库存维护和保养，战时投入使用，相关作战训练则主要靠模拟器，以在虚拟仿真环境中进行为主、少量实物飞行训练为辅进行；在维修保障上无人作战飞机是以储存为主，外场使用维护时间所占比例明显减小，从而可大量节省人力、物力与材料消耗，降低使用保障费用。

（2）任务规划与控制站

任务规划与控制站是无人作战飞机系统的作战指挥中心，是其"神经中枢"。任务规划与控制站控制无人作战飞机的发射、飞行与回收，接收和处理来自无人作战飞机有效载荷的数据，控制其传感器等有效载荷的运行（通常是实时的），完成无人作战飞机的任务及航路规划，进行无人作战飞机的飞行控制以及提供无人作战飞机系统与外界的通信接口等。此外，控制站还具有自检测、故障隔离及操作员训练等功能。

地面控制站（ground control stations，GCS）的主要功能包括：

①规划功能

地面站的规划功能包括对得到的战术信息进行综合处理，根据得到的战术信息

进行战场态势评估、战术决策与任务规划、航路规划。

②操作功能

地面站的操作功能包括加载任务/航路规划数据、发射无人作战飞机、监视无人作战飞机的状态、对飞行中的无人作战飞机进行指挥和控制、提出飞行计划的修改建议、监视和控制无人作战飞机的任务载荷、保存传感器有效载荷的信息、回收无人作战飞机等。

③人机系统接口功能

地面站的人机系统接口功能提供人机显示界面及操纵机构等，包括向操作员显示规划数据、无人机状态及有效载荷的数据，完成无人作战飞机和有效载荷的控制等。

④通信功能

地面站的通信功能包括控制站发送命令给无人作战飞机和有效载荷、接收来自无人作战飞机的状态信息及有效载荷数据，同时保证与其他单元的通信，用于整个体系对抗条件下对无人作战飞机的指挥控制以及无人作战飞机收集到信息的分发处理。

⑤操作员训练功能

⑥自检测功能

⑦故障隔离功能

（3）通信数据链

无人作战飞机系统的通信数据链包括：空空、空地（海）、空天之间的信息/指令传输的双向数据链，其中下行通信链路将无人作战飞机有效载荷状态信息、各种不同传感器的探测数据（包括图像）传送到控制站，使控制站与可获取的情报资源相连，并利用这些信息进行实时任务规划/飞行作战任务更新；同时，上行通信链路向无人作战飞机及其有效载荷发出控制和操作指令。

无人作战飞机系统的通信数据链通常包括：

①一条上行链路（也叫指挥链路），该链路需要较小的带宽，用于控制站对飞机以及机上有效载荷的控制。

②一条下行链路，提供两个通道：一条状态通道（也称遥测通道），用于向控制站传递当前飞机的飞行速度、发动机转速以及机上设备的状态信息，该通道需要较小的带宽，类似于指挥链路；第二条通道用于向地面站传递传感器数据（也称数据通道），它需要足够的带宽以传送大量的传感器数据，一般下行数据链路都是连续传送的。

（4）任务载荷

通常情况下，无人作战飞机任务载荷是指完成除了起飞、飞行控制、导航和回收（或着陆）这些基本功能之外的其他任务功能所需的额外尺寸、重量和动力的度量。按照这样的定义，任务载荷是指为了执行某种任务而装备到无人作战飞机上的设备，而不包括一般的机载电子设备、数据链路系统和燃油系统等。

无人作战飞机的任务载荷主要包括：

①目标探测、跟踪与成像设备，完成指定作战区域的监视、侦察和目标探测、截获、跟踪与目标成像等任务；

②综合信息处理与任务管理系统，进行无人作战飞机所得到信息的综合处理，并完成无人作战飞机系统的任务管理、攻击管理、武器装定参数及制导参数的计算（必要时）等；

③武器控制与管理系统，完成无人作战飞机所携带武器的管理、发射与控制等；

④惯性 / 卫星组合导航系统；

⑤大气数据计算机；

⑥综合通信 / 导航 / 识别系统；

⑦电子战系统；

⑧数字及视频记录系统等。

（5）无人作战飞机的武器

无人作战飞机所携带的武器与其所要执行的作战任务密切相关，可以被无人作战飞机所携带的武器包括：联合直接攻击弹药（JDAM）、激光制导炸弹、小直径炸弹（SDB）、先进反辐射导弹、反坦克导弹、低成本自主攻击系统（LOCAAS）、空空导弹及定向能武器等。

1.2　分类

广义的无人作战飞机包括以下几种类别：

（1）察打一体无人机。察打一体无人机是指既能执行侦察又能实施打击的集成化作战平台。自从 2001 年"捕食者"投下第一枚武器开始，无人机武装化的序幕正式拉开，察打一体无人机正式宣告诞生。察打一体无人机缩短了"从传感器到射手"的距离，提高了战场的作战效能，已经成为打击时敏目标的利器。它的出现改变了传统的作战方式并显现出良好的使用前景。察打一体无人机在平台、系统、任务载荷、武器、控制站等方面都有独特的要求，而且优势明显。当前，察打一体无人机以美国的"捕食者"系列、中国的"翼龙"系列和"彩虹"系列等为代表。

（2）专用的无人作战飞机（UCAV）。专用的无人作战飞机是指专门作为战斗平台而设计的无人机，它们能够携带和施放致命或非致命武器对敌人实施攻击，并具有完成情报、监视和侦察以及电子攻击等任务的潜力，是无人机的一个子集。在过去的 20 年间，无人作战飞机是世界航空装备研制的热点，美国、英国、法国、中国、俄罗斯、瑞典、伊朗、韩国、印度等国家在这一领域展开了角逐。当前，专用的无人作战飞机以美国的 X–47B、俄罗斯的"猎人"–B、英国的"雷神"、法国的"神经元"和中国的某无人作战飞机等为代表。

（3）自杀式无人机。自杀式无人机的发展源于 20 世纪 90 年代以色列研制的"哈比"无人机。自杀式无人机发射后，飞行到己方火力无法覆盖的目标区上空，通过机载光电设备观察地面情况，同时将视频传回后方控制站，由操作员判断哪些目标具有威胁性，哪些目标需要攻击，然后在操作员的操作下攻击目标。自杀式无人机不是一种携带弹药的无人攻击机，而是以其自身作为攻击弹药，在战场上巡航，伺机攻击发现的目标。自杀式无人机在配备了被动制导雷达导引头以及破片杀伤战斗部之后，可轻易摧毁雷达等高价值目标。自杀式无人机实现了"发射后不管"使用方式，可全天候使用。在巡飞期间，自杀式无人机还可作为无人侦察机使用。自杀式无人机可用于各种场合，如从低强度到高强度的冲突、城市战和反恐行动等，尤其适合攻击高价值的时敏移动目标。当前，自杀式无人机以以色列研制的"哈比""哈罗普"和美国研制的"弹簧小妖刀"等为代表。

（4）忠诚僚机。一般来说，僚机是指编队飞行中跟随长机执行任务的飞机，僚机应保持在编队中规定的位置，观察空中情况，执行长机的命令。小型无人机系统作为僚机配合作为长机的有人作战飞机，可提高整体作战效能。长机通过对武器化小型无人机的控制，扩展总的弹药量；隐身飞机通过让僚机执行最容易被探测到的任务来避免暴露自身的位置信息；僚机充当远程传感器、"射手"或者诱饵，提高长机的灵活性和生存性，从而扩展在高威胁环境中持久作战的能力。但这同时也存在一些问题，比如如何高效地帮助飞行员做出决策、如何与飞行员形成紧密团队协同作战、如何管理飞行员的工作负担等。忠诚僚机能够跟随有人驾驶飞机，在责任区实施情报、监视与侦察，空中遮断（拦截），打击敌方综合防空系统，进攻性反航空兵作战，微型无人机系统指挥控制等任务，或作为武器载体，增加攻击方的机载武器数量。忠诚僚机具有自我防御能力，因此在中、高威胁环境中具有一定的生存性。此外，忠诚僚机也可能是一架大型无人机，用于货物运输或者充当加油机。近期，美国的克雷托斯公司先后推出了两款新型无人作战飞机——UTAP-22"鳍鲨"和XQ-222"女武神"。2016年8月31日，日本防卫省防卫装备厅发布了首版《未来无人装备研发愿景》，以无人机为重点分析并提出了日本未来的无人装备研发计划。日本决定进行跨越式发展，跳过空地型，直接研制空战型无人机。防卫装备厅提出了一种高性能自主飞机的概念，这种飞机被称为"战斗支援无人机"或"无人僚机"，将作为有人驾驶战斗机的助手，由有人机飞行员向其下达指令。在有人机前方的无人僚机相当于传感器载体，而紧随其后的有人战斗机则负责瞄准和攻击。

无人作战飞机是一个正在形成和不断发展的概念。因此，随着无人作战飞机的不断发展，在不久的将来会给出明确的定义。鉴于当前无人作战飞机的定义不够明确，而同类或相似的无人机种类太多，专用于作战的无人作战飞机特点鲜明，技术体系相对完备，覆盖面相对较广，关注度较高，因此，本书内容只限于专用作战的无人作战飞机，对察打一体无人机、自杀式无人机和忠诚僚机这三类无人机不作详细描述。

1.3 发展历程

1.3.1 冷战结束前无人作战飞机的发展

无人驾驶作战飞行器被定义为"能够装载并发射武器，或能够使用机载制导武器打击目标的任何规格的无人军用飞机"。

无人机的发展比有人机更早，但发展历程有很多相似之处。无人作战飞机也不是什么新概念，从第一次世界大战起，各国的空、海军就开始致力于发展用于执行作战任务的无人作战飞机，但由于技术原因一直未获成功。

实际上，无人机投入作战使用的时间可以追溯到更早。早在 20 世纪初，奥地利人就有使用无人驾驶飞行器攻击敌人的经典战例，但无人机的发展却远落后于有人驾驶飞机。在第二次世界大战期间，美国开始大量使用无人机，但当时主要作为靶机，供陆、海军高炮部队训练使用，无人机大发展的时机尚需等待。

长久以来，世界各国从未停止过对无人作战飞机的探索。

到了越南战争期间，美军开始使用无人侦察机参与作战，到了第四次中东战争时，无人机开始得到大规模应用。从那以后，无人机就成为空中力量的重要组成部分。进入到 20 世纪 90 年代，通信带宽的迅速扩展加上电子元器件持续小型化带来了无人机发展的黄金年代。无人机开始执行情报、监视和侦察任务，成为反恐作战的明星，并在很多国家的军队中开始发挥关键作用。

美国是无人机发展和使用的领先者，从第四次中东战争到现在，美国已经拥有几十年无人机研制和操作使用的经验，可以说，他们在无人机设计、制造和使用方面具有了深厚积累。冷战结束后，由于美国空、海军及相关机构在无人机发展理念上发生冲突，因此放缓了无人机的发展速度。但进入 21 世纪，全球反恐对空中力量的新需求推动了无人机大规模创新浪潮，并且随着有人作战飞机研制和使用成本的不断提高，各国又对无人作战飞机提出了新的需求——研制新型无人作战飞机。

无人作战飞机发展的第一个高潮出现在 20 世纪 60—70 年代，并形成了最初的无人作战飞机概念——核弹头载机。当时世界上东西方两大阵营都开始着手研制无人作战飞机，这些无人作战飞机能够携带核弹头飞行几千千米，绕过防空系统，攻击对方战略目标。美、苏当时研制的无人作战飞机的主要差别在于发射方式。美国开始研制作战用途的无人飞行器时，主要采用空中载机投放发射方式；而苏联研制的无人作战飞机则大部分采用地面发射方式。

20 世纪 60 年代末，美国军方制订了研究计划，尝试将无人靶机 BQM-34 "火蜂"作为战斗载荷的载机，通过空中投放发射，攻击敌方战略目标，实际上，这种无人作战飞机就是外挂武器的运输工具。

20 世纪 70 年代中期，苏联也制订了相应的无人作战飞机发展计划，苏霍伊设计局、图波列夫设计局各自提出了若干个不同的无人作战飞机方案。例如，苏联图波列夫设计局研制的图 -243 无人作战飞机、图 -300 无人作战飞机，苏霍伊设计局研制的能够携带 500kg 战斗载荷的无人作战飞机——远程无人轰炸机方案"秃鹫"。

当时航空武器系统研制者们的注意力还是集中在研制陆基机动发射的无人作战飞机，这些无人作战飞机具有高速、高机动特点，能够实现高空突防，打击敌方纵深目标，也就是说，当时研制的是专用无人作战飞机。

1.3.2　新一代无人作战飞机概念的形成

1991 年的海湾战争中，美国三军大量使用无人机进行侦察、目标瞄准和战场毁伤评估，无人机的价值首次得到肯定，并直接导致了"捕食者""暗星"和"全球鹰"无人机的立项，并使计划制订者开始考虑无人机的其他任务角色——压制敌方防空火力和攻击任务。

这段时间是无人作战飞机发展的一次短暂的调整期。虽然这一次调整的规模较小，影响力有限，但为随后无人作战飞机的快速发展奠定了基础。

当时，美国提出了有人战斗机与无人作战飞机混合编队进行作战使用的概念。洛克希德－马丁公司（简称洛马公司）专门为 F-22"猛禽"战斗机"量身"研制了小型无人机"三角琴"，这是一款高隐身无人作战飞机。该公司向美国空军提出了使用建议，即将这种无人作战飞机与 F-22"猛禽"同时装备部队，两架 F-22 可以各自悬挂两架无人作战飞机——可投放的无人作战飞机，快速进入作战区域后，将无人作战飞机投放，两架 F-22"猛禽"与 4 架"三角琴"可以立刻形成统一的作战单元。这 4 架"三角琴"无人作战飞机携带高精度炸弹和超小口径攻击导弹，能够自主攻击地面目标。一架 F-22"猛禽"（假设是双座方案的 F-22）作为指挥部，另一架负责拦截敌人的战斗机。波音公司也研制了类似的无人作战飞机验证机，命名为"轻掠者"。美国研制的无人作战飞机都是基于空中投放发射方式。

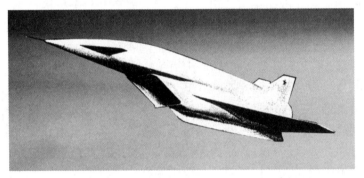

图 1-1　2002 年，美国洛马公司研制的"三角琴"无人作战飞机方案

图 1-2　2005 年，美国波音公司的"轻掠者"无人作战飞机方案

无人作战飞机发展的分水岭出现在 20 世纪 90 年代中后期。这一次影响深远，掀起了各国研制无人作战飞机演示验证机的浪潮，并最终导致无人作战飞机装备型号的出现——新一代远程无人轰炸机 B-21。无人作战飞机的概念也在发展过程中逐

渐变得清晰。

一般认为，对无人作战飞机研制起决定性作用的"催化剂"出现在1996年，当时美国国防部发布了15卷《世界新前景》军事研究报告。根据这份研究报告，他们得出一个结论：未来作战迫切需要使用无人作战飞机。因此，需要立刻将一切科学技术成果投入到无人作战飞机的研制和使用上。

在空军积极研制无人机的大背景下，美国海军也不甘落后，启动了UCAV-N计划，但没有重复空军的研究内容，而是提出了自己的使用要求。他们要求研制一型高隐身，能够执行情报、监视、侦察（ISR）和打击任务的无人作战飞机。2000年夏，美国海军分别给波音公司和诺斯罗普–格鲁门公司拨款，要求进行海军型无人作战飞机的探索。2001年6月，诺斯罗普–格鲁门公司的综合系统公司（ISS）接到设计任务，研制验证机"飞马"，即X-47A。但X-47A只是一个过渡方案，第一架X-47A于2001年7月30日推出总装车间，开始地面试验，2003年完成首飞，但美国海军最后需要的验证机方案应该是X-47B。

一波未平一波又起。2001年，美国国会在其军事预算报告中加上一条声明："在未来10年里，在敌人纵深地带，不少于30%消灭地面目标的任务，应当由无人作战飞机承担。"美国国防部匆忙提出了研制无人作战飞机的财政预算方案，美国国会也批准了这项预算支出。这个声明立刻被国内外主要媒体所报道，并且变成了各国研制无人作战飞机的"行动纲领"。

除美国外，欧洲至少有5个国家实施了无人作战飞机项目，他们是法国、德国、意大利、瑞典和英国，但发展程度不同。1997年，英国国防部将其正在执行的FOA计划改成了FOAS计划，该计划重点强调在研制作战体系时，应当包含无人作战飞机的方案。欧洲其他国家也不甘落后，纷纷提出各自的无人作战飞机研制方案，并且在各种航展上展示远景无人作战飞机的研制成果。例如，瑞典萨伯集团提出的"夏克"无人作战飞机方案，欧洲航空防务与航天公司（EADS，现空中客车集团）研制的远景无人作战飞机，法国达索航空公司发起研制的"Grand Duc"无人作战飞机首批技术方案，还有意大利阿莱尼亚公司研制的"天空"-X无人作战飞机方案。

图 1-3　2002年，瑞典萨伯集团研制的"夏克"无人机

俄罗斯的反应滞后了很多年，直到2005年，雅科夫列夫设计局研制的"阵风"–Y方案才加入到这一行列里。

所有这些无人作战飞机都是大尺寸的，有固定的基地，并且使用常规作战飞机所使用的技术装备。

在无人作战飞机领域，中国与欧洲各国的发展速度保持一致。

1.3.3　无人作战演示验证机的高速发展阶段

随着经验的不断积累，各国发展无人作战飞机的思路开始变得清晰，也制定了不同的无人作战飞机发展路线图。以美国为例，其发展和研制无人作战飞机的动机有两条：首先，在21世纪存在的外部威胁条件下，力图保证己方战术航空兵的作战优势；其次，在21世纪科学技术条件下，保证自己国家航空工业的绝对优势。但随着时间的推移，其无人作战飞机的发展完全受第二条因素的支配。

2003年10月，美国国防部将空军和海军无人作战飞机研制项目进行整合，由国防预先研究计划局统一管理和指导，合并后的计划称为"联合无人空战系统"（J–UCAS）。美国军方确信，在若干不同飞机方案中，一定能够选出一型飞机，既能达到本国空军、海军及海军陆战队的要求，也能满足其他国家空、海军的需求。

参与招标的有两个方案：波音公司研制的X–45B/C技术验证机和诺斯罗普–格鲁门公司研制的X–47B技术验证机。

2004年8月19日，国防预先研究计划局正式将J–UCAS技术验证机演示验证项目授予诺斯罗普–格鲁门公司，合同总额1.6亿美元，要求诺斯罗普–格鲁门公司至少研制两架X–47B技术验证机，这标志着J–UCAS项目进入到第2阶段。

诺斯罗普–格鲁门公司随后正式向洛克希德–马丁公司和普惠公司发出邀请，希望这两家公司共同参与X–47B演示验证机项目投标。最后参与X–47B研制的是三家机构：诺斯罗普–格鲁门公司综合系统分部、洛克希德–马丁公司的"臭鼬工厂"和普惠公司。

2004年，在英国范堡罗国际航展上，波音公司和诺斯罗普–格鲁门公司在J–UCAS框架内研制的X–45C和X–47B模型进行了展示。

2006年底，J–UCAS计划停止，开始执行新的UCAS–D计划，后者的目的是实际检验诺格公司的概念，以保持美国海军在太平洋的"长手"。

根据UCAS–D计划所研制的无人作战飞机X–47B，是为了突破敌人装备的最新式导弹防空系统，侦察并消灭敌人纵深地带目标。使用隐身技术的新型飞行器的主要武器是高精度900kg的JDAM炸弹，还有115kg的小直径炸弹（SDB），用于精确消灭目标。按照设计者的想法，X–47B的隐身能力应当使它能够深入到类似S–300和S–400地空导弹防御区域并消灭这些防空综合体。由于没有飞行员，因此不用担心有人作战飞机所带来的人员损失。

2014年，X–47B无人作战飞机陆续完成空中加油、编队飞行、夜间航行等作战使用课目，标志着X–47B无人作战飞机已具备了装备部队的能力。虽然X–47B无人作战飞机并没有最后列装部队，但它所验证的各项技术完全可以应用到诺斯罗普 – 格鲁门公司研制的远程无人轰炸机 B–21 上。

在欧洲，英国、法国分别牵头研制无人作战演示验证机。如果美国研制无人作战飞机的目的是保持其航空兵和航空工业在世界上的领先地位，那么欧洲研制无人作战演示验证机的目的，就是为了保证其航空兵和航空工业在世界上的竞争地位，同时探索无人作战飞机的关键技术。

英国研制的无人作战演示验证项目命名为"雷神"。该项目始于 2006 年底，当时旨在验证英国自主研制高隐身无人作战飞机的能力。这个项目不仅检验英国在无人机制造方面的尖端技术，同时也是为下一代无人机的设计制造做准备。它是作为 2030 年以后英国空军的作战飞机而研制的，目前英国军方对"雷神"提出的主要战术技术指标要求很少，但与 X–47B 有差别：速度约 1235km/h（Ma1.02，达到声速），达到洲际间飞行航程，隐身（无具体指标）。"雷神"验证机采用了技术较成熟的"阿杜尔"系列发动机中的 Mk951 型。该发动机的主要特点是设计了新型风扇，可提供强大的推力。利用机内空间装载的大量燃料使"雷神"的航程将达到数千千米。2013 年"雷神"完成了舰载起飞试验。

法国达索航空公司研制的"神经元"无人作战飞机于 2012 年 12 月实现首飞。支持"神经元"项目的国家中，除了作为订货方的法国国防部外，还包括瑞士、希腊、意大利、西班牙和瑞典。在 2005—2007 年所举办的国际航展上，欧洲人为了"回应"美国人，展出了他们研制的类似级别的无人作战飞机。

欧洲人的表现很容易解释。如果错过了第五代战斗机的自主研制机会，欧洲国家就会面临失去先进飞机制造技术的危险。欧洲研制者拒绝支持美国提出的系统化无人作战飞机概念的建议，而这也在一定程度上导致了 J–UCAS 计划的流产。

1.4　战术技术要求

无人作战飞机研制的依据是战术技术要求，虽然世界上已经有很多国家开展了无人作战飞机的研制工作，但目前只有美国海军对 X–47B 提出了较明确的战术技术要求，其他都是演示验证机，所提出的战术技术要求并不明确。

1.4.1　X–47B 的战术技术要求

从已公开的资料可知，针对 X–47B 无人作战飞机提出的战术技术要求主要是飞行技术特性，见表 1–1。表 1–1 中给出了无人作战飞机不同研制阶段这些特性的已知值。从表中可以看出，各阶段的战术技术要求指标变化不大，具有一定的稳定性，唯一例外的是空中加油后无人作战飞机的航程。航程的增加，不仅说明飞行过程中空中加油次数增加，也表明无人作战飞机发动机和主要系统不间断工作的耐久性指标提高了。

表 1–1 X–47B 各研制阶段的主要战术技术指标

类型	升限 /km	作战半径 /km	速度 /（km/h）	不加油飞行时间 /h	空中加油情况下飞行时间 /h
X–47B（J–UCAS）攻击 / 侦察	12	大于 2500/—	约 850/—	—/9	—/50
X–47B（UCAS–D）攻击 / 侦察		大于 2500/ 大于 2500	890/730	—/12 ~ 14	—/50
X–47B（UCAS–N）攻击 / 侦察			890/730	—/12 ~ 14	—/100

从已有数据还可以知道，当 X–47B 无人作战飞机距离航空母舰不超过 380km 时，舰上指挥部使用常规通信设备就可以进行控制。当超过这个距离后，将依靠卫星通信系统与无人作战飞机进行无线电联系。X–47B 无人作战飞机的态势感知距离大约为 180km。在这个距离内发现敌人只能借助于无线电侦察设备，而借助机载雷达发现敌人的距离只有大约 100km。的确，在这种情况下，问题已经不是简单发现敌人，而是从地面接收目标无线电信号或红外图像。

1.4.2 "雷神"的战术技术要求

目前，英国军方对"雷神"提出的主要战术技术指标要求很少，只有以下几项：

速度：至少 1235km/h（$Ma1.02$，达到声速）

航程：可进行洲际间飞行

隐身要求（无具体指标）

武器：

　　4 枚"海尔法"导弹；

　　2 枚"宝石路"炸弹；

　　2 枚 2000lb[①] 炸弹。

技术指标：

　　机高：4m；

　　机长：11.35m；

　　翼展：9.1m；

　　重量：8t。

"雷神"采用了类似 B–2 隐身轰炸机的外形设计，飞翼式气动布局取消了水平尾翼和垂直尾翼，能减少机身棱角，降低雷达截面积，提高隐身效果。为确保具有洲

---

① 1lb ≈ 0.454kg。

际间航程和出色的续航能力，"雷神"采用了技术较成熟的"阿杜尔"系列发动机中的 Mk951 型。

1.4.3 "神经元"的战术技术要求

"神经元"无人作战飞机是由法国领导，瑞典、意大利、西班牙、瑞士和希腊参与研制的新型演示验证机。它可以在不接受任何指令的情况下独立完成飞行，并在复杂飞行环境中进行自我校正，同时它在战区的飞行速度超过现有的任何无人侦察机。2012 年 11 月，"神经元"无人机在法国伊斯特尔空军基地试飞成功。法国国防部称其开创了新一代战斗机的纪元。

从技术性能上看，"神经元"无人机主要具有以下四大特点。

（1）隐身性能突出

在外形设计和气动布局上，该机借鉴了 B-2A 隐身轰炸机的设计，采用了无尾布局和翼身完美融合的外形设计，其 W 形尾部、直掠三角机翼以及锯齿状进气口遮板几乎就是 B-2 相关设计的缩小版。

在机体材料选择上，该机采用全复合材料结构，雷达辐射能量少。此外，由于该无人机没有驾驶员座舱，因此体积和重量的减少使其在隐身方面具有有人机难以媲美的先天优势。

（2）智能化程度高

"神经元"综合运用了自动容错、神经网络、人工智能等先进技术，具有自动捕获和自主识别目标的能力，也可由指挥机控制其飞行或作战。比如，一架法国"阵风"战斗机可以同时指挥 4～5 架"神经元"无人机，在有人机前方进行侦察或攻击。

"神经元"无人机解决了编队控制、信息融合、无人机之间的数据通信以及战术决策与火力协同等技术问题，实现了无人机的自主编队飞行，其智能化程度达到了较高水平。

（3）对地攻击方式多样

"神经元"无人机是一种集侦察、监视、攻击于一身的多功能无人作战平台。该机不仅能完成侦察、监视、通信中继和电子干扰等任务，更重要的是能采取多种方式对地实施攻击。

它能在其他无人侦察机的配合下，反复在敌核生化制造和储存地区进行巡逻、侦察和监视，一旦发现目标便可根据指令摧毁它们。该机也可在前方空中控制员的指挥下，与地面力量密切配合，执行由武装直升机和攻击机完成的近距空中支援任务。"神经元"无人机具有隐身性能好和突防能力强的优势，能够诱敌暴露目标，并对其实施快速攻击。

同时，"神经元"既能通过机载数据链系统引导友机规避或攻击目标，又能在友机引导下自主攻击目标。它战术反应敏捷灵活，攻击方式巧妙多变，令敌人防不胜防。

（4）效费比高

"神经元"无人机兼具有人战机和导弹的优点，在作战使用时更具效费比。与有人战斗机相比，它不但生产成本低，而且不用考虑飞行员的生理限制和生命保障，其费用比有人机节省大约65%。

与导弹相比，"神经元"无人作战飞机可多次重复使用，可以回收或自动着陆，由于装备有高速数据链系统，因而比导弹更加灵活。另外，"神经元"无人机如挂载联合直接攻击弹药打击地面目标，其成本远低于"战斧"巡航导弹。

法国"神经元"的战术技术要求，主要有以下几项：

速度：$Ma0.8$

隐身：要求具有低可探测性

武器：

    2个内部武器舱；

    惯性炸弹；

    精确制导武器；

技术指标：

    机长：10m；

    翼展：12m；

    重量：6t；

    机高：4m；

    作战半径：1100km；

    升限：11km；

    总重：7000kg；

    任务载荷：500kg。

1.5 关键技术

任何一种新型武器装备的出现，都有一定的军事需求和技术储备作为支撑。无人作战飞机的早期发展主要由需求牵引，但由于缺少足够的技术基础，故发展得并不顺利，另一方面，由于需求迫切，其也一直在断断续续地发展。近10年来，电子技术、传感器技术、通信技术、计算机技术等的飞速发展，为无人作战飞机的发展奠定了坚实的技术基础，但也面临着许多挑战。

（1）飞行器系统

无人作战飞机的机体技术相当成熟，因为可以借鉴很多有人机（B-2、F-117A、F-22、F-35）的技术。由于取消了座舱，显著降低了飞机的尺寸和重量（比有人机小40%左右），为优化机体的隐身和气动性能提供了更大的设计自由度，使飞机可以更合理地安排结构布局，雷达截面积也可以尽可能地小。采用智能材料和结构设计的自适应机翼，可以明显地增加飞机机动性、航程和有效载荷。多功能结构技术可以将各种传感器的口径集成到蒙皮内，既降低了结构重量和成本，又增强了天线性能，机体的开口数量也可以明显减少。无人作战飞机机体设计的重点将放在高生存力设计方面。

推进方式和方法也是无人作战飞机设计要考虑的主要问题。发动机不仅为飞机提供推力而且还要为机体和有效载荷提供电力。为增强机动能力，发动机应该带有固定几何形状推力矢量喷口；为提高无人作战飞机的速度和效率，发动机应该采用先进的热交换技术；出于安全性和后勤维护的考虑，无人作战飞机必须使用重油（目前美国 JP 900 燃油可以在 480℃的温度下使用）。虽然可以采用现有的推进系统为无人作战飞机提供动力，但现有发动机是为特定的有人机发展的，并不能为无人作战飞机提供最佳的性能匹配。未来无人机的推进系统将对燃油消耗、推力、功率提取、成本和畸变容限提出更高的要求。

无人作战飞机飞行控制系统的设计主要是解决自主飞行控制问题。根据美国空军实验室 2000 年的定义，自主飞行控制可以分为 10 个级别。无人作战飞机的自主控制水平至少要达到 6 ~ 7 级，即集群战术规划一级。自主控制需要先进的计算机技术和软件技术来支持，近年来人工智能、计算机和通信技术的发展已经使无人机的自主控制成为可能。

（2）地面控制站

地面控制站是控制、跟踪和操作无人作战飞机的主要手段，其主要职责是负责操纵任务设备和处理飞行器的遥测数据及任务载荷的数据、提供传递指令到飞行器和任务设备的通信信道以及为操作员提供任务规划和执行界面，核心问题是解决好无人作战飞机的指挥、控制和通信问题。无人作战飞机的控制、指挥和通信目前仍面临许多困难和挑战，发展安全、可跨地平线、抗干扰的宽带数据链是关键，近年射频和激光数据链技术的发展为此奠定了一定的基础。

除带宽要增加外，数据链也要求可用和可靠。数据链的可用是指一特定星群的覆盖区域和范围。可靠是指信号的健壮性，无人作战飞机经常深入敌后作战，电子干扰不可避免，数据链需要采用复杂的信号处理和抗干扰技术（如扩频、调频技术等），并能确保在数据链失效的情况下，飞机能安全返回基地。此外，高度自适应、智能的（AI 人工智能）软件将极大地增强无人作战飞机的自主能力，可以明显降低对数据链带宽的需求。

（3）任务载荷

无人作战飞机的任务载荷包括两大部分：任务传感器和武器系统。无人作战飞机将携带与有人战斗机类似的雷达、红外搜索和跟踪系统以及自身防御传感器等，其研究方向主要是降低尺寸、重量和成本，以及如何将这些传感器与无人作战飞机更好地优化集成。随着新军事变革的推进，未来无人作战飞机将是在网络化的环境下作战，所有的作战装备将被连接成一个统一的网络，无人作战飞机将可以通过网络获得安装在其他平台上的外部传感器探测到的战术信息。最终，无人作战飞机将没有必要携带全部的传感器，而只需携带最关键的传感器。

出于成本考虑，无人作战飞机的武器将以现有的和发展中的精确制导武器为主。由于无人作战飞机相对尺寸较小，携带的武器的数量较少、尺寸也较小，因此，为保证任务效率，这些机载武器的致命性就要提高，传统的航炮将不会出现在无人作战飞机上。提高制导精度和改进战斗部是无人作战飞机武器系统发展的关键，小型智能炸弹（SSB）和低成本自主攻击系统（LOCAAS）将是无人作战飞机目前最理想的武器。高功率微波和激光等能束武器将是未来无人作战飞机的最有效武器，虽然目前发展迅速，但尺寸和功耗仍较大，还不能用于无人作战飞机。按现在的发展速度，能束武器在2025年之前不会搭载在无人作战飞机上。

发展无人作战飞机是具有高技术风险的，以目前的技术水平制造具有有限任务能力的无人作战飞机还是可行的，但要发展能在复杂作战环境下使用的多任务无人作战飞机尚有许多技术障碍要克服。

（1）自主控制技术

无人作战飞机的自主控制是一项相当大的技术挑战。处理速度和软件技术的巨大进步，使得自主控制和决策辅助成为可能。为实现自主控制，需发展的技术包括：容错技术、行为智能和自适应推理系统（如神经网络）等。

（2）网络连通性

从战场管理的角度来讲，将无人作战飞机与有人机、其他无人机、外部传感器以及地面控制站联网是非常必要的。需要进一步发展的技术包括：全天候的安全宽带数据链，分布式、高速处理技术和图像/数据压缩技术（可以降低对带宽的需求），数字式软件无线电技术，动态无线组网技术。

（3）平台相关技术

与其他平台相比，无人作战飞机的平台组件并没有什么特殊的。然而，随着任务从SEAD和纵深遮断扩展到战场遮断、空中优势和近距空中支援，无人作战飞机将需要更大的续航能力、更强的机动性、更大的有效载重能力、更快的目标搜索能力，发动机和机体设计将是关键。无人作战飞机依靠健壮的数据链在网络环境下作战，因此其机载传感器组件会相当复杂，可能会需要一些无人作战飞机防撞、着陆甚至空中加油时所用的专门传感器。

1.6　国外发展概况

目前，国外的无人作战飞机项目主要有美国的X-45系列、X-47系列，英国的"雷神"、法国的"神经元"，目前，这几种类型的无人作战飞机都已经完成了验证机的首飞。其中，X-47B已经完成全部演示验证项目，很快将装备美国海军。

（1）X-47B研制和试验的里程碑节点

2007年8月，美国海军选择诺格公司作为UCAS-D项目主承包商；地点：加州，圣地亚哥。

2008年12月16日，第1架X-47B验证机AV-1出厂，2009年1月，第2架X-47B验证机AV-2开始制造，并在同年12月出厂。

2011年2月4日，第1架X-47B验证机在美国加利福尼亚州的爱德华空军基地成功首飞。2011年11月22日，第2架X-47B验证机也在爱德华空军基地成功首飞。

2009 年 7 月，第一架 X-47B 开始静力试验，地点：加州，帕姆代尔。

2009 年 8 月 3 日，诺斯罗普 - 格鲁门公司完成了一系列全机静力试验和结构动力学试验，验证了 X-47B 的设计和结构合理性。在执行该项目计划时，没有制造专门的全机静力试验验证机，而是采用"一机两用"的创新方法，AV-1 和 AV-2 既是飞行试验验证机，也是全机静力试验机，进行全机静力试验时，只加载到飞机使用载荷的 1.15 倍，即极限载荷的 80%。

2009 年 10 月，01 架 X-47B（AV-1）下线，地点：加州，帕姆代尔。

2010 年 1 月，AV-1 开始低速滑行试验，地点，加州，帕姆代尔。

2010 年 5 月，AV-1 开始中速滑行试验，地点：加州，帕姆代尔。

2010 年 7 月，AV-1 转场到加州的爱德华空军基地。

2011 年 2 月，AV-1 在加利福尼亚州的爱德华空军基地成功首飞，飞行时间持续 29min，飞行高度达到 1500m。

2011 年 3 月，第 1 架 X-47B 验证机 AV-1 完成了包线扩展试飞，与此同时，第 2 架验证机 AV-2 也转场到爱德华空军基地，同时进行适航性飞行试验。

2011 年 7 月 2 日，美国海军使用一架安装了 X-47B 飞行控制软件的 F/A-18D 双座舰载战斗机进行了模拟试飞，成功完成了无人干预条件下的首次航母真实进近。

2011 年 7 月，完成预计的软件更新。

2012 年 5 月 15 日，X-47B 演示验证机适航试飞阶段结束，两架飞机共完成了 23 个飞行起落，试验结果证明，各种重量构型的 X-47B 验证机能够在飞行包线内各速度和高度下满足 UCAS-D 项目提出的要求，可以转入海上飞行试验。

2012 年 11 月，完成无人作战飞机甲板上使用时所需要的"控制显示单元"（CDU）的手持式无线控制设备的陆上测试。

2012 年 11—12 月，成功完成 X-47B 验证机的首次陆上弹射起飞试验和首次海上测试。

2012 年 11 月 26 日，AV-2 号 X-47B 验证机被起重机吊放到"杜鲁门"号航母甲板上，这是 X-47B 验证机历经多年陆上测试后首次正式登上航母甲板，开始机舰适配性测试。"杜鲁门"号航空母舰成为美军第一艘进行舰载无人作战飞机测试的航空母舰。试验为期三周，到 12 月 17 日结束。

2012 年 11 月 29 日，在 AV-2 号机舰载测试的同时，AV-1 号机首次成功完成陆上弹射试验。AV-1 号机离开甲板时达到了 280km/h 的速度。

2013 年 3 月 16 日，两架 X-47B 验证机 AV-1 和 AV-2 先后从"布什"号航空母舰上弹射起飞，然后在马里兰州海域与 K-707 加油机汇合，成功完成"软式"空中对接加油试验。

2013 年 5 月 14 日，美国海军"布什"号核动力航空母舰在大西洋海域航行，X-47B 无人作战验证机在其飞行甲板上成功弹射起飞。5 月 17 日又完成了"触舰复飞"试验，这也是航空史上无人作战飞机首次完成海上"触舰复飞"测试。

2013 年 7 月 10 日下午，一架 X-47B 无人机从马里兰州帕图克森特河海军航空站起飞，成功降落在"布什"号航空母舰上，成功完成了首次拦阻着舰试验。

完成海上测试试验后，诺斯罗普－格鲁门公司又完成了几项无人作战飞机的战术使用试验，其中包括 2014 年 4 月 10 日 X-47B 验证机首次完成夜航飞行。2014 年 8 月 18 日，X-47B 无人机与 F/A-18 "大黄蜂" 战斗机一起从 "罗斯福" 号航空母舰上起飞，进行了一系列有人机与无人机混合编队飞行的试验。至此，X-47B 的飞行试验全部结束。

诺斯罗普－格鲁门公司的 X-47B 研制和试验团队被美国工程师协会授予杰出工程贡献奖。

X-47B 的成功着舰是一项历史性突破。飞机着舰对于飞行员来说是一项极具挑战性的任务，而通过无人驾驶系统远程操控来完成就会变得相对容易。X-47B 的成功着舰已经证明无人机系统能实现从航母上自动起飞并自动降落在航母上。

图 1-4　X-47B 首次完成海上 "触舰复飞" 试验

（2）"神经元" 研制重大里程碑节点

法国达索航空公司研制的 "神经元" 无人作战飞机于 2012 年 12 月实现首飞，短暂试飞后即在法国开展雷达截面积测试试验，之后在瑞典维德塞尔试验场开展了包线扩展试飞，2014 年该机转场到意大利的撒丁岛试验场开展了武器试验。

据空间技术网站 2014 年 4 月 14 日的报道，法国达索航空公司的 "神经元" 无人作战飞机在地中海上空与 1 架 "阵风" 多功能战斗机以及 1 架 "猎鹰" 7X 公务机成功进行了编队飞行测试。这一段视频虽然没有经过达索航空公司证实，但也可以说明法国正在探索无人作战飞机的使用模式。

（3）"雷神" 研制重大里程碑节点

在 "雷神" 无人作战空中系统技术演示验证机开始一系列保密飞行试验 6 个月后，英国国防部终于首次对外披露了部分试验细节。对外公开的飞行试验大约为 15min，试验地点未知（有消息称是在澳大利亚南部的武麦拉试验场），时间是 2013 年 8 月 10 日。"雷神" 配装的动力系统为罗尔斯－罗伊斯公司（简称罗罗公司）和

图 1-5　法国"神经元"无人机（中）与一架"阵风"战斗机（下）和一架"猎鹰"7X
公务机（上）编队飞行

透博梅卡公司联合研制的阿杜尔 951 涡扇发动机，该机尺寸与 BAE 系统公司的"鹰"
式喷气式教练机几乎相同。"雷神"由英国皇家空军运行，其军用编号为 ZZ250。

该隐身无人机于 2013 年 7 月进行了高速滑跑试验。在对首次飞行试验进行数据
分析后，试验团队在 8 月 17 日又启动了第二次试验。该机以各种速度和高度进行了
试飞，最大留空时间为 1h。

该无人机有助于英国保持行动自由、提升应对未来威胁的能力以及帮助维护英
国未来的全球利益。这样的无人作战平台（可能要 2030 年后投入使用）将和有人作
战飞机一同执行任务，而不是只靠无人机自己飞行和作战。

海湾战争后，武器系统的成本问题备受关注。海湾战争后的几场局部战争证明，
军事指挥官们更加偏爱使用百万美元左右的巡航导弹攻击敌方目标，而不是直接派
遣有人驾驶飞机去执行战略目标的打击任务。如果使用有人机到敌占区执行作战任
务，就面临着飞行员被俘虏或牺牲的危险。这不仅涉及到公共关系的处理，也涉及
到道义问题。培养和训练飞行员的费用也不是一个小数字。由此可知，效费比高是
无人作战飞机的一大优势。

X-47B 等无人作战飞机是面向未来的作战飞机。综合无人作战飞机的发展情况，
时至今日，在美国的"舰载无人空中监视 / 打击系统"（UCLASS）计划中，诺格公司
研制的 X-47B 及其竞争对手——洛克希德 - 马丁公司的 RQ-170、通用原子航空系统
公司（GA-ASI）的"海上复仇者"、波音公司以 X-45C 为原型机研制的"鬼怪鳐"，
仍然是技术验证机。欧洲国家研制的"神经元""雷神"等也都是技术验证机。作为
一种新出现的航空武器装备，各国仍在探索和讨论无人作战飞机的概念、关键技术
和作战使用等。

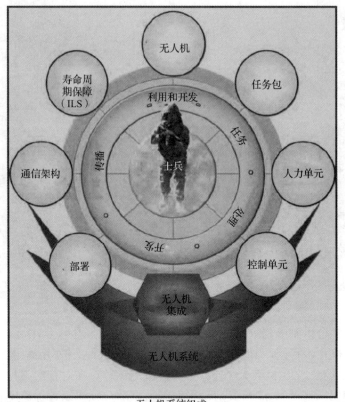

无人机系统组成

美国陆军

图 1-6　推动无人作战飞机使用的另外一个因素是成本

第2章 美国无人作战飞机的发展

2.1 概述

2.1.1 发展简史

早在 20 世纪 50 年代初期，美国就认识到无人作战飞机在战争中的作用，他们一直没有停止过无人作战飞机研制和使用的探索。在朝鲜战争期间，美国空军就启动了无人作战飞机的研制计划——将无人靶机 BQ-34 改造成能够携带武器载荷的无人驾驶飞机，作为无人作战飞机使用，这就是 "Fairby" 方案。从使用角度看，它应该属于携带外挂武器的无人作战飞机。美国研制的这类无人机大多采用空基投放或者空中发射方式，很少从地面发射。

20 世纪 80 年代初，无人飞行器在越南战争和各次中东战争中的大量使用，使美国获得了许多成功的经验，积累了无人飞行器在作战运用方面的宝贵资料，美国随后启动了对多种无人作战飞行器的广泛研究。遥控技术、自主导航系统、复合材料及其他轻质材料的应用、推进装置以及低可探测性技术等的进步，促进了无人飞行器向无人作战飞行器的发展。

美国提出无人作战飞机的概念并投入大量人力、物力研发，首要目的是保持战术航空兵的优势，而随着时间的推移，其目的变为在 21 世纪的科学技术条件下，保证美国航空工业在世界范围内的权威优势和主导地位。

美国空军对无人作战飞机的需求是不断发展变化的。美国空军最初需要的是一种能对敌防空系统实施压制，可搭载轻型武器、长时间盘旋在指定区域的小型一次性飞行器。当敌方雷达开机后，它就可借助电子装置或机载武器对其实施攻击。随着时间的推移和环境的变化，美国空军的需求变为需要一种既能在敌领空纵深盘旋又可实施目标打击，既可独立作战又可与其他有人或无人机联合作战，既可执行电子战又可完成近距空中支援等其他作战任务的无人作战飞机。美国海军长期以来需要的则是一种能从航母起降，并能长时间巡弋于敏感地带，还能对目标实施攻击的无人作战飞机。对无人作战飞机在航程和载重上不断增加的要求势必导致无人作战飞机体形庞大、重量增加、造价昂贵。

1993 年 11 月，美国国防部成立了国防空中侦察办公室（DARO），负责管理和协调三军无人机的研制、发展和采办工作。各军兵种也纷纷成立无人机研发管理分支机构，如美国海军成立了无人机计划办公室，美国陆军设立了联合战术无人机计划办公室，美国空军有航空系统中心侦察系统办公室。这些机构使美军的无人机研制和发展计划进入有序的快车道。

国防预先研究计划局（DARPA）于 1995 年开始对无人作战飞机进行全面的可行性研究。1996 年，美国海军又专门在海军航空兵系统司令部内成立了代号为 PMA-263 的无人机开发研究中心，负责制定和检查海军和海军陆战队无人机项目的发展情况。

至此，美国空海军的无人作战飞机研究计划全面展开。

2.1.2 研制计划及其演变过程

美国无人作战飞机研制的最重要里程碑节点应该是 1997 年，一般把这一年当作无人作战飞机研制计划的原点。之所以选择这一时间启动无人作战飞机研制计划，当然是服从于美国的国家战略，概括起来，在航空领域，美国的长期战略目标有两个：

①保证其航空兵作战能力上的绝对优势；

②保持其航空工业的科学技术水平在世界上的绝对领先优势。

除了要保持这些"优势"地位外，无人作战飞机研制计划也是下一代战斗机概念设计的组成部分。从 20 世纪 80 年代起，世界各航空强国逐渐形成了第四代战斗机的概念，即所谓的 4S：高隐身性（Stealth）、不开加力超声速巡航（Supercruise）、超机动性（Supermaneuverbility）、超视距攻击（Superattack）。到 21 世纪的第 1 个 10 年，美、俄、中都已经完成了各自的第四代战斗机的研制，并陆续装备部队。因此，下一代战斗机的预先研究工作开始紧锣密鼓地开展。到目前为止，下一代战斗机的概念还没有形成，但对无人作战飞机给予了特别的关注。围绕着下一代战斗机的作战使用需求和关键技术探索，从 20 世纪 90 年代中期开始，美国陆续启动了一系列的技术探索和演示验证计划。主要计划及其研制阶段如下：

（1）美国空军的 UCAV ATD 计划——无人作战飞机先进技术演示验证计划

1997 年 4 月 1 日，美国空军成立了无人机作战实验室，随后，国防预先研究计划局与空军共同启动了无人作战飞机先进技术演示验证计划（UCAV ATD）。该计划旨在验证在新型指挥控制体系结构下和 21 世纪的威胁条件下，无人作战飞机经济有效地执行敌方防空火力压制 / 攻击任务的技术可行性。

在此计划的支持下，波音公司共制造了两架 X-45A 缩比验证机。第 1 架 X-45A 于 2000 年 9 月完成制造，2002 年 5 月 22 日完成首飞。同年 11 月，第 2 架 X-45A 完成首飞，并于 2004 年 4 月 18 日在爱德华空军基地首次成功完成了武器投放飞行试验，携带一枚 250lb 惰性精确制导炸弹击中了一个地面目标。2004 年 8 月 1 日，2 架 X-45A 在一个地面指挥站的控制下，完成了协同编队飞行试验。这两架技术验证机共飞行了 16 个起落，其中第 1 架飞机飞行了 14 个起落，第 2 架飞机飞行了 2 个起落。它们完成了飞行包线扩展和武器投放试验，最大飞行高度达到 10675m，最大飞行速度达到 $Ma0.75$。在 10675m 的高度上完成了武器舱门开闭和武器投放试验。

（2）美国海军的 UCAV-N ATD 计划——海军型无人作战飞机先进技术计划

2000 年 6 月 30 日，DARPA 和美国海军启动了"海军型无人作战飞机先进技术计划"（UCAV-N ATP），并授予波音公司和诺斯罗普 – 格鲁门公司各一份 15 个月、金额为 230 万美元的合同，这是该计划的第 1A 阶段，旨在研究研制海军型无人作战飞机（UCAV-N）的技术可行性。波音公司提出了编号为 X-46A 的技术验证机方案（X-45A 的舰载改进型），诺斯罗普 - 格鲁门公司则提出了编号为 X-47A 的技术验证机方案。在随后开展的该计划第 1B 阶段，DARPA 又授予总金额为 2500 万美元的合同，用于这两型技术验证机的制造和飞行试验。

X-47A 于 2001 年 2 月 26 日推出，同年 6 月被命名为"飞马座"，7 月 30 日原型机出厂，12 月完成了首次发动机地面试验。2002 年 7—9 月完成了低速滑行试验。2003 年 2 月 23 日完成首飞。但由于美国海军、空军及 DARPA 的无人作战飞机研制计划出现变化，X-47A 只飞行了 1 个起落就停止了试验，诺斯罗普 - 格鲁门公司开始集中精力研制另一种演示验证机——X-47B。

波音公司没有进行 X-46A 验证机的试飞，而是直接转而研制 X-45B。

（3）联合无人空战系统（J-UCAS）项目

进入到 21 世纪后，美国国防部领导层提出研制通用无人作战飞机的要求，希望能够从若干不同的飞机方案中选出一种飞机，同时满足本国空军、海军及海军陆战队的要求，2003 年，这种思想体现在 J-UCAS 计划中，其目的是整合正在进行的空军 UCAV 计划和海军的 UCAV-N 计划。

在"海军型无人作战飞机先进技术计划"（UCAV-N ATP）第 1A 阶段工作尚未结束之时，美国国防预先研究计划局和美国海军就启动了第 2 阶段的研制工作。

2002 年 3 月，DARPA 和美国海军授予波音公司和诺斯罗普 - 格鲁门公司各一份金额为 1000 万美元的合同，开始"海军型无人作战飞机先进技术计划"（UCAV-N ATP）第 2A 阶段的研究工作。同年 7 月，DARPA 将每家公司的合同金额增加到 1300 万美元。按照该计划，波音公司研制了 X-45B 技术验证机，诺斯罗普 - 格鲁门公司研制了 X-47B 技术验证机。2003 年 4 月，DARPA 单独授予诺斯罗普 - 格鲁门公司一份总金额达到 1.6 亿美元的合同，要求该公司制造 2 架 X-47B 技术验证机。此时，诺斯罗普 - 格鲁门公司按照第 1 阶段合同研制的 X-47A 无人作战飞机演示验证机刚首飞 1 个多月，由于海军的战术技术要求发生了变化，诺斯罗普 - 格鲁门公司终止了 X-47A 的飞行试验，全力研制 X-47B。就在这一年，洛克希德 - 马丁公司加入到诺斯罗普 - 格鲁门公司的 X-47B 项目团队，负责 X-47B 飞机的低可探测性外形设计和试验，其著名的"臭鼬工厂"制造了用于测量雷达截面积的 X-47B 全尺寸模型，并于 2005—2006 年对该模型进行了试验测试。

2003 年 10 月 1 日，DARPA 正式将美国空军 UCAV ATD 计划与美国海军的 UCAV-N ATD 计划合并，合并后的项目称为 J-UCAS。

2004 年 8 月，DARPA 授予诺斯罗普 - 格鲁门公司 10.4 亿美元的合同，要求制造 3 架 X-47B 试验飞机和 3 套地面控制站。按照美国海军制订的计划，UCAV-N 演示验证机应当在 2007 年 9 月 30 日之前开始工程研制，2010 年 9 月 30 日之前完成首飞。

2005 年 11 月 1 日，DARPA 将 J-UCAS 项目的管理权正式转交给美国空军和美国海军。此后，这两个军种在俄亥俄州设立了联合项目办公室，负责该项目的管理。

美国空军承担主管责任，美国海军参与管理。但是，两军种之间的需求差异导致该项目进展受阻，进而分道扬镳。2006年3月2日，美国空军正式退出J-UCAS项目。至此，J-UCAS项目终止。据称，美国空军之所以退出J-UCAS项目，是因为担心无人作战飞机计划影响到F-35的研制和装备。

2004年，在范堡罗航展上，波音公司和诺斯罗普－格鲁门公司分别展出在J-UCAS框架内研制的X-45C和X-47B无人作战飞机模型。这两款飞机代表了美国在无人作战飞机领域的最新成就，其设计理念、整体布局、采用的先进技术和演示验证过程都对世界范围内无人作战飞机的研究与开发产生了深远的影响。

（4）美国海军的N-UCAS计划——海军型无人作战航空系统

2006年，美国海军提出了旨在为航空母舰舰载机联队引入无人作战飞机的"海军型无人作战航空系统"（N-UCAS）计划，并申请了2007年的国防拨款。N-UCAS计划的第一阶段被称为"无人作战航空系统验证"（UCAS-D），这是N-UCAS的技术孵化与验证阶段，旨在验证相关技术概念的可行性和加速关键技术的成熟度。

2007年2月，美国海军发布UCAS-D项目招标书，波音公司和诺斯罗普－格鲁门公司于同年4月2日分别向美国海军递交了招标书，最终诺斯罗普－格鲁门公司的X-47B赢得了竞争，于2007年8月1日获得了美国海军授予的一份为期6年、总金额6.358亿美元的合同，要求制造和试飞2架X-47B验证机（飞机代号分别为AV-1和AV-2）。2008年12月，美国海军又为该项目增加了自主空中加油的验证内容。

另一方面，美国空军退出J-UCAS计划后，波音公司决定以舰载型X-45N方案参与竞争，原计划2008年11月首飞，但竞标失败，波音公司决定终止X-45N项目的研制工作。

（5）UCLASS计划——航母舰载无人空中监视和打击系统计划

UCLASS计划是美国海军的项目，旨在研制一型自主性舰载无人作战飞机，UCLASS是"航母舰载无人空中监视和打击系统"（the unmanned carrier-launched airborne surveillance and strike）的简称。该计划要求2018年前为核动力航母提供一种具备情报、监视、侦察和打击能力的舰载无人机，能够完成舰载航母联队的作战任务。该项目需要验证的技术包括空中加油、隐身轰炸和护航等。

参与UCLASS项目竞争的有4家公司，它们分别提出了各自的无人作战飞机方案，包括：诺斯罗普－格鲁门公司以X-47B演示验证机为基础提出的设计方案；洛克希德－马丁公司以RQ-170"哨兵"为基础提出的"深海幽灵"方案；波音公司基于"鬼怪射线"提出的设计方案；通用原子航空系统公司提出的"海上复仇者"方案，它的原型机是陆基"复仇者"无人机。这些无人机有一个共同点：都采用高隐身气动布局。

2013年6月，美国海军向这4家公司发出了招标书，招标书要求这4家公司在9个月时间内提高设计方案的成熟度，应达到产品设计审查（PDR）阶段，并评估各方案的技术准备程度。招标书的内容原定在2012年发布，但一再推迟，直到2013年9月才正式发布招标书草案，但有关技术问题仍处于讨论中，其中包括：需要与通用原子航空系统公司和波音公司继续讨论隐身需求，旨在降低飞机的隐身要求以提高续航性能并增加作战载荷；需要与诺斯罗普－格鲁门公司和洛克希德－马丁公司讨论无尾飞翼布局的高生存力问题。2013 年 8 月 14 日，虽然有些技术问题尚在讨论中，但美国海军向这 4 家公司各授予 1500 万美元合同，用于进行飞机的机体设计。

X-47B 已经完成了海军无人作战飞机技术验证项目（UCAS-D）的全部试验，是"航母舰载无人空中监视和打击系统"（UCLASS）计划的最有力竞争者。"复仇者"由 MQ-9"死神"发展而来，采用了隐身外形，换装了涡扇发动机。

"深海幽灵"由 RQ-170"哨兵"改进而来，RQ-170 是洛克希德－马丁公司"臭鼬工厂"为美国空军研制的一型高度保密的侦察型隐身无人机，它是 RQ-3A"暗星"的后继机，用于执行美国空军的情报、监视与侦察任务。美国空军于 2005 年正式启用该型无人侦察机。2007 年秋天，美国中央情报局获得了第一架 RQ-170，并装上了从商用货架采购的全动态视频传感器和卫星通信系统，用以在伊朗东部人烟稀少的地区活动，以监视伊朗的导弹试验。同一年，RQ-170 在阿富汗的坎大哈机场被曝光，记者们给该无人机起了一个有意思的绰号"坎大哈怪兽"。在改装全动态视频传感器之前，RQ-170 只沿阿富汗边界飞行，避免进入邻国领空。然而，在加装了全动态视频传感器之后，具有一定隐身能力的 RQ-170 被多次派往巴基斯坦，执行侦察和监视任务，最终借助获得的图片，找到了"基地"组织头目本·拉登的藏身之处，并在击毙本·拉登的军事行动中发挥了极其关键的作用。2011 年 12 月 4 日，伊朗在其境内捕获了 1 架正在执行任务的 RQ-170 无人侦察机，对其复制并成功进行了首飞。

从 2015 年起，UCLASS 项目的拨款力度大幅减弱，原计划在 2016 年分配给 UCLASS 的 6.69 亿美元被削减至 1.35 亿美元。UCLASS 项目的验证机 X-47B 在 2015 年后不再获得拨款。与此同时，美国海军与国防部官员一直在争论 UCLASS 机队的规模和任务。2014 年 12 月，美国海军透露，UCLASS 机队将由 E-2D 舰载预警机指挥。

2016 年 7 月，美国海军中止了 UCLASS 项目，并开始了一项新的舰载无人机项目，截至 2016 财年，美国海军共为 UCLASS 项目投入了 8.39 亿美元。在美国国防部公布的 2017 年度预算案中，"航母舰载无人空中监视和打击系统"（UCLASS）项目被调整为"舰载无人空中加油系统"（CBARS）项目。2017 年 11 月 29 日，美国海军少将马克·达拉赫对记者透露，美国海军将在 2018 年夏季之前，完成 MQ-25"黄貂鱼"航母舰载无人机的选型工作。该军种在 2017 年 10 月发布了 MQ-25 无人机工程与制造研制阶段招标书。按招标书要求，波音公司、通用原子航空系统公司和洛马公司这三个团队须在 2018 年 1 月之前提交它们各自的投标方案。在招标书发布之后不久，诺斯罗普－格鲁门公司就宣布退出竞争，这意味着 X-47B 项目的终结。

（6）"航母舰载空中加油系统"（CBARS）项目

尽管美国海军成功利用联合能力集成与开发系统（JCIDS）让能力降低版的初始能力文件获得批准，并制定了螺旋式采办策略，但国会普遍持反对意见，认为能在有威胁的反介入 / 区域拒止环境中充当远程监视和打击装备的无人作战飞机才是美国真正所需要的。国会试图通过授权和拨款等方式敦促海军研发能力更强的平台。但最终国会和海军妥协，美国国防部于 2016 年 2 月将 UCLASS 项目调整为 CBARS 项目。随着舰载无人空中监视打击系统的退出，美国海军在兵力投送方式上的大胆创新也被扼杀。在选择创新和传统任务模式（即利用有人战斗机进行打击）之间，美国海军选择继续遵循现有任务模式而不是寻求创新。

除了无人机之外，美国海军还在继续推进 MQ-25 无人机系统中另外两个组成部分的发展。该军种还发布了 MQ-25 的舰载和岸基任务控制站信息征询书，要求该站可将 MQ-25 无人机操作员的语音信息翻译为基于互联网协议的、与航母舰载空中交通控制系统之间的通话信息。达拉赫少将表示，人们往往容易关注 MQ-25 无人机系统的空中部分，而美国海军在过去几年中一直在发展该系统的地面部分和航母综合部分，以将其推向一切就绪的状态。

MQ-25 无人机项目的前身是 UCLASS 项目，美国海军在 2017 财年预算中将该项目改为 CBARS 项目，当年编列 1.14 亿美元，2017—2022 财年计划共投入 24 亿美元。按目前的计划，作为系统的空中部分，MQ-25 无人机将在 2019 年进行设计评审，2025 年左右形成初始作战能力。

波音公司的 MQ-25 原型机，也称 T1，与参与 UCLASS 项目竞标的设计方案相同。但是随着任务需求由监视变成了空中加油，波音公司必须对设计方案进行重大修改。"在 T1 到第一架工程与制造发展飞机之间，设计方案会有一些改动，但是不会很大。最大的变化是任务系统"，MQ-25 项目负责人盖迪斯说，"UCLASS 项目的需求与 MQ-25 完全不同，所以需求由注重 ISR 变成不注重 ISR 是 MQ-25 的最大改变。"

表 2-1 美国主要舰载无人作战飞机的战术技术性能表

型号	最大起飞重量 /kg	最大任务载荷重量 /kg	最大飞行速度 /（km/h）	巡航速度 /（km/h）	实用升限 /m	最长续航时间（无空中加油）/h	有效载荷 135kg、距舰（基地）280km 时巡逻时间 /h	最大作战半径（无空中加油）/h	机长 /m	翼展 /m	机高 /m
X-47B "咸狗"	19000	2000（武器载荷 900）	1000		10000	7		>2400	11.5	18.8	
"鬼怪射线"	16500	2000	1000		12000	4		2400	12	15.2	
			740		18000	20		4000	11.6	19.5	
"海上复仇者"	4500	1350	230	170	6100	8		200	6.8	8.4	3
			250	220	6000	15（有效载荷 77kg）	8	280	13	10.7	3.3

注：由于"鬼怪射线"和"海上复仇者"各有两种不同构型，因此数据有所差异。

2.1.3　察打一体无人机

按照美国空军军用飞机的分类编号，战斗机通常以大写字母 F 打头，例如，F-4 "鬼怪"、F-15 "鹰"、F-22A "猛禽"、F-35 "闪电"，后面的名称通常为军事杂志记者们所起的绰号，F 是 "Fighter" 的缩写。轰炸机以大写字母 B 开头，如 B-1 "枪骑兵"、B-52 "同温层堡垒"、B-2 "幽灵"、B-21 等，字母 B 是 "Bomber" 的缩写。攻击机则用大写字母 A 开头，如 A-7 "海盗"、A-10 "疣猪" 等，A 是 "Attacker" 的缩写。侦察机以大写字母 R 打头，如 SR-71 "黑鸟"，S 是 "Strategic"（战略的），也就是说，SR-71 是战略侦察机，无人侦察机则以大写字母 RQ 打头，如 RQ-2 "先锋"、RQ-7 "影子"、RQ-1A "捕食者" 等都是现役的无人侦察机。在侦察机的基础上，美国改进研制出察打一体无人机，即 MQ 系列，如 MQ-1B "捕食者"、MQ-9 "死神"，其中大写字母 M 是 "Multi" 的缩写，具有多功能的含义，因此，MQ 系列无人机属于多功能侦察机。

目前，美国空军广泛使用的察打一体无人机是 MQ-1B "捕食者" 和 MQ-9 "死神"。虽然察打一体无人机并非专用的对地攻击飞机，但它们仍然具备对地攻击功能，因此，需要对这一类无人机的发展过程进行系统的描述。

"捕食者" 无人机是美国通用原子航空系统公司以 "蚋蚊" 750 为基础研制的中空长航时（MALE）无人侦察机。1994 年 1 月 7 日，通用原子航空系统公司获得美国海军价值 3170 万美元的先进概念技术验证（ACTD）计划阶段合同，要求在 1996 年 6 月前交付 3 套无人机系统：3 套地面控制站、12 架无人机。1996 年 7 月又追加了 3620 万美元，增加了 5 架无人机、5 套光电 / 红外任务载荷与地面控制站，要求 1998 年 3 月交付。先进概念技术验证计划阶段合同于 1996 年 6 月底结束，通用原子航空系统公司向美国海军交付了 3 套无人机系统。1997 年，美军为该机授予代号 RQ-1A，也就是 "捕食者"。实际上，早在 1995 年，"捕食者" 就开始在中东地区、非洲地区进行部署。2001 年，美国发动了反恐战争，携带武器的 "捕食者" 改名为 RQ-1B，它们成为美国空军和中央情报局在阿富汗和巴基斯坦执行攻击作战任务的主要无人机系统。

2002 年 3 月，美国空军正式组建了第一个武装型 "捕食者" 无人机中队，2002 年 6 月，美国空军正式将携带 AGM-114 "海尔法" 导弹的 RQ-1B 命名为 MQ-1B，M 表示多用途，反映了 "捕食者" 从侦察型无人机发展为多用途（任务）无人机。2001 年 10 月 17 日，美军在阿富汗战争中成功地从察打一体无人机 MQ-1B "捕食者" 上发射了 "海尔法" 反坦克导弹，这可以看作无人作战飞机的起点。

MQ-1B "捕食者" 无人机可以携带 4 枚 AGM-114 "海尔法" 空地导弹，或者 4 枚 GBU-4/B "蝮蛇打击" 空投制导炸弹。

MQ-9 "死神" 是通用原子航空系统公司在 "捕食者" 的基础上于 1998 年研制的改进型高空长航时察打一体无人机，即 "捕食者" B。经过改进后，"捕食者" B 的外形尺寸增大、起飞重量增加、航程和巡航速度也显著增加，表 2-2 是 "捕食者" 与 "捕食者" B 之间的比较。

表 2-2　MQ-1 "捕食者" 与 MQ-9 "捕食者" B 综合比较

机型	外形尺寸		重量			飞行性能				
	机长 / m	翼展 / m	空重 / kg	最大起飞重量 /kg	任务载荷 /kg	最大速度 /（km/h）	巡航速度 /（km/h）	实用升限 /m	作战半径 /km	续航时间 /h
MQ-1	8.13	14.63	513	1043	204	220	135	7620	741	40
MQ-9	10.82	20.12	1678	4763	1747	440	389	>15240	2963	>30

从表 2-2 中可以看到，"捕食者" B 的最大起飞重量、作战半径等都比 "捕食者" 大 3 倍，飞机实用升限也从中空（7620m）升高到高空（15240m）。任务载荷的变化最大：从 204kg 增加到 1747kg，MQ-9 "死神" 最多可携带多达 16 枚 AGM-114 "海尔法" 空地导弹，或者同时携带 AGM-114 "海尔法" 导弹及 2 枚重量为 230kg 的 GBU-12 "宝石路" Ⅱ激光制导炸弹，除此之外，还可以挂载 AIM-9 "响尾蛇" 空空导弹和 GBU-38 "联合直接攻击弹药"（JDAM）。

2.2　X-45 系列无人作战飞机

2.2.1　X-45A

X-45A 是波音公司为下一代完全自主军用飞机概念演示验证而研发的无人作战飞机。1999 年 3 月，美国空军和国防预先研究计划局启动了 UCAV ATD 计划，波音公司率先赢得了为期 42 个月、总价 1.31 亿美元的合同，由 "鬼怪工厂" 负责制造两架 X-45A 验证机和相关系统，在政府许诺投入的基础上波音公司同意另外出资 2100 万美元。

这是波音公司启动的第一个无人作战飞机验证计划，该项目计划验证的关键技术包括：自主控制、先进综合感知系统、安全可靠指令、控制和通信、战场环境兼容性。该计划制定的详细目标包括：

①发展和演示验证一个低成本并能够有效执行防空火力压制 / 打击任务的无人飞行器；

②发展和演示验证一个可重复使用、实现多平台操作的控制站；

③演示验证指令、控制和通信的鲁棒性和安全性，包括视距内通信和视距外通信；

④探索全方位人机功效装置，能够实现动态任务规划和在线管理；

⑤评价机外 / 机上传感器的综合、武器的瞄准和投放；

⑥演示验证人在回路技术：探测、识别、定位、实时对准、武器授权、武器发射和目标损伤评估；

⑦持续进行可操作的精确的联合无人空战系统对敌防空压制 / 打击方式的设计和有效性评估。

经过一年多的研制，波音公司在 2000 年 9 月 27 日对外公开展示了 X-45A 无人作战飞机全套系统设计方案，其中包括 X-45A 演示验证机、储存保障设备和地基控制站等三个基本部分。

这两架验证机具有相同的基本外形和发动机，没有喷涂低可探测性材料。每架 X-45A 验证机有两个武器舱，其中一个挂装武器，另一个安装航空电子设备。验证机使用 U 波段通信、Link 16 数据链、卫星通信和 L 波段遥测系统。T-33 作为他机验证试飞用飞机支持该项目，也作为伴飞飞机，其已经进行了改装，在前机舱携带同 X-45A 验证机一样的有效载荷，见图 2-1。

图 2-1　两架 X-45A 验证机和他机试飞兼伴飞飞机 T-33

X-45A 无人作战飞机的演示验证计划分四阶段执行。第一阶段演示验证控制站内的指令传输和控制、保障能力和飞行包线扩展。在这一阶段，X-45A 飞机依靠飞机管理系统进行视距链路内控制，通过一系列飞行试验验证操作手的控制和确认能力。第二阶段采用卫星链路进行指令传输和飞行控制，验证系统的支持能力、多机协同编队飞行和对敌防空压制能力等。在第二阶段，更新了 X-45A 的任务管理系统，并使之可视化，将 X-45A 从自主无人机转化为自主无人作战飞机。在第三和第四阶段，将进一步扩展多机操作控制、通信链路中断条件下的编队飞行的成熟度，同时引入机上决策系统。

（1）飞机布局

X-45A 在总体设计上充分借鉴了 B-2 和 F-117A 隐身飞机的设计，并利用美国国家航空航天局（NASA）在 X-36 无尾验证机项目中取得的成果，采用了大量先进

而成熟的技术。

它采用下单翼且机翼呈 43° 后掠的隐身设计，前缘笔直而后缘呈 W 形，与 B-2A 类似。机身平面为长菱形，机翼前缘和后缘与机头前缘平行。机身下部的机轮舱门和武器舱门的边缘设计都与机身形状相吻合。整个飞机的隐身性能大幅提高。

X-45A 取消了平尾和垂尾，采用无尾布局，明显降低了飞行阻力。验证机由复合材料制成，机翼由纤维 / 环氧树脂蒙皮和泡沫材料整块模压成形，取消与尾翼相关的结构材料和操纵机构，使结构重量显著降低，改善了飞机的可靠性与维护性。

飞机有两个内埋武器舱，一个武器舱用于悬挂精确制导弹药或 1 枚 2000lb 炸弹，另一个武器舱用于装载航电设备。出于未来研制作战型号的考虑，飞机机翼下设置有外挂点，用于携带外挂武器或副油箱。X-45A 验证机采用了武器内埋悬挂设计，能根据作战需要携带 JDAM 和小型精确制导炸弹等。武器舱内可携带一枚 JDAM 或安装多用途炸弹挂架，以挂载各种类型的攻击武器，包括 6 枚 110kg 炸弹、微型空中发射诱饵和低成本自主攻击系统（LOCAAS）。

X-45A 采用内埋式进气道，空气通过 S 形进气道流入机身内的一台 F124-GA-100 涡扇发动机，发动机燃气通过二元矢量喷管排出，从而保持机身下部平整光滑，达到红外低可探测性（隐身）的目的。

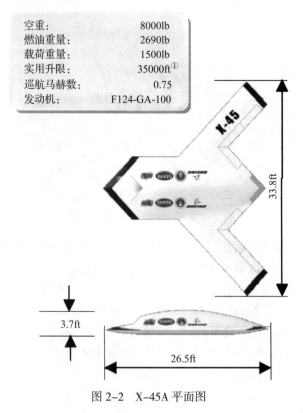

空重：	8000lb
燃油重量：	2690lb
载荷重量：	1500lb
实用升限：	35000ft[①]
巡航马赫数：	0.75
发动机：	F124-GA-100

图 2-2　X-45A 平面图

---

① 1ft ≈ 0.305m。

图 2-3　X-45A 无人作战飞机原型机

X-45A 的前起落架采用适应性改进的 F-5E 前起落架，主起落架采用改进后的 T-38 飞机的主起落架，向前收入 X-45A 的主起落架舱。起落架带有可转向前轮和霍尼韦尔公司的电子防滑刹车系统。

大气数据系统采用一个安装在机头的空速管，可以测量迎角、侧滑角、总温、静压和总压值。X-45A 的机翼是可拆卸的，以便于存储与运输。

X-45A 的飞行控制系统采用 6 块后缘升降副翼及偏航推力矢量装置。升降副翼指左右对称的外侧、中侧、内侧舵面。外侧、中侧升降副翼安装在可拆卸的机翼上。有 18 个电动舵机驱动升降副翼、前轮及起落装置。这些舵机由 HR-Textron 公司制造，武器舱由一套旋转作动器驱动，此作动器由 Moog 公司制造。

（2）任务有效载荷

X-45A 验证机采用实时机内和机外传感器，可以实现对目标的探测、识别、定位、快速重新定位和瞄准。X-45A 飞机腹部并列布置了两个内埋武器舱，单个尺寸（长 × 宽 × 深）为 3.73m × 0.54m × 0.53m，对于飞行试验型的 X-45A 飞机，其左侧弹舱装载 2000lb 炸弹或导弹；右侧弹舱可以装载航电 / 飞行任务传感器。X-45A 生产型上两个武器舱都可以用来装载武器，每个武器舱内配备了 4 个挂点，可携带 GBU-31 "联合直接攻击弹药"（JDAM）；也可在翼下挂架上安装一个多用途挂架，挂装多种武器或副油箱，如 6 枚 250lb 小直径炸弹（SDB）、微型空射诱饵（miniature airlaunched decoy，MALD）或者低成本自主攻击系统（LOCAAS）。在 X-45A 的前部安装有一台摄像机，机上配备有通信保密和有识别能力的先进决策系统，提供作战态势感知能力和弹药投放授权所必需的飞机被动控制能力。雷神公司负责提供机上的有源相控阵天线（AESA）、合成孔径雷达 / 动目标指示器、AN/ALR-69 电子战设备、Link 16 数据链等。机背上方可安装通信中继设备和各种埋入式天线，利用中继设备可以将信息传送回任务控制站。

（3）导航与控制

X-45A 是一种拥有大量的命令和控制接口、高度自主化的无人驾驶飞机，其导航软件植于飞行器管理系统（VMS）中，能可靠地完成轨迹控制。X-45A 的导航软件根据任务段进行分段设计，便于帮助飞机完成不同阶段的动作，这些阶段包括滑

行、起飞、正常飞行和着陆。常规的航路点操纵算法用于跟踪任务计划，但也可以有限地设置新航路点。

在特定的任务阶段，地面操作员可以超越任务计划来控制飞机的航向、转弯率、高度、速度和使用中的航路点。正常飞行期间，地面操作员同样可以控制飞机保持和延缓以便等待航线。

当发动机起动后，飞机进入保障操纵任务阶段。在这个阶段，装定任务信息和其他数据，并且微波通信系统（MCS）也开始通信。飞机进入操作手转换阶段后，控制权转给微波通信系统操作员。从地面滑行、任务执行到着陆，都通过操作指令控制飞机。

X-45A使用GPS导航系统提供飞机的确切位置。航路点信息包括经度、纬度、高度、速度。在飞行中，X-45A使用气压修正高度作为参考高度，在着陆时转为使用WGS-84惯性高度。

飞行控制分成纵向和横向两个系统。在滑行时，采用横向加速度和速度指令。在飞行中，采用标准的倾斜转弯界面，使用法向加速度、倾斜角和速度指令。在大侧风着陆中，采用侧滑角反馈纠正飞机的偏航。

X-45飞机的地面控制站由NASA设计，采用BAE系统公司的飞行器管理系统计算机和Milstar卫星通信数据链。

（4）演示验证飞行试验

2000年9月27日，首架X-45A在波音公司位于密苏里州的圣路易斯工厂出厂。X-45A验证机的一个武器舱正常使用，另一个安装航空电子设备，使用U波段、Link 16数据链、卫星通信和L波段遥测系统。

2001年，波音公司将生产的两架X-45A交付给美国空军进行系统测试试验。2002年5月22日，第一架X-45A在NASA艾姆斯研究中心成功完成了首飞，共飞行了14min，空速为361km/h，飞行高度2286m。此次飞行验证了飞机飞行的基本特性和状况，以及飞机与任务控制站之间的指挥与控制链路。随后，在6月13日，这架

图2-4 首架X-45A完成首飞

X-45A 又进行了第二次飞行试验，这次飞行共持续了 32min，飞机时速为 324km 和 361km，飞行高度为 2286m，飞行试验没有出现任何差错。同年 11 月 21 日，第二架 X-45A 也完成了 29min 的飞行。

2003 年 2 月 28 日，Block1 验证完成，包括机翼对接、自主滑行、模拟作战概念（CONOPS）、（任务控制站与任务控制车之间的）分布式控制、通信链路丢失以及四维度（时间与位置）导航。截至 2003 年 3 月 4 日，原型机总计飞行 16 架次，约 13h。随后进行的 Block2 验证采用 T-33 代飞进行试验，包括在空中管制空域与有人驾驶飞机配合飞行。T-33 代飞飞机由波音公司租借以支持该项目，在飞行之前已经进行了改装，在前机舱携带同 X-45A 验证机一样的有效载荷。

图 2-5 2002 年 11 月 21 日，第二架 X-45A 准备起飞

第一阶段的飞行试验验证在 2003 年 2 月完成，共完成了 48 项系统技术验证，为后续在 2003 年夏季开展的第二阶段试验打下了基础。第二阶段最主要的演示项目是：

①机翼折叠和收放；

②自主滑行；

③飞机放飞（01 和 02 架）；

④任务控制；

⑤分布式控制；

⑥通信中断飞行测试；

⑦包括武器舱在内的全包线飞行使用；

⑧ 4D 导航（时间到达控制）。

2003 年 11 月在爱德华空军基地开始了 Block3 的验证（任务规划、编队飞行和模拟惯性武器投放），包括使用两架 X-45A 和 T-33 代飞飞机一起飞行，在一名操作员的控制下协同工作，完成 30 ~ 35 架次飞行，验证空对地和空对空通信链路和航线规划，以及投放 GPS 制导的小型炸弹。

2004 年，两架 X-45A 无人作战飞机在 NASA 艾姆斯研究中心首次进行了编队飞行。两架 X-45A 在起飞约 4min 后，在指定空域会合编队飞行，通过 Link 16 数据链路通信，保持编队队形。两架飞机在编队飞行约 2min 后飞离，编队相距高度 305m，

航线侧向距离 152m。飞机未进行翼梢对翼梢的编队特技飞行，因为 X-45 的任务是压制敌防空火力和实施攻击任务，所以不进行紧密编队飞行。

2005 年 2 月两架原型机完成了模拟作战任务的飞行。在 5 月 13 日的第 51 次飞行中，开始测试能够将决策从地面传送至空中的 Block4 软件。同年 6 月进行了第 52 次飞行，飞机自主创建其飞行计划，以保持在模拟的地空导弹发射装置的致命攻击范围之外；攻击模拟的优先级地面目标；验证抑制"敌方"空防的能力；进行模拟的战场毁伤评估（BDA）。2005 年 8 月 10 日，两架 X-45A 在第 63 和第 64 次飞行中完成了类似的联合模拟任务。

X-45A 的试验任务不仅包括基本的空中和适航性目标，还包括确定将飞行器作为武器和传感器系统平台的适用性。为了完成储存试验，波音公司用蜂窝夹芯的玻璃纤维制造了一个 15ft × 6ft × 20ft 的可密封集装箱，有湿度控制，并配备了在不暴露全机的情况下进行适当检查的检查舱门。集装箱的设计便于运输，一架 C-17 运输机可运输 6 个集装箱，而一架 C-5 运输机可运输多达 12 个集装箱。

X-45A 项目研制的重点是它的可采购性。X-45A 的软件采用了开放式架构，使验证机上所用的新开发软件控制在 40% 以内，其余 60% 都是已在其他项目中成功应用的软件。随着项目研究的深入，采用成熟软件的比例有可能超过 80%。2003 年，这种无人作战飞机的售价大约为 1000 万美元，是轻型战斗机价格的 1/3。

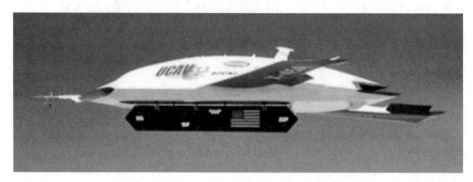

图 2-6　X-45A 在飞行试验中打开武器舱门

2.2.2　X-45B

随着形势的发展，美国空军对 UCAV 提出了增加尺寸和提升性能的要求。有资深官员认为小型、可空运的 UCAV 用处不大，载油量小将限制它的作战距离。早在伊拉克战争前的阿富汗作战行动中，无人机作战距离和续航能力的重要性已经显现，而且需要空运的无人机将加重空运负担。

美国空军认为，在实战中，战斗机及其上的飞行员承受着飞行距离和持久作战两方面的巨大压力，因此，"能够持久作战"应是无人作战飞机必须具备的独特性能。此外，空军还希望无人作战飞机能够担负非杀伤性的攻击任务，如作为护航干扰机等。但增加电子攻击等任务意味着无人机要加装干扰器等设备，并承受重量增加的压力。电子设备需要从发动机获得动力，而这势必影响对动力装置的要求。

在美国空军上述要求的影响下，2002 年初，波音公司重新设计了 X-45A 验证机，力求缩小初始原型机和实际作战系统之间的差距，并将其命名为 X-45B。同年 8 月，波音公司赢得了制造 2 架 11350kg 重的 X-45B 原型机的合同，其体积几乎是 X-45A 的两倍。

与 X-45A 相比，X-45B 明显增加了尺寸和重量。其翼展增加 22%，机翼面积增加 63%，长度增加 11%，空重增加 31%。X-45B 全机长 11m、机身长 9.75m、翼展 14.3m、机高 1.2m（起落架收起）。X-45B 空重为 6360kg，最大载油量为 2450kg，飞行高度可达 12200m，巡航马赫数 0.85。动力装置采用通用电气公司的 F404-GE-102D 发动机。X-45A 的复合材料用量为 45%，而 X-45B 的复合材料用量达 90% 以上。

X-45B 有两个长度与 F-35 飞机相同的内置武器舱，可携带 2000lb 的武器：通常是 2 枚波音公司生产的 1000lb JDAM 或多达 8 枚的小直径炸弹。武器舱也可以安装多用途挂架，挂装炸弹、微型空射诱饵和低成本自主攻击系统，其内部携带的武器数量成倍增加，初步具备实际作战能力。

X-45B 原计划在 2004 年底进行首飞。Block5 计划用于验证对雷达装置的攻击，以及与有人驾驶飞机和无人侦察机一起飞行，并将继续推进到测试 SEAD 和打击任务的 Block10。2005 年底，计划进行反防空压制（Block20）试验，并在 2008 年延续到 Block30，届时 X-45B 将装备定向能武器。

但遗憾的是，处于设计阶段的 X-45B 方案只是昙花一现，没有进入实质性的研制阶段就被取消了。DARPA 在 2003 年 2 月决定取消 X-45B，代之以 X-45C，以便大幅增加航程和飞行时间，试图通过单一的型号——X-45C 或者诺格公司的 X-47B 来满足美国海军（UCAV-N）和美国空军共同的需求。X-45B 的经费被取消并注入到 X-45C 的研发中，其时间框架延伸到 2006 年底。

2.2.3　X-45C

该型号由波音公司于 2003 年初提出，随后被 DARPA 批准取代 X-45B，并在 2004 年 10 月授予波音公司一份价值 7.67 亿美元的合同。波音公司将新方案命名为 X-45C 验证机，在设计中吸纳了美国空军和海军的有关建议，在 X-45B 的基础上优化气动构型，增大总体尺寸，增加了续航时间。X-45CN 是具备舰载能力的海军型 X-45C，在最初提出 UCAV-N 需求时代号为 X-46A。

（1）战术技术指标

X-45C 无人作战飞机的巡航速度可达 Ma0.85，有效载荷 4500lb，飞行高度 40000ft，作战任务半径 1300n mile。按照计划，波音公司在 2004 年 6 月 8 日开始组装首架 X-45C。它的尺寸比 X-45B 更大，与后者基本相同的机身融合了蝙蝠形的机翼，平面上形成了箭头的形状，对于增加的有效载荷和航程进行了权衡。计划建造三架原型机以及两个任务控制站。首架原型机原定于 2006 年完成，2007 年进行首飞。2005 年 7 月，DARPA 额外注资 265 万美元将现有的飞行试验工作延长 18 个月

（至 2012 年 12 月），计划增加对新型自主空中加油（AAR）技术的全面验证，同时继续空军研究实验室（AFRL）与波音公司的研发活动，目标是在 2010 年实现 KC-135 加油机为 X-45C 进行空中加油。

美国空军希望 X-45C 在设计上重点满足压制敌方防空系统的要求，而美国海军则需要一种从航母起飞的远距情报搜集平台，虽然双方都尝试调整各自的作战需求来支持发展一种 UCAV，但分歧始终难以弥合。2006 年，美国国防部开始调整发展战略，决定在 2018 年前着重发展远程打击力量，因此美国空军退出了 J-UCAS 项目，导致 X-45C 的研制工作戛然而止。

X-45C 的战术技术指标见表 2-3。

表 2-3　X-45C 战术技术指标

序号	项目	数值
1	最大巡航马赫数	0.85
2	实用升限 /km	12.2
3	作战半径 /km	2253
4	机长 /m	11.89
5	翼展 /m	14.94
6	机高 /m	3.2
7	总重 /kg	16556
8	空重 /kg	8166
9	载油量 /kg	6350
10	发动机型号	F404-GE-102D
11	发动机推力 /kN	53.3
12	发动机重量 /kg	1035

表 2-4　X-45A 与 X-45C 的技术数据对比

项目	X-45A	X-45C
动力装置		
发动机	一台 28.0kN 的霍尼韦尔公司的 F124-GA-100 无加力涡扇发动机	一台 53.3kN 的通用电气公司的 F404-GE-102D 涡扇发动机
油箱	仅有机身油箱	机身和机翼油箱 装有空中加油装置
尺寸		
翼展	10.31m	14.93m
总长	8.03m	11.89m
机身长度	8.03m	

表 2-4（续）

项目	X-45A	X-45C
机身最大宽度	1.09m	
总高度	2.03m	
武器舱长/宽/高	3.73m/0.54m/0.53m	
重量		
空重	3629kg	
燃油重量	1220kg	6350kg
有效任务载荷	680kg	2040kg
任务起飞重量	5529kg	16556kg
性能		
最大巡航速度	Ma0.8	Ma0.8
实用升限	10670m（35000ft）	12200m（40000ft）
作战半径		1200n mile（2222km）
距基地 1000n mile 空中待命时间		2h

（2）总体布局

X-45C 在 X-45B 的基础上优化了气动构型，增大了总体尺寸，采用大后掠角前缘和小后掠角后缘，前缘光滑笔直，后缘分别设计了副翼和襟翼，平面上形成了箭头的形状。

图 2-7　X-45C

（3）机载武器

X-45C 采用了双武器舱内埋悬挂设计，有效任务载荷为 2040kg，每个武器舱可携带 907kg（2000lb）的武器：通常是两枚波音公司生产的 454kg（1000lb）JDAM 或多达 8 枚的小直径炸弹（SDB）。武器舱也可以安装多用途挂架，以挂装炸弹、微型空射诱饵和低成本自主攻击系统。

（4）隐身设计

与 X-45A 的蝙蝠式外形相比，X-45C 采用飞翼式布局，除了先天具备优异的低可探测性外，还在每一个细节设计上力求降低雷达截面积，如进气道唇口、机轮舱

门和武器舱门的边缘设计都与机身形状相吻合。

2.2.4 "鬼怪鳐"

波音公司在 2007 年夏季初步决定重启处于冻结状态的 X–45C，并开始酝酿"鬼怪鳐"项目。波音公司实施该项目的目的是掌握无人驾驶作战系统所需关键技术，以满足五角大楼对未来采购项目的要求，包括空军的下一代战术无人机（MQ–X）项目、远程打击项目、海军的 F/A–XX 计划。2008 年 6 月，波音公司秘密启动该项目，并重新恢复"鬼怪工厂"这一机构。

2010 年 5 月 10 日，"鬼怪鳐"在波音公司的圣路易斯工厂首次亮相。它以 X–45C 为原型，继承了其总体设计的主要特点。该机长 10.97m，翼展 15.24m，总重 16.57t，巡航速度 $Ma0.8$，设计使用高度 12100m。在不进行空中加油的情况下，可以携带 2040kg 的任务载荷往返飞行 1600km 以上。它装有一台改进的 F404–GE–120D 无加力涡扇发动机，其特殊的排气系统可降低发动机噪声；发动机内置能够有效降低红外线的装置，可使追踪的导弹偏离目标。

"鬼怪鳐"为飞翼式布局，采用了非常小的雷达截面积设计，可以有效地躲避敌方的雷达监控。它的前缘光滑笔直，后缘分别设计有副翼和襟翼。机身后部承袭了 X–45A 的机身襟翼，通过数字式电传飞控系统较好地实现了各操纵面的耦合控制，能保持良好的静不稳定性。采用翼身融合体的机翼两侧分别设计有一个嵌入式控制板，里面安装有一套高压空气增升系统，可以根据飞行控制指令实时控制机翼上表面气流的压力和速度，增大了副翼和襟翼的操纵力矩，改善了响应速度，进而提高了俯仰和滚转效率。"鬼怪鳐"保留了 X–45C 的武器舱设计：长 4.27m、宽 0.68m、高 0.43m，可携带 8 枚小直径炸弹。

2010 年 12 月初，该机在兰伯特国际机场完成了低速滑行试验，在地面控制站的指挥下，在跑道上自主滑行了几次。到 2011 年 3 月 30 日，该机在艾姆斯研究中心先后完成了数次高速滑行试验。

2011 年 4 月 27 日，"鬼怪鳐"在爱德华空军基地完成首飞，持续飞行 17min，整个过程中起落架一直未收起，飞行高度达到 2290m，飞行速度达 330km/h。首飞期间，对飞机的地面指令、导航和控制进行了验证，校核了任务规划、操纵接口和使用程序，表明其具备基本的适航条件。

到 2011 年 6 月底，该机共完成了 9 次试飞，主要扩大了飞行包线，并测试了飞行品质。

2.3　X–47 系列无人作战飞机

2.3.1　X–47A

X–47A "飞马座"是诺斯罗普 – 格鲁门公司为美国海军研制的舰载无人作战飞机

技术演示验证机，主要用于验证舰载无人作战飞机的关键技术和军事价值。

2000 年 6 月 30 日，美国国防预先研究计划局和美国海军正式启动了"海军型无人作战飞机先进技术计划"（UCAV-N ATP），在第 1A 阶段，授予波音公司和诺斯罗普 - 格鲁门公司各一份 16 个月的合同，每份合同金额 230 万美元，旨在研究海军型无人作战飞机（UCAV-N）的可行性。在随后展开的第 1B 阶段，又授予两家公司各 2500 万美元的合同，用于制造演示验证机。按照 UCAV-N ATP 第 1 阶段的合同要求，波音公司推出了编号为 X-46A 的技术验证机，该机是波音公司 X-45A 的舰载型，而诺斯罗普 - 格鲁门公司则推出了 X-47A 技术验证机。

X-47A 于 2001 年 2 月 26 日推出，同年 6 月被命名为"飞马座"，7 月 30 日原型机出厂，12 月完成首次发动机地面试验，2002 年 1 月和 3 月又进行了发动机地面运转试验，同年 4 月 18 日进行了发动机地面自主起动和关闭试验。2002 年 7 月 19 日和 9 月 6 日，分别进行了低速滑跑试验，用于检查和验证飞机的控制律、通信链路、机载设备等功能和性能。2003 年 2 月 23 日，X-47A 成功首飞，在空中飞行了 12min，这也是 X-47A 完成的唯一一次飞行。

X-47A 设置有内埋武器舱，可以携带 1 枚 225kg 的训练炸弹，但 X-47A 没有继续开展包线扩展和武器投放试验。

X-47A 无人作战飞机演示验证机的最大起飞重量只有 2678kg，最大任务载荷重量（含武器）为 2212kg，最大平飞速度 852km/h，实用升限 12192m。

飞机采用飞翼式布局，机体呈钻石形，机翼前缘后掠角 55°，后缘前掠 35°，单台发动机布局，发动机进气口位于机身上部前方，用于降低发动机的雷达探测性。机翼上布置了 6 个操纵面、2 个升降副翼和 4 个嵌入到机翼上的扰流片。其中，2 个扰流片位于机翼上方，另外 2 个扰流片位于机翼下方。机体采用全碳纤维复合材料结构，由缩比复合材料公司制造。

2.3.2　X-47B

2.3.2.1　战术技术性能

X-47B 的战术技术指标见表 2-5。

表 2-5　X-47B 战术技术指标

序号	项目	数值
1	最大巡航马赫数	0.85
2	作战半径 /km	2963
3	实用升限 /km	12.5
4	机长 /m	11.6
5	翼展 /m	18.9/9.4（折叠）
6	机高 /m	3.17/5.3（折叠）
7	总重 /kg	20800

表 2-5（续）

序号	项目	数值
8	空重 /kg	9365
9	载油量 /kg	7711
10	任务载荷 /kg	2040
11	发动机型号	F100-PW-220U
12	发动机推力 /kN	75.6
13	发动机重量 /kg	1683

2.3.2.2 总体布局

X-47B 无人作战飞机采用单发、背部进气的翼身融合无尾飞翼布局。这个布局已经在试验型无人作战演示飞机 X-47A 上得到验证。X-47B 将菱形机体外形稍稍增大后，又增加了一个翼梢外翼。在升阻特性上，这样的布局能够满足飞机所必需的气动特性要求，还可以保证动力装置和武器系统的有效综合，而利用"机翼边条"则提高了气动效率。除此之外，这种布局能够增加航程，提高在作战区域的生存性，增加低速飞行时的升阻比，同时提高着陆精度。

2.3.2.3 机载武器

X-47B 拥有两个武器舱，每侧弹舱最多可挂载 1157kg 载荷，全机任务载荷将不超过 2315kg。

最终规划的武器挂载方案如下：

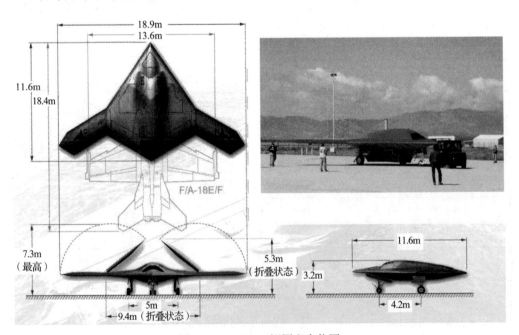

图 2-8　X-47B 三视图和实物图

（1）2 枚 1000kg 级 JDAM GBU-31（BLU-109 侵彻战斗部或 Mk84 高爆战斗部）；

（2）2 枚 500kg 级 JDAM GBU-32；

（3）2 枚 250kg 级 JDAM GBU-35；

（4）2 枚 250kg 级集束炸弹 CBU-109；

（5）8 ～ 12 枚 150kg 级小直径炸弹 GBU-39。

2.3.2.4　隐身设计

X-47B 采用了多种先进隐身技术。外形上采用了平行边缘的设计，将 X-47A 的菱形机翼的 4 个雷达反射方向增加到 6 个：内段机翼的 2 个前缘，平行的外机翼的前缘和后缘，以及分别和机翼翼梢侧缘平行的内段机翼的两个后缘，同时进气道的进气口和发动机的喷口边缘也做了相应的处理。

X-47B 每侧机翼的 4.85m 的外端可以折叠到 135°，应用了改进自 A-12 开发过程中设计的类似"三节棍"的两次转动铰链折叠机械，以保持机翼上下翼面的光滑，既可以产生一个光滑的导电表面，维持飞机蒙皮的导电连续性，又避免了飞机信号特征的恶化。

现在公开展示的 X-47B 上采用了"刀刃密封"低可观测技术进行处理，将所有的可能会反射雷达波的尖锐边缘进行光滑处理并封严，从而使整个机翼表面看不到任何接缝，包括机翼折叠缝和方向舵与副翼之间的缝隙。X-47B 的 RCS 估算结果见表 2-6。

表 2-6　X-47B 隐身特性估算结果

X-47B（UCAS-N）	前向 RCS/m^2	后向 RCS/m^2
不使用雷达吸波材料（吸收波长 λ=3.5cm）	0.6	0.3
不使用雷达吸波材料（吸收波长 λ=11cm）	0.59	0.3
使用雷达吸波材料（吸收波长 λ=3.5cm）	0.046	0.1
使用雷达吸波材料（吸收波长 λ=11cm）	0.045	0.1

2.3.3　X-47C 与 B-21

2.3.3.1　外形布局和尺寸

按照新一代轰炸机（NGB）计划（现远程打击轰炸机（LRS-B）项目），诺斯罗普－格鲁门公司研制的 X-47C 演示验证机，其外形与 UCAS-D 计划研制的 X-47B 无人作战飞机整体相同。飞机外形都采用飞翼形式的无尾气动布局，而此气动布局已经在 X-47B 上得到验证。X-47C 与 X-47B 无人作战飞机的区别在于，平面形状为菱形的机体几何尺寸成比例放大，这样可以保证飞机布局在升阻比上达到必要值。这样的布局还保证了动力装置和武器系统的有效综合，再加上机翼边条，从而进一步提高了布局的气动效率。

X-47C 采用典型的机身结构布局形式，特殊之处在于由两台发动机组成的动力装置所占据的位置。动力装置进气道被移至机身上方。飞机整体外形布局完全符合隐身技术的各项要求。现有的 X-47C 平面投影（见图 2-9）给出了一系列飞机外形几何参数。

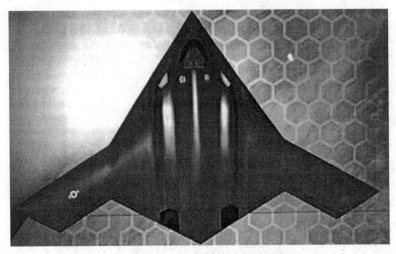

图 2-9　X-47C 演示验证机俯视图

下面是 X-47C 有人驾驶方案的几何参数与重量数据。

几何尺寸：

　　机翼翼展　　　　　　　　　　52.40m

　　机身长度　　　　　　　　　大约 30.00m

后掠角：

　　外形中央部分前缘　　　　　　55°

　　其他部分前、后缘　　　　　　30°

重量：

　　正常起飞重量　　　　　　超过 80000kg

　　武器挂载量（正常状态）　　4500kg

注意：上面是 X-47C 演示验证机的数据，真正的下一代轰炸机，其正常状态的武器挂载量为 6300kg。

美国空军着重强调亚声速轰炸机的隐身能力始于 2005 年。在这段时间里，诺格公司发起研究大型无人作战航空综合体概念，并且命名为 UGSS，当时提出 X-47C 作为 J-UCAS 的一个方案，翼展达到 52.4m，装备两台通用电气公司的 CF34 涡扇发动机。不久，五角大楼终止了 J-UCAS 计划的实施，并将该计划一分为二，第一部分是为美国海军研制舰载无人作战飞机 UCAS-N，第二部分则是为美国空军研制新一代远程轰炸机。就这样，从 2005 年起，X-47C/UGSS 开始与 NGB 挂上了钩。

根据为数不多的公开发表的资料信息可以推断关于 NGB 计划的总体内容和工作以及目前研究的总体方向。今天已经知道新一代轰炸机试验样机的研制期限、启动生产的日期，以及飞机达到使用准备状态的时间。新型飞机的研制主要为概念研究，包括"外部"设计的要点。早在 20 世纪 90 年代中期开始的这些工作，应当在 2014 年完成最终技术要求的确定，其中包括制定所研制飞机的任务组成，以及对其提出的特性要求，即飞机功能"角色"。这个功能"角色"可实现性的检验，基于各生产机构按照与美国国防部和空军合同所完成的研究工作。

在美国军费预算中，新一代轰炸机计划所需年度拨款多次被削减，在此情况下，该计划的实际实施具有特殊性。很显然，新一代轰炸机计划的组织实施不是基于传统的新型武器和军事装备的获得过程，而是基于新技术装备的演示验证，即所谓的 ACTD 过程。到 2011 年，应当开始轰炸机方案研制及实现计划，大概诺格公司将是新一代轰炸机原型机的主要研制者。

2008 年 1 月，波音公司和洛马公司发表声明，将共同参加新一代轰炸机计划。它们表示，演示验证机的飞行不应当作为研制对手的决定性优势。在研制新一代演示验证机样机时，类似声明可以看作是这两家公司"试图缩小"它们在类似研究方面明显被诺格公司甩开的差距。

2.3.3.2　结构、武器和内部布局

X–47C 飞机上没有水平尾翼和垂直尾翼，因此，机体主要部件是机身和可拆卸的机翼外翼。机身头部右侧布置了一个受油探杆。飞机的控制依靠两个升降副翼和一对方向舵来实现。所谓方向舵，实际上是能够向上和向下张开的调节板，可以作为减速板使用。

据估计，机体结构将使用钛合金和碳基复合材料。X–47C 飞机的通用设备包括常规飞机使用的系统。由此可以推测出飞机控制系统将是电传操纵，而不是电液形式。

飞机机载无线电电子综合设备未知。可以参照 B–2 进行推测，该机将采用相控阵雷达、主动激光定位综合设备、具有一台摄像机的前向红外探测装置、无线电电子侦察 / 通信 / 导航和识别设备、火控系统、早期无线电告警装置。在通信设备组成中，包括 Link 16 标准数据链和卫星通信设备。随着时间的推移，预计在 X–47C 飞机上将使用 TTNT 系统进行无线电通信。飞机将实现半自主飞行，或者使用惯性导航系统并根据导航卫星（NAVSTAR）数据修正航向来实现自主飞行。

X–47C 飞机内部布局与外部布局一样，最大限度考虑了隐身要求。各无线电频段的天线都沿前缘和后缘布置，这很好理解，因为第四代战斗机在机翼上布置天线时就这样做。与此类似，沿锥形机身轴线左、右两侧前缘应当布置有相控阵雷达。但是，作为更具前景的雷达方案，可以使用保形相控阵天线。

2.3.3.3　动力装置

一开始打算使用 CF34 发动机的改型，这是为民用飞机研制的发动机，但是，为了使飞机达到更高的飞行性能，可能使用 F119/F135 系列发动机的无加力方案作为远景发动机。

在下一个 10 年，五角大楼计划在远程打击飞机和远程侦察飞机方面进一步追加经费。普惠公司的专家们认为，如果使用加力涡扇发动机 F119 的改型，将可以满足这些飞机对发动机提出的相互矛盾的要求。

根据无人驾驶系统和普惠军用发动机改型项目相关负责人发表的声明，专家们正在试图结合远景技术并将这些技术应用到现有发动机上，如加力涡扇发动机 F119 和 F135。这些发动机具有相同的气体发生器，但是，美国已经发布命令，禁止安装 F119 发动机的 F–22 飞机出口，而安装加力涡扇发动机 F135 的 F–35 飞机，则被出口到世界各国。这两款发动机使用了大量相同的零件，普惠公司可以将这些优势应

用到改型研制计划中。

发动机研制者目前表现出很大的兴趣，并且趋向于在新一代轰炸机上使用可变循环的远景发动机。这些发动机可以保证起飞时具有足够大的推力，同时在巡航状态又有足够高的燃油消耗效率。在巡航飞行状态，由于这些发动机作为涡扇发动机使用，因此它们具有很大的涵道比。在美国，可变循环发动机的例子是F136发动机，它是为F-35系列战斗机而研制的。

2.3.3.4　武器系统

根据新一代轰炸机计划研制的X-47C轰炸机，用于突破装备了新一代防空导弹的敌方防空系统，消灭敌人纵深战略目标并完成侦察任务。新一代战略轰炸机的主要武器是导弹、常规炸弹和核弹，以及高精度的小直径炸弹（用于消灭点目标），还可以携带联合防区外武器（JSOW）。

根据计划，新一代轰炸机可能有若干不同的武器方案。在武器组合中，包括制导炸弹和导弹，它们都放置在机身内埋武器舱中。武器装载总量应当在6300～12000kg。

毫无疑问，新一代轰炸机的武器组成中将仍然保留战略巡航导弹。作为新一代轰炸机的一种远景武器，正在研究能够再次充电的定向能武器。飞机的有效载荷能力达到9000kg就可以放置一台不大的发电机和充电武器。这可能是特殊的相控阵雷达，它可以保证发射强大的超高频射线。在执行长航时作战任务时，二次充电武器可能特别有效。

第3章　欧洲无人作战飞机的研制和发展

3.1　概述

在航空技术领域，欧洲的英国、法国、德国、瑞典等国都有着长期的发展历史和技术优势，在航空兵装备构建和航空科学技术发展方面，她们也都有自己的战略目标。概括起来，欧洲各国在提出各自的无人作战飞机演示验证项目时，主要从如下几个战略方向进行了考量：

（1）保持欧洲各国在新一代战斗机（无人作战飞机）研制和使用上的独立性；

（2）保证本国航空工业企业在国际市场上的竞争力；

（3）探索并牵引出无人作战飞机研制和使用方面的关键技术。

2001年6月，欧洲各国在第44届巴黎航展上开始酝酿共同研制欧洲新一代战斗机的有关计划，希望寻找到一种合适的合作模式。此后不久，法国、德国、英国、意大利、西班牙和瑞典等6国先后启动了"未来欧洲空战系统"（SCAFE）计划，全面研究了欧洲在2020年以后的未来空战系统，重点关注未来应该优先发展的关键技术，并确定了各种空战平台的类型，其中无人作战飞机位列其中。

在此基础上，6个国家的国防部长在2002年11月19日签署了一项"欧洲技术采办计划"（ETAP）谅解备忘录，宣布将联合发展2020年各国所需的未来空战系统及关键技术。该计划实际上是一份技术菜单，各家公司可以根据自身的特长选择相关的技术研究项目，同时了解其他公司的技术研究内容和进展情况。对此，法国建议将无人战斗机作为ETAP的发展核心，但英国国防部此时已经在秘密发展UCAV关键技术，因此对此表示强烈反对，前景看好的ETAP无疾而终。

美国、中国、俄罗斯等国家拥有先进的航空航天技术优势，美国有全球卫星定位系统（GPS），中国有"北斗"卫星定位系统，俄罗斯有格洛纳兹（GLONASS）卫星定位系统。这些国家研制的无人作战飞机可以通过卫星通信系统将航空、航天、侦察和攻击设备连接起来，形成网络。但是，对于那些财政状况无法保证建立起这类信息控制宏观系统的国家，就需要另找出路。欧洲国家就瞄准了这一市场需求，提出了有人驾驶战斗机与无人作战飞机编队，在局部信息系统（小网络）基础上实现控制，即有人战斗机作为无人作战飞机的指挥机，而无人作战飞机负责执行具体作战任务。基于这样的研制理念，从21世纪初开始，欧洲各国陆续启动了自己的无人作战飞机演示验证项目，并且形成了若干个无人作战飞机研制集团，时至今日，这些研制集团一直在不断整合之中。

第一个项目是"神经元"无人作战飞机验证机项目。该项目是法国联合意大利、希腊、西班牙、瑞士和瑞典5个国家研制的单发涡扇高亚声速无人作战飞机全尺寸验证机,用来对无人作战飞机的一系列关键技术进行综合集成验证。法国国防部将其命名为"神经元"(Neuron),是为突出该机是欧洲独立于美国开展的项目,有时也将名称写为nEUROn,小写的"n"有多个国家的含义。"神经元"项目旨在验证能自主执行空对地打击任务的隐身无人机技术。该联合验证项目由法国达索航空公司牵头,其他5国的国防企业参加。具体出资比例为:法国提供50%的资金,意大利与瑞典各出资18%,剩余投资分别由西班牙、瑞士和希腊承担。

第二个项目是"雷神"无人作战飞机演示验证项目,这个项目是英国国防部采购局(DPA)开展的"战略无人机(试验)"(SUAVE)计划的一部分。该计划于2005年5月启动,以取代原来的"未来空中攻击系统"(FOAS)计划,旨在研制一种用于纵深打击与情报、监视、目标捕获和侦察(ISTAR)的无人作战飞机技术验证机。2006年12月7日,DPA正式授予英国BAE系统公司一份为期4年、价值1.24亿英镑的研制合同,开始实施"雷神"无人作战飞机演示验证项目。BAE系统公司为主承包商,其他参与这个项目的公司有罗罗公司、奎耐蒂克公司和史密斯航空航天公司。BAE系统公司负责隐身飞机机体设计和制造、飞机管理系统和飞行控制系统设计和试验、全机各系统的集成和试验等;奎耐蒂克公司负责提供机载综合航电系统的软硬件,其中包括与软件相关的自主单元、通信和飞行安全子系统等;罗罗公司负责推进系统的研发;史密斯航空航天公司负责提供飞机电源系统和油量测量系统。英国其他供应商提供技术和组件支持。总之,英国国防部旨在通过"雷神"技术验证机项目,对无人作战飞机的关键技术进行集成验证,并对其作战使用价值进行评估。该项目原计划2011年进入生产阶段,2018年左右最终实现部署。2013年8月17日,"雷神"无人机实现首飞,虽然英国仍在对"雷神"验证机进行相关试验,但2014年英法两国签订了一份价值1.2亿英镑的合同,探讨两国无人机技术合作发展的可能。

欧洲的第三个无人作战飞机项目是EADS的"梭鱼"。为满足德国空军的潜在需求,在德国国防部的支持下,EADS从2003年1月秘密启动了演示验证无人作战飞机/无人侦察机(UCAV/URAV)研制项目,用来验证可在战区范围内和敌方防区内实施作战和侦察任务的高亚声速无人机技术,以便支持网络化、察打一体的高亚声速无人机研制项目。"梭鱼"的研制费用来自德国国防部、EADS和参与项目的供应商。参与该项目的其他国家包括西班牙。

欧洲的第4个项目是瑞典独立研制的两型轻型战术无人作战验证机,一个是萨伯集团与瑞典航空研究院合作研制的"夏克"无人作战飞机缩比验证机,厂商称为"瑞典高度先进的研究布局",英语缩略语简称"SHARC",用于探索和验证无人作战飞机技术,瑞典国内其他一些企业和大学也参与了该验证机的研制。第二个项目是萨伯集团研制的"菲纳尔"无人作战缩比验证机,厂商称为"创新的低可探测性飞行验证无人机",英语缩略语为"FILUR"。"菲纳尔"是"夏克"的后继项目。

由于北大西洋公约组织（简称北约）将俄罗斯排斥在外，因此俄罗斯只能独自开展无人作战飞机的研制。在无人作战飞机的研制方面，俄罗斯有很深厚的技术储备。早在 20 世纪 50 年代后期，图波列夫设计局就研制出图 –121 超声速远程攻击无人机，60 年代初，图 –121 准备投入量产时，由于没有后续经费支持，该项目被迫中止。20 世纪 80 年代初，俄罗斯研制出图 –300 攻击无人机。图 –300 的原始设计由苏霍伊设计局于 1982 年提出，其出口型为"雕鸮"。1983 年，图波列夫设计局接手该项目，正式命名为"秃鹫"–U。90 年代中期，由于财政困难，图波列夫设计局冻结了该项目。2007 年，图 –300 无人机项目重新启动，更换了新型发动机和机载设备，该无人机主要用于实施空中侦察并消灭所发现的地面目标。俄罗斯联邦国防部为该项目投资，试验正在进行中。

3.2 "神经元"

3.2.1 研制背景

"神经元"的研制起源于达索航空公司 1999 年启动的"罗吉达克"（Logiduc，法语"无人作战飞机研制计划"的缩略语）计划。这个计划分为三个阶段，在第一阶段制造了 AVE-D（法语"试验验证机——低可探测性"的缩略语）无人作战飞机缩比验证机。该机被命名为"角鸮"，其主要目的是验证外形隐身设计技术。该验证机采用了翼身融合技术，为保证飞机的隐身性能，采用菱形机翼，双垂尾外倾，背负式进气道，机身两侧均为内倾的平面，侧缘有很大的后掠角。机上装两台涡喷发动机，单台推力 2kN。该机机长和翼展均为 2.4m，最大起飞重量仅 60kg，最大飞行速度 $Ma0.5$，航程 150km。2000 年首飞，2008 年完成全自主飞行。

图 3-1 "神经元"无人机

在该计划的第二阶段，制造了 1 架 AVE-C（法语"试验验证机——控制"的缩略语）验证机。该机于 2003 年 6 月初首飞，其外形与 AVE-D 的主要差别在于取消了双垂尾，改为飞翼布局。按照达索航空公司的计划，在 AVE-C 之后将制造多任务战术无人验证机和带内埋武器舱的无人作战飞机全尺寸验证机，分别命名为"长耳鸮"和"雕鸮"。

2003 年 6 月 18 日，进入到该计划的第三阶段，法国国防采购局（DGA）宣布将为"雕鸮"项目投资。2004 年 1 月，DGA 正式授予达索航空公司总金额达 3 亿欧元的研制合同，旨在研制一种最大起飞重量为 3000 ~ 4000kg 的无人作战飞机演示验证机。由于存在项目经费和技术挑战等问题，法国国防部和达索航空公司一直在欧洲努力寻找合作伙伴，使该项目成为泛欧合作项目，项目名称也改为"神经元"。在法国政府的全力支持和呼吁下，该计划得到意大利、瑞典等 5 个欧洲国家的响应和支持，最终成为一个多国合作项目。

在合作中面对难以弥合的分歧，法国人再次显示出当年独自研发"阵风"战斗机的决心和魄力。达索航空公司计划与 EADS 联合研制一款多用途无人作战飞机，2003 年 6 月，法国国防部长米切尔·阿里奥·玛丽在巴黎航展上宣布了一项"地平线"计划，即与达索航空公司、EADS 和泰雷兹公司联合研发军用无人机，使之能够完成空中作战和战略侦察等任务，并待验证、评估完成后，制造出尺寸更大的型号，用于装备部队。

而"神经元"计划的问世在很大程度上得益于法国的不懈努力。21 世纪初，欧洲各国在 UCAV 技术验证方面取得了显著进展，法国的 AVE、瑞典的 SHARC 和意大利的"天空"-X 等验证机陆续完成首飞并公开亮相。此时此刻，欧洲人站在了一个至关重要的十字路口：是继续各自为政，还是推进联手合作。面对这个非常现实且颇为棘手的问题，大多数欧洲国家选择了竭诚合作，联手打造欧洲的 UCAV 验证机。当法国国防部在 2003 年巴黎航展上正式宣布 UCAV 验证计划后，这项计划很快得到了瑞典、希腊、意大利、西班牙及瑞士等国的支持，并在 2004 年正式更名为"神经元"计划。

"nEUROn"无人机项目的字面意思是"神经元"，代表着其在未来欧洲信息化战争、网络中心战中将扮演关键性角色。另一方面，其首、尾字母"n"，均为"多个"的意思，中间字母正好是欧洲的缩写。因此，这个命名蕴含着全欧洲共同努力开发先进无人机的深层蕴意。

"神经元"项目从一开始就肩负着两项重任：其一，研究和验证新一代作战飞机所需的相关技术，包括低可探测性外形技术、S 形进气道隐身技术、尾部埋入式排气口低红外可探测技术、综合智能武器舱技术等；其二是通过建立欧洲防务工业界小组，来验证这种创新合作模式的可行性，例如，法国达索航空公司负责总体设计及低可探测性气动外形、适航性、进气口和管路设计、总装等，萨伯集团主要负责航电系统、起落架、前中段机身及燃油系统的开发，并向法方提供相关无人技术验证机成果，意大利阿莱尼亚－马基公司，主要负责机身内武器舱、全机电力系统以及大气数据系统的开发，"神经元"项目的研制分工体现了全欧联合的鲜明特点。

3.2.2　参研国家及公司

"神经元"无人机项目由以下几家公司联合研制。

（1）法国达索航空公司

达索航空公司是法国的一家飞机制造商，亦是世界主要军用飞机制造商之一，具有独立研制军用和民用飞机的能力。达索航空公司多年来主要以军用飞机为经营重点，如"超军旗"攻击机、"幻影"系列战斗机以及"阵风"战斗机，进入 20 世纪 90 年代以后才开始在政府用高级公务机领域发展"隼"系列高级行政机等。该公司以"阵风"战斗机最为出名，该机是法国达索航空公司为满足法国海军和空军的需要，研制和发展的双发多用途超声速战斗机，"阵风"可以在昼夜以及各种气象条件下完成从对地攻击到空中优势的各类任务。该机采用先进的"三角翼鸭翼近距耦合"气动布局和数字式电子飞行控制系统，有很好的操纵性和稳定控制能力，大量应用碳纤维复合材料，装备有推重比 10 一级的发动机，推重比大、机动性和敏捷性好，可短距起降，具有超视距作战能力和一定的隐身能力等部分第四代战斗机的特点。该机共有 4 种型号："阵风"B，双座空军型；"阵风"C，单座空军型；"阵风"D，单座空军隐身型；"阵风"M，单座海军型。该机除满足法国海空军的需求外，还出口到其他国家。

在"神经元"无人机项目中，达索航空公司担任关键性角色，主要负责总体设计及低可探测性气动外形、适航性、飞行器进气口及管路、飞行控制系统的设计和最后的总装。在"神经元"无人机的 12 个预研项目中，6 项涉及低可探测性技术，而达索航空公司负责 3 个关键项目：外形设计、传感器孔径设计、发动机进气口和涵道设计。在外形设计方面，验证机的机翼前缘有 50° 的后掠角，机翼前后缘结构和材料都按照尽量减小飞机雷达截面积设计；在发动机进气口和涵道设计方面，采用蛇形进气道，用以遮蔽发动机叶片，发动机涵道也做了同样的处理。

（2）瑞典萨伯集团

瑞典萨伯集团是著名的航空航天及防务公司，其前身是 1937 年成立的瑞典飞机有限公司。1995 年公司改组后，商用车业务转为斯堪尼亚公司，军用 / 航空业务转变为萨伯集团，但两公司仍共用"鹰狮"商标。发展至今，萨伯集团已成为全球尖端防务公司之一，产品领域涉及航空航天、地面武器、制导弹药以及海军舰艇等多个领域，员工总数超过 1.4 万人。萨伯集团下辖七大分部，分别是：航空分部、动力分部、电子防务、安全防务分部、支援服务、萨伯"梭鱼"LLC（美国分部）和萨伯考库姆造船分部。其中，航空分部（负责 JAS-39"鹰狮"战斗机、Skeldar 无人直升机、"神经元"无人机的研发等）和动力分部（地面作战武器、导弹系统、鱼雷和传感器等）所占比例较大。

其主要产品中以"鹰狮"战斗机最为著名，JAS-39"鹰狮"主要用以取代萨伯 -37 战斗机，属于第三代战斗机。其编号中的 JAS 分别是瑞典语"对空战斗""对地攻击"和"侦察"三个词的首字母，强调了该系列战机的"一机多能"用途。JAS-

39 首飞于 1988 年，现已服役于瑞典、捷克、匈牙利、南非等国空军。

在进入 21 世纪之后，萨伯集团也拓展了一些新技术领域，以适应不断变化的市场需求，这其中就包括军用无人机市场。"神经元"作为西欧进入 21 世纪后最大的多国无人机合作项目，萨伯集团是该项目的核心成员之一，项目 25% 的研发内容由萨伯集团负责，包括参与总体设计与外形设计、航空电子系统、燃油系统以及机身、起落架。

（3）意大利阿莱尼亚 – 马基公司

意大利阿莱尼亚 – 马基公司创建于 1913 年，是全球航空工业的领导者，在教练机、民用客机、运输机和战斗机领域具有完整的设计、开发、建造、交付和支持能力。现在属于意大利莱奥纳多公司，其主要产品包括"欧洲战斗机"（欧洲 4 国联合研制）、"狂风"战斗机（设计和制造可变后掠翼及本国订货的整机总装）、AMX轻型亚声速攻击机（与巴西航空工业公司合作研制）、G.222 中程双发涡轮螺旋桨运输机、在 G.222 基础上改进改型的 C–27 军用战术运输机、A400M 军用运输机（与其他欧洲 6 国合作研制）、MB–339 系列高级教练机、C22J 喷气式教练机、S.211 教练机、SF260 系列军民用中级教练机、M290TP"雷迪哥"涡桨军用教练机和多用途飞机（1996 年接管的芬兰研制项目，此后一直在意大利生产）、SF600 双发通用飞机、用于军事监视和支援的 SM1019 涡轮螺旋桨短距起降飞机、A21S 和 A21SJ 滑翔机和喷气式滑翔机、P180"前进"双发涡轮螺旋桨勤务飞机。参与研制和生产 ATR 42（42～50 座）和 ATR 72（66～74 座）系列支线客机、大型喷气公务机"隼" 2000 和"隼" 900EX（与法国达索航空公司合作研制，意大利负责后机身和发动机短舱的设计和制造）、空中客车 A380 大型客机（参与研制和生产）。在"神经元"无人机项目中，该公司主要负责机身内埋武器舱、全机电力系统以及大气数据系统的开发。

图 3–2 "神经元"无人机项目由多家公司联合研制

（4）西班牙航空制造公司（EADS–CASA）

西班牙最大的航空航天企业，在军用运输机、海上巡逻机、碳纤维复合材料部件制造等领域处于欧洲领先地位。在"神经元"无人机项目中，该公司承担飞行器地面控制站、整装式机翼以及数据链管理系统的开发。

（5）其他公司

RUAG 公司，负责飞行器设计阶段的风洞测试和计算，以及武器投放系统的开发。

希腊 EAB 公司，承担后部机身、低红外尾喷口的设计。

泰雷兹公司，负责飞行器的主要和备份数据链研制。

沃尔沃航空公司，承担排气系统的开发。

伽利略航空公司，负责光电传感器及目标识别系统的研制。

英国罗罗公司，负责"神经元"动力系统研制。

3.2.3　研制进程

2003 年 6 月，法国国防部在巴黎航展上首次宣布了一项"地平线"计划，准备研制一架 UCAV 全尺寸验证机，并展示出了多种不同设计概念的缩比模型。随后这项计划很快得到瑞典等国家的积极响应，并在 2004 年将项目正式更名为"神经元"。

2006 年 2 月 9 日，DGA 正式将价值 4.82 亿美元的"神经元"计划合同授予了达索航空公司，标志着孕育多年的 UCAV 验证平台项目终于驶入正轨，设计与研制工作正式启动。2006 年 5 月 22 日，"神经元"设计团队向 DGA 递交了第一份项目研究报告，提前完成了初步技术定义阶段，其后开始了为期 3 年的系统定义与设计阶段。同年 9 月 7 日，"神经元"计划完成了中期评审。在这次评审中，各家公司向来自 6 国国防采办机构的代表们提交了各自在为期 6 个月的可行性研究中取得的成果，主要包括飞机的总体布局、低可探测性目标、为满足设计目标而必需的子系统和从地面站控制验证机所必需的性能。中期评审的结果令人满意，于是"神经元"计划推进到详细设计阶段。

同年 11 月 28 日，罗宾斯在美国举办的第 6 届 UCAV 年度大会上，做了题为《"神经元"：一个构建欧洲防务工业的项目》的报告，首次透露了"神经元"验证机采用编号为 781—20 的总体方案。这是一种飞翼布局，只有 4 个控制面，在设计上综合考虑了可控性和低可探测性，机翼前缘和机头部位将采用吸波材料，机身腹部设计有 2 个武器舱，采用一台阿杜尔涡扇发动机。

2007 年 4 月 10 日，"神经元"验证机的缩比模型分别在法国航空航天实验室的低速风洞内和瑞典斯德哥尔摩防务研究所的高速风洞内进行试验。这些风洞试验用于模拟"神经元"验证机在真实飞行条件下的飞行情况，旨在确认其整个飞行包线内是否可控，为顺利进入下一阶段的研制打下坚实的基础。

2008 年 6 月 30 日，达索航空公司负责研制的"神经元"电传操纵系统软件通过启用 AVE–D 验证机，提高了飞控系统的安全裕度，完成了首次自主验证飞行。试飞表明，AVE–D 验证机在整个飞行过程中实现完全自主操纵，标志着达索航空公司在无人机自主飞行技术领域迈出了至关重要的一步，有力推动了"神经元"计划的顺利进行。

图 3-3　大部件组装中的"神经元"

图 3-4　总装中的"神经元"

2009 年 1—2 月，"神经元"无人机采用的罗罗公司 / 透博梅卡公司的阿杜尔Mk951 发动机完成了试验——加装了全尺寸喷管，验证了发动机冷却系统的效率，试验结果令人满意。

在经过了长达 5 年的设计和研制后，各承包商在 2011 年初将各自分工研制的主要部件陆续运抵法国南部的伊斯特尔空军基地。达索航空公司按照共同研制的数字样机，在位于此处的飞行测试中心开始安装燃油管路、电子线路和设备，并完成了总装工作。随后，研制人员在 2011 年底完成了验证机的首轮地面首飞前试验。

2012 年 1 月 19 日，达索航空公司在飞行测试中心举行了简约而隆重的仪式，公开展示 6 国联合研制的"神经元"验证机。

图 3-5　出厂的"神经元"

图 3-6　出厂仪式上的"神经元"

　　2012 年 12 月 1 日，"神经元"无人机在法国伊斯特尔空军基地首飞成功，成为第一架多国合作研制的无人作战飞机、欧洲第一架隐身作战飞机、第一架完全通过数字技术设计和研制的作战飞机。

　　试飞结束后，"神经元"无人机被转移到位于法国雷恩附近的法国国防采购局的研究中心，用于评估隐身性能，直至 2013 年 5 月。评估结果被确定为优秀。

　　2013 年 6 月，达索航空公司携"神经元"无人机亮相巴黎航展，受到了世界瞩目。

　　同年夏天，"神经元"无人机返回法国伊斯特尔进行试验。达索航空公司称所有的试验都得到法国国防采购局的批准，验证了该机非凡的可用性和可靠性。第 1 阶段试飞内容是扩展飞行包线，包括打开武器舱门，以及光电传感器和数据链性能验证；在第 2 阶段试验中，大部分试飞的内容是红外和电磁信号测试，试验结果满足所有的预期目标。

2015年夏天，"神经元"被转移至意大利完成规定试验。8月25日，阿莱尼亚－马基公司在撒丁岛迪斯摩曼纽空军基地完成了"神经元"12架次的飞行，验证了"神经元"在不同飞行高度和飞行剖面内的作战性能、低雷达截面积和低红外信号特性，以及抵御地基和空中雷达"威胁"的能力。在意大利的试飞中，"神经元"证实了自身的卓越性能和高作战可靠性。

同年秋天，这架UCAV验证机转移至瑞典，由萨伯集团主导在维斯德尔空军基地开展研究活动，进行低可探测性试验以及从武器舱进行武器投放的试验。瑞典的试飞进行了20架次，飞行试验结果满足预期目标。

2015年9月2日，"神经元"无人机在瑞典成功地从内置弹舱中发射了一枚250kg的炸弹，这标志试射试验取得成功。

2016年5月，DGA在法国启动了新的"神经元"电磁特性测试和海上测试，旨在研究在海上情况下使用UCAV。首次测试在伊斯特尔空军基地展开，一直持续到2017年初。同时，法国"戴高乐"号航空母舰也参与到海上评估测试中，电磁特征测试则在法国布吕兹进行。

3.2.4 性能参数

"神经元"验证机采用了飞翼式布局，乍看起来就像是B-2隐身轰炸机的缩比构型。这种布局是一种非常接近于完美设计的气动构型，可以充分利用空气动力，从而实现气动性能和隐身性能的最优化。

"神经元"无人机机长9.3m，翼展12.5m，起飞重量6700kg，最大飞行马赫数0.8，有两个内埋武器舱，采用无尾飞翼的气动布局和机背进气口，由一台阿杜尔涡扇发动机推动，能携带空空导弹，其外形与美国诺斯罗普－格鲁门公司的X-47B验证机、英国BAE系统公司的"雷神"十分相似，三者都借鉴了

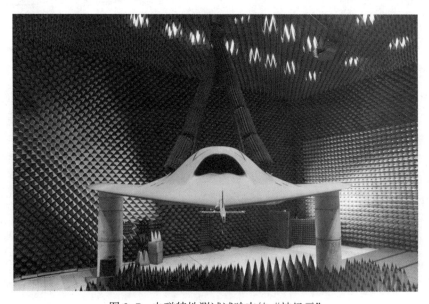

图3-7 电磁特性测试试验中的"神经元"

B-2轰炸机的雷达低可探测气动外形，而"神经元"在W形尾部外形、直掠三角机翼以及锯齿状进气口遮板等方面借鉴得更为彻底，因此为整个研发的成本控制和技术跨越奠定了更好的基础。

（1）隐身性能

"神经元"验证机采用了埋入式进气道，在机身前部正上方设计有一个宽大的进气口，空气通过S形进气道进入发动机，在满足发动机工作需要的同时降低雷达反射强度。为避免影响发动机的性能，进气口内部采用了边界层隔板，可以有效吸除机身前部产生的边界层气流。尾部采用了埋入式排气口，通过专门的燃气冷却装置来降低红外辐射。

（2）发动机

达索航空公司为"神经元"验证机选用了阿杜尔Mk951发动机，作为阿杜尔Mk871发动机的衍生型，它的主要改进之处包括：新型风扇设计能提供更大的推力，涡轮部件采用了更好的材料以提高耐久性，同时使推力增加8%，达到29kN，还降低了寿命周期成本。同时，该发动机采用了全权限数字电子控制技术（FADEC），具备喘振预防、自动控制和恢复能力。

（3）武器系统

"神经元"无人机在机体内设计了两个武器舱，可以分别挂载一枚精确制导弹药。同时无人机集成武器系统和全自主管理系统，成为综合智能武器舱，它可以探测、识别和判定目标，能够向地面站的指挥员发送是否攻击目标的请求，获准后将自动投放武器，而所有这些都是在隐身状态下完成的。

图3-8 总装中的"神经元"

（4）飞控系统

"神经元"无人机的电传操纵系统由达索航空公司负责，充分利用了"隼"7X 远程公务机的飞控软件，根据飞行环境，研制人员进一步提高了飞控系统的安全裕度，并且验证机实现了完全自主操作。

（5）协同作战能力

"神经元"无人机利用多载荷数据链进行战术通信，可以综合 Ku 波段卫星通信和 UHF 模式，能传输图像、全动态视频以及合成孔径雷达获得的活动目标指示数据。研制团队将充分通过无人机来研究利用激光制导炸弹等精确制导武器攻击地面目标的技术，并探索将无人机融入一个指挥、控制、通信、计算机和情报环境中实施网络中心战的能力。进一步开发在一架双座战斗机上控制"神经元"无人机，并控制无人机以自主模式实现蜂群飞行。

3.2.5 飞行试验

2012 年 1 月 19 日，"神经元"无人作战飞机验证机在法国达索航空公司位于伊斯垂尔斯的工厂完成总装，推出总装车间，正式向公众亮相。经过近一年的低速、中速和高速滑行试验，验证了全套系统和软件。2012 年 12 月 1 日，"神经元"无人作战飞机验证机成功完成首飞。2013 年，经过短暂试飞的"神经元"无人作战飞机验证机在法国完成了雷达截面积测试试验。2014 年 4 月，"神经元"无人作战飞机验证机在地中海上空与 1 架"阵风"多功能战斗机以及 1 架"猎鹰"7X 公务机成功地进行了编队飞行测试。

图 3-9 "神经元"在地中海上空与 1 架"阵风"多功能战斗机成功地进行了编队飞行测试

3.2.6　主要特点

从技术性能上看，"神经元"无人机主要具有以下四大特点。

（1）隐身性能突出

在外形设计和气动布局上，该机借鉴了 B-2 隐身轰炸机的设计，采用了无尾布局和翼身完美融合的外形设计，其 W 形尾部、直掠三角机翼以及锯齿状进气口遮板几乎就是 B-2 的缩小版。

在机体材料选择上，该机采用全复合材料结构，雷达辐射能量少。此外，由于该无人机没有驾驶员座舱，因此体积和重量的减少使其在隐身方面具有有人机难以媲美的先天优势。

（2）智能化程度高

"神经元"综合运用了自动容错、神经网络、人工智能等先进技术，具有自动捕获和自主识别目标的能力，也可由指挥机控制其飞行或作战。比如，一架法国"阵风"战斗机可以同时指挥 4 ～ 5 架"神经元"无人机，在有人机前方进行侦察或攻击。

"神经元"无人机解决了编队控制、信息融合、无人机之间的数据通信以及战术决策与火力协同等技术问题，实现了无人机的自主编队飞行，其智能化程度达到了较高水平。

（3）对地攻击方式多样

"神经元"无人机是一种集侦察、监视、攻击于一身的多功能无人作战平台。该机不仅能完成侦察、监视、通信中继和电子干扰等任务，更重要的是能采取多种方式对地实施攻击。

它能在其他无人侦察机的配合下，反复在敌核生化制造和储存地区进行巡逻、侦察和监视，一旦发现目标便可根据指令摧毁它们。该机也可在前方空中控制员的指挥下，与地面力量密切配合，执行由武装直升机和攻击机担负的近距空中支援任务。"神经元"无人机具有隐身性能好和突防能力强的优势，能够诱敌暴露目标，并对其实施快速攻击。

同时，"神经元"既能通过机载数据链系统引导友机规避或攻击目标，又能在友机引导下自主攻击目标。它战术反应敏捷灵活，攻击方式巧妙多变，令敌人防不胜防。

（4）效费比高

"神经元"无人机兼具有人战机和导弹的优点，在作战使用时更具效费比。与有人战斗机相比，它不但生产成本低，而且可以不考虑飞行员的生理限制和生命保障，因此费用比有人机减少大约 65%。

与导弹相比，"神经元"无人作战飞机可多次重复使用，能够回收或自动着陆。由于装备有高速数据链系统，因而它比导弹更加灵活。另外，"神经元"无人作战飞机如挂载联合直接攻击弹药打击地面目标，其成本远低于"战斧"巡航导弹。

3.2.7　技术性能和方案特点

3.2.7.1　战术技术指标

"神经元"战术技术指标见表 3-1。

表 3-1　"神经元"无人作战飞机技术战术指标

序号	项目	数值
1	最大巡航马赫数	0.8
2	作战半径 /km	1100
3	升限 /km	11
4	机长 /m	9.3
5	翼展 /m	12.5
6	机高 /m	4
7	总重 /kg	7000
8	任务载荷 /kg	500
9	发动机型号	阿杜尔 Mk951
10	发动机推力 /kN	29

3.2.7.2　总体布局

在外形设计和气动布局上，该机借鉴了 B-2 隐身轰炸机的设计，采用了无尾布局和翼身融合的外形设计。全机只有 4 个操纵面，进气口位于机身前部正上方，尾部排气口采用埋入式设计。

图 3-10　"神经元"

3.2.7.3　机载武器

该机机身下部有两个内埋武器舱，可分别挂载一枚精确制导武器，如制导炸弹、反辐射导弹等。

3.2.7.4　隐身设计

该机大量使用复合材料，具有低可探测性和低红外辐射特征。该机的隐身设计还体现在进气道与尾喷口的埋入式设计。此外，该机的机身覆盖了隐身涂层，机翼前缘和机头采用吸波材料制成。

3.3　"雷神"

3.3.1　项目背景

"雷神"是英国国防部无人作战系统（UCAS）先进技术验证机项目所研制的一型无人作战演示验证机，它能够在未来执行跨洲际的轰炸任务。英国国防部希望该机能像英国当年红极一时的"火神"轰炸机一样为英国争光。该机既能执行远程轰炸任务又能执行情报侦察任务，英国人称其性能和技术水平超过美国的 X–47B 无人作战飞机。

该项目的目的是了解掌握战略无人作战飞机系统的相关技术，通过相关技术及其与具有代表性的 UAV 系统的融合，项目团队通过试验数据向英国国防部提供该系列 UAV 的潜在能力，为英国国防部就未来有人 / 无人协同作战的方向提供技术支撑。

20 世纪 80 年代，英国国防部就已经着手考虑未来替换"狂风"战斗机的潜在对象，并与 BAE 系统公司联合启动了一项未来攻击机（FOA）计划，目的在于研制一种具备纵深打击能力的多用途战斗机。随着研发中出现的新兴技术、新项目发展以及各种问题，英国国防部在 1997 年将该计划重新调整为"未来空中攻击系统"计划，以满足当时的空军未来作战需求。在此次计划变更中，英国国防部首次提出了研发无人战斗机，重点关注 UCAV 所需的关键技术，并参照美国的 UCAV 研发模式。就此，"雷神"无人机项目横空出世。

"雷神"无人机最初的方案原型为 BAE 系统公司自筹资金研发的"大乌鸦"项目，并在后续研发中融入了许多成熟技术，以减轻业界与国防部的研发风险。选择"大乌鸦"项目的原因是"大乌鸦"原型机已经完成自主系统飞行试验，而"雷神"无人机的设计目标是演示验证低可探测性与自主任务系统应用于无人作战飞机的可行性和操作方法，与"大乌鸦"项目出现交集。

作为英国军用装备重要制造商之一，BAE 系统公司在英国国防部的支持下，在20 世纪 90 年代初开始了无人机技术的初步研究。21 世纪初，BAE 系统公司在相关核心技术方面取得重大突破，英国国防部再次更改 UCAV 相关研发计划，于 2006 年与 BAE 系统公司签署了联合研发合同。一年之后，双方又签署了一份补充合同，追加资金，以扩大项目研发范围。

图 3-11　2008 年范堡罗航展上展示的"雷神"样机

3.3.2　项目研发团队

"雷神"项目由 BAE 系统公司主导，参与项目的公司还包括罗罗公司、通用电气航空集团、奎奈蒂克公司，同时英国国防部也参与研发。

BAE 系统公司作为主承包商，负责项目整体规划以及相关技术的研发工作，包括隐身技术、系统综合以及系统控制架构等。BAE 系统公司还与奎奈蒂克公司合作，从事系统自主性相关技术的研发。

通用电气航空集团负责进行燃油系统与电源系统的研发。

罗罗公司负责推进系统的研发，占整个项目任务比例的 5%。

C^4ISTAR 系统是由 BAE 系统公司下属子公司负责研发与提供。

项目主要负责人简介见表 3-2。

表 3-2　"雷神"项目主要负责人简介

帕迪·伯恩	航电系统专家	2012 年后，被任命为"雷神"无人机项目首席工程师
乔恩·威戈尔		2006 年加入"雷神"无人机项目，负责安全规划与试飞工作
尼尔·道恩	曾为英国皇家空军飞行员	20 世纪 90 年代加入，负责航电系统

3.3.3　研制进度与里程碑节点

2005 年 5 月，英国国防部首次公开了战略无人机试验（SUAVE）计划，并正式宣布终止 FOAS 计划。SUAVE 计划的主要目标是在降低关键技术风险的基础上，为英国国防部未来无人机研发战略提供决策依据。

2006 年初，BAE 系统公司公开了无人机技术验证的相关基本情况。

2006 年 12 月 7 日，英国国防部对全尺寸验证机总体方案进行全面评审后，将价值 1.24 亿英镑的合同正式授予 BAE 系统公司主导的研发团队。

2007 年 9 月，原型机首个部件所用钢件开始切割。

2007 年 11 月 20 日，BAE 系统公司在兰开夏郡的工厂内举行了机体加工启动仪式——标志着"雷神"验证机正式进入制造阶段。

2008 年 2 月，组件开始组装。

2009 年 1 月 9 日，英国国防部出面澄清，否认"雷神"无人机已经试飞，同时也没有因为涡轮出现故障而坠毁于网上宣称看到 UFO 的地点。

2010 年 7 月，"雷神"原型机首次曝光，随后进行一系列工作，包括训练无人机引导员、实施雷达截面计划及整合地面控制系统。

2013 年 4 月，"雷神"原型机在兰开郡华顿进行跑道滑行试验。

2013 年 8 月 10 日，"雷神"原型机（编号 ZZ530）在南澳洲一处试验场首飞，时长约 15min，完成起飞、空中盘旋、爬升及降落 4 个动作。此次试飞是由试飞员鲍勃·弗雷泽负责。

2013 年 8 月 17 日，对首飞数据进行分析后，"雷神"原型机进行了第 2 次试飞。据称，这两次试飞数据表明，"雷神"的相关飞行性能远超设计预期，尤其是在不同高度与速度下飞行时间长达 1h。

2015 年，"雷神"无人机持续进行相关飞行试验。

图 3-12　2010 年首飞时的"雷神"验证机

3.3.4　研发经费

2006 年，原型机最初的研发成本为 1.24 亿英镑。

2013 年，项目费用从原先的 1.24 亿英镑增加至 1.85 亿英镑。

2014 年，英法两国签订一份价值 1.2 亿英镑的合同，探讨两国无人机技术合作发展的可能。

3.3.5 主要参数

表 3-3 "雷神" 演示验证机的主要参数

乘员	无人
长度	11.35m
翼展	9.94m
高度	4m
最大起飞重量	8t
发动机	阿杜尔 Mk951 发动机
发动机推力	28.9kN
速度	$>Ma1$（超声速）
航程	洲际

3.3.6 关键技术

（1）总体布局——飞翼

①在对外公开的总体设计方案中，该机采用了大后掠前缘的翼身融合体布局。

②机身与机翼的后缘分别对应平行于前缘，可以有效提高升力，具备更强的续航能力，从而确保具有洲际打击能力。

③总体尺寸与 BAE 系统公司生产的"鹰"式高级教练机相当。

（2）进气道

①沿用了三角形进气口，进气道隆起，为的是有效保证动力装置所需的空气流量。

②采用海狸尾式排气装置，将发动机的尾喷管完全包覆在机体内，从而使气流从前机身的菱形截面自然流畅地过渡到后机身的扁平截面。

③可同时减小雷达与红外目标特征，并且在确保气动性能的前提下，更好地满足低可探测性要求。

（3）飞行控制技术

①将采用静不稳定的飞行控制系统。

②在解决数字式电传飞控系统面临的诸多关键问题的基础上，能够较好地实现大量操纵面的耦合控制，从而确保全尺寸验证机具有静不稳定的飞行特性，可在各种条件下可靠地自主飞行。

③采用流体矢量推力（FTV）和循环控制（CC）等先进技术：

a. 可有效控制机体两侧的主流与次流，沿着机体表面产生矢量推力，从而获得俯仰与滚转控制力。

b. 可利用从机翼后缘吹出的高压空气，实现襟翼增升的气动效果，从而去掉襟翼，以进一步增强隐身性能。

（4）动力装置

"雷神"验证机采用的罗罗公司生产的阿杜尔 Mk951 发动机的主要改进包括：

①新型风扇——提供更大的推力。

②涡轮部件采用更好的材料——提高耐久性，使得推力增加 8%，并且降低了寿命周期成本。

③采用了全权限数字电子控制（FADEC）技术——可提供喘振预防、自动控制与恢复功能。

（5）机载系统

采用先进和高度灵活的开放式系统结构：

①配置传统的光电和雷达传感器——基本的机载探测设备。

②采用保形雷达。

③采用图像采集与开发（ICE）系统——执行空中监视与侦察任务。

ICE 系统由两台广角照相机组成，具有机载存储和操作能力：

a. 可用于飞行后分析。

b. 可通过一个低频段数据链向地面中继压缩图像。

c. 可通过卫星实现洲际间的传输。

d. 可与控制系统综合，提供更大的自主性和灵活性，形成一幅完整的平面图像。

（6）武器系统

"雷神"验证机设计了两个内埋式武器舱，可携带对地攻击武器，并保持较强的生存能力：

①原计划于 2011 年引入定向能武器。

②可能选择高功率激光 / 微波武器。

据称，根据作战需要，"雷神"验证机可搭载：

①4 枚 "海尔法" 导弹。

②2 枚 "宝石路" 炸弹。

（7）隐身性

①通过采用类似 B-2 轰炸机的外形设计，减少机身棱角，从而降低了雷达截面积，提高了隐身效果。

②发动机进气道后部管道采用了先进的纤维铺设技术，可有效躲避雷达的探测。

③据悉，"雷神"无人机还将安装基于"即时定位与地图构建"（SLAM）的高度自主系统，可利用无源传感器进行日间视频、红外辐射或者无源射频收集等操作，并且无须依赖数据有时不准确的地形数据库。

（8）自主作战能力

"雷神"无人机有 3 种飞行模式：

①自动模式——无人机主要以此模式进行起飞、日常飞行及着陆。与一般客机 / "台

风"战斗机的自动飞行类似，无人机由自身电脑系统控制，按照预订航路点飞行，执行任务。

②自主模式——虽然引导员预先设定了飞行范围，但是无人机可在预设区域内自动导航，自行设计飞行路线与搜索目标。

③手动模式——主要用于测试，或者作为一种备份模式。在系统出错时，可以人为干预，操纵飞机返回基地。

（9）续航能力

在先进机体设计以及采用动力强大的发动机的基础上，"雷神"无人机的续航能力十分强大。

3.3.7 发展方向

在无人机领域，美国是毫无疑问的世界霸主，但美军的无人机近期坠毁事故频发，且都是在没有敌军威胁的情况下因故障坠毁，可见其可靠性有限，若在战场频繁使用的情况下则更为易损。无人机的大型化、自动化以及攻击能力是美国尚未解决的难题，且美国的无人机研发投入超过别国总和，英国要实现赶超存在很大难度。

虽有许多困难，但英国所作的尝试仍指明了未来航空器的发展方向，该机也将进入密集的地面测试，且让我们拭目以待。

3.3.8 技术性能和方案特点

3.3.8.1 战术技术指标

"雷神"的战术技术指标见表3-4。

表3-4 "雷神"的战术技术指标

序号	项目	数值
1	最大巡航马赫数	0.8
2	升限 /km	11
3	作战半径 /km	1100
4	机长 /m	11.35
5	翼展 /m	9.94
6	机高 /m	4
7	总重 /kg	8000
8	发动机型号	阿杜尔 Mk951
9	发动机推力 /kN	29

3.3.8.2 总体布局

该机采用翼身融合和无尾布局，机身与机翼的后缘分别对应平行于前缘。"雷神"采用阿杜尔 Mk951 发动机，最大推力约为 29kN。该机采用三角形进气口，位于机体前侧上部，尾喷口位于机体后侧中央。

3.3.8.3　隐身设计

该机采用翼身融合无尾飞翼布局，机体下部的内埋武器舱以及发动机和起落架舱都平滑地与主翼融为一体，大大减小了飞机整体的 RCS。整个机身除主梁和发动机舱使用金属材料外，其他部分均由碳纤维和石墨等复合材料构成，且机翼前缘和整个机体还涂覆了特制的吸波材料。内斜三角形进气口位于机翼上方，可让入射的雷达波经多次折射后自然衰减。发动机尾喷管完全包裹在机体内，能同时减小雷达与红外信号特征。

图 3-13　"雷神"无人机

3.4　"梭鱼"

3.4.1　项目概述

"梭鱼"无人机为单发涡扇高亚声速无人作战飞机/无人侦察机验证机，也是欧洲最大的无人技术验证机，由 EADS 军用飞机分部研制，用来验证可在战区范围内和敌方防区内实施作战和侦察的高亚声速无人机技术，以便支持网络化、察打一体的高亚声速无人机研究项目。该无人机只是一个技术验证平台，将来不会投入生产，但该机身上聚集了 EADS 在无人机方面的诸多新成果，是该公司未来无人机发展战略的重要一环。

为满足德国空军的潜在需求，在德国国防部的支持下，EADS 在 2003 年 1 月秘密启动了试验型无人作战飞机/无人侦察飞机研制项目。以皮特·汉克尔和汤姆斯·格特曼为首的项目组开始制定"梭鱼"无人机系统的详细技术指标。此后的一年里，该无人机系统所有组成部分的技术指标都确定了下来，并且选出了合作伙伴和系统供应商。

2004 年 4 月底该项目通过了初步设计评审，同年 11 月通过了关键设计评审。首套"梭鱼"无人机系统的制造工作随后在德国的奥格斯堡正式开始，其中机翼由该公司设在西班牙赫塔菲的工厂制造，机身由该公司设在德国曼兴和奥格斯堡的工厂制造。2004 年 12 月，验证机模型由一架 Do.228 支线客机搭载，进行了首次系留飞行试验。2005 年 3 月 1 日，首架"梭鱼"验证机在德国的奥格斯堡完成总装，并运抵曼兴，进行地面试验。2005 年 4 月，验证机在德国曼兴进行了第 2 次系留飞行试验。随后将验证机运到西班牙的圣哈维尔空军基地，并进行了第 3 次系留飞行试验。2006 年 1 月 6 日，首架验证机（编号为 U0001，机上涂有德国空军装备序列号为 9980）开始进行地面滑行试验。经过 3 个多月的低速、中速和高速滑行试验，2006 年 4 月 3 日，"梭鱼"验证机在西班牙莫西亚的圣哈维尔空军基地成功首飞。2006 年 5 月 11 日，EADS 首次对外透露了该机的基本情况。

2006 年 9 月 23 日，首架验证机在圣哈维尔空军基地附近进行飞行试验时，因软件出现故障而坠海。"梭鱼"的研制费用来自德国国防部，EADS 及参与该项目的供应商也提供了部分资金。2008 年上半年，完成事故调查后，EADS 又获得了德国国防部的资金资助，开始制造第 2 架验证机（编号为 U0002，德国空军装备序列号为 9981），2008 年下半年完成验证机的制造。这两架验证机的机体外形完全一样，但第二架的软件和通信设备有所改进，机背上加装了中继通信天线，飞机腹部增加了凸起的光电 / 红外传感器转塔。

2009 年 7 月 10 日，第 2 架"梭鱼"验证机成功实现首飞，这一次的首飞地点改在了人烟稀少的加拿大天鹅湾空军基地。7 月 23 日又完成了第 2 次飞行。至 7 月 27日，在天鹅湾完成了计划中的全部 4 次飞行任务。此后，该验证机被运回德国进行后续试验，试验内容包括：预编程飞行剖面的自主飞行，验证机自主驶入 / 驶出的自动滑行模式，自动目标探测设备以及传感与规避技术等。

2012 年 6 月，"梭鱼"验证机再次被运抵加拿大进行飞行试验，但试验场地换成了纽芬兰。在 6 月和 7 月两个月时间内，利用第 2 架"梭鱼"验证机验证了无人机之间的自主协调技术。

3.4.2 设计特点

EADS 研制"梭鱼"无人机的目的与法国研制"神经元"、英国研制"雷神"的目的相同，都是为了验证无人作战飞机的关键技术，保证本国航空工业在世界市场上的竞争力。通过这个项目，EADS 对一系列关键技术进行了研究和验证，其中包括宽带数据链通信、高自主性、高亚声速察打一体无人机的总体设计、低雷达截面外形设计与验证、吸波材料和结构、多电 / 全电控制技术、在管制空域中飞行、采用开放式系统架构的模块化航电 / 指挥控制系统等。

在气动和结构布局方面，"梭鱼"采用常规布局和背负式进气道，前机身类似巡航导弹，中机身隆起，机身背部进气口相对较大，上唇口前掠以适应大迎角飞行，在设计上考虑了降低雷达截面积问题。机翼为小展弦比的中单翼，前缘适度后掠，机翼后缘有增升装置（襟翼）和横向操纵面副翼。采用几乎与机翼平行的小后掠角全动平尾，以及外倾的双垂尾和方向舵。

机身侧面上、下部分别内倾，上下部分结合部位有脊线。机身上表面和机身腹部平坦。机体全部由复合材料制成，并采用吸波涂层，以降低雷达反射信号的强度。采用可收放的前三点式起落架、碳刹车盘，前轮可操纵转向。验证机安装了机头空速管，作为大气数据系统校准之用，预计装备型将会取消机头空速管，代之以嵌入式大气数据系统。

EADS 在研制空客 A380 飞机时，已经掌握了多电／全电飞机控制技术，并将该项技术应用到"梭鱼"验证机上。第 1 架"梭鱼"验证机为多电无人机，除起落架收放和前轮转弯操纵仍为液压作动外，各操纵面的偏转均采用机电作动器。第 2 架验证机则改成了全电飞机，起落架收放、前轮转弯也都采用机电作动器进行操纵。其中，"梭鱼"验证机起落架收放机电作动器由德国利勃海尔航空航天公司提供，机轮刹车机电作动器由英国邓禄普航宇刹车系统公司提供。

"梭鱼"无人机采用普惠加拿大公司生产的单台 JT15D-5C 无加力涡扇发动机，推力为 14.19kN。

"梭鱼"无人机实现了自主驶入／驶出功能，可按照任务规划或预先编制的飞行程序，自主完成从起飞到着陆的整个任务过程。位于地面指挥控制站内的操作人员只需监视无人机上下传的遥测数据以确保安全即可。机上的制导、导航与控制系统和设备均设计为三余度，机上装有惯性导航系统／全球定位系统（INS/GPS）和激光高度表。系统中有卫星通信链路、宽带视距内数据链路／超视距数据链路，以及具有高抗干扰能力的加密数据链，此外，还有多功能信息分发系统终端，可支持美国的Link 16 战术数据链。

在任务载荷方面，第 2 架"梭鱼"验证机在机腹安装了光电／红外传感器转塔。内埋武器舱既可集成任务载荷，也可搭载武器。在设计时，EADS 考虑了多种任务传感器的集成方案，其中包括光电／红外传感器、激光目标指示器、辐射源定位系统和合成孔径雷达。当然，"梭鱼"也考虑了外挂任务载荷方案。内埋武器舱内可以悬挂3 枚尺寸与"硫黄石"导弹类似的武器。

"梭鱼"验证机为缩比无人机，其机长 8m，翼展 7m，最大起飞重量 3.25t。

3.5 "夏克"与"菲纳尔"

3.5.1 "夏克"

瑞典是小国，其战斗机在设计方面极力追求符合本国作战需求。瑞典人充分发挥了"拿来主义"，发动机、机载设备、机载武器等都从国外采购，但在机体制造、飞行控制系统和火控系统设计等方面自行设计。瑞典著名的飞机制造公司萨伯集团有着悠久的历史，他们研制的 JAS-39"鹰狮"单座全天候全高度战斗／攻击／侦察机，不仅替代了瑞典空军的萨伯 -37"雷"式战斗机，而且一直在积极推向国际市场。与此同时，萨伯集团也一直在为研制新一代战斗机和无人作战飞机进行准备。

20世纪90年代后期，萨伯集团开始涉足无人作战飞机领域。1998年，在"国家航空研究计划"（NFFP）框架内，萨伯集团开始研制无人机，目的是研究低成本隐身无人作战飞机的气动和结构布局。

1998年4—7月，萨伯集团先后推出了9种不同的总体布局，都采用相同的扁平机身，主要区别在于机翼和尾翼的设计。1999年，经过近一年的不断优化与筛选，最终选择了一种低速常规布局，包括机翼、平尾和双垂尾。该方案经过进一步发展后被命名为"瑞典高度先进的研究布局"（SHARC）。"夏克"是萨伯集团为探索无人作战飞机技术而研制的验证机之一，由萨伯集团和瑞典航空研究院联合研制，瑞典国内其他一些企业和大学也参与了研制工作，主要参与厂商包括爱立信（2006年6月，萨伯集团收购了爱立信公司的防务业务，并在此基础上成立了萨伯微波系统公司）。

1999年3月—2000年9月，最后选定了一种低速构型模型和一个从内埋弹舱投放武器的方案模型并进行了一系列风洞试验。2000年，针对所选定的方案模型进行了全面的风洞试验，以确定该方案在全包线内的气动特性。

2000年9月，萨伯集团正式公布了"夏克"项目。由于该项目列为"国家航空研究计划"中的第272号工程，因此也称为NFFP272方案。该方案旨在探索和验证未来无人作战飞机的总体设计、自主性等方面的关键技术。

2001年，萨伯集团正式开始研制缩比验证机。首批共制造了4架缩比验证机，并将它们称为"小型夏克"。这4架验证机中有2架为早期型，编号分别为BT-001和BT-002，主要用于气动布局选型和气动特性确认，并评估飞机的飞行品质和训练地面站操作人员。后续的2架验证机编号分别为BS-001和BS-002，主要用于开展更复杂的验证试飞。首架验证机于2002年2月11日完成首飞。在初步验证试飞阶段，共飞行了8个起落，验证了飞机飞行包线和机动性能，最大飞行速度达到了320km/h。此后，瑞典航空研究院和萨伯集团又开展了其他课题的验证试飞，其中包括高精度导航定位、飞行控制精度、自主飞行能力、图像数据链（图像数据下传）和地面控制站概念等。2003年9月，验证机完成了首次自主飞行，自主飞行的航程达到20km；2004年8月25日，验证机完成了首次全程自主飞行，其中包括自主驶入跑道后起飞、自主飞行和自主着陆。

"夏克"项目已经在2004年底结束，其后续项目为"菲纳尔"。

"夏克"验证机采用较为保守的常规布局，类似冲浪板的机身具有良好的升力效应；小后掠角机翼和全翼展襟副翼确保了气动性能；采用了全动式水平尾翼和外倾式双垂尾，垂尾后缘有全展长方向舵。采用这样气动布局的飞机可以保证舱内容积较大，以安装大量传感器，还可装备武器系统。

在验证机的机体后部安装了一台荷兰AMT公司生产的推力为0.2kN的奥林巴斯发动机。

缩比验证机的起飞重量为50kg，机长2.5m，翼展2.1m。

萨伯集团在这些验证机上安装了新的航电设备，使其能够预编程自主飞行。在

2003 年初的一次能力演示中，在瑞典北部上空飞行的一架"夏克"验证机获取的视频信息，通过网络下行链路，经过压缩与加密后传送到地面，地面几乎是实时接收图像。

3.5.2　"菲纳尔"

在"夏克"项目中，通过对缩比无人机的研究和广泛试验，萨伯集团积累了较为丰富的经验，已经基本掌握了隐身无人机设计的技术与方法，包括隐身性能的计算分析和测试方法，隐身材料、隐身结构的研制与生产工艺等方面，具备了开展隐身无人机研制的能力。

2000 年底，萨伯集团与瑞典防务装备管理局经过充分论证之后，发起了一项"创新的低可探测飞行验证无人机"（FILUR）计划，主要目标是验证低可探测性技术在战斗机上的重要作用，为未来航空系统和空中监视系统的隐身设计积累经验。参与"菲纳尔"项目的有萨伯集团、瑞典防务装备管理局和沃尔沃航空公司。

2001 年，萨伯集团制定了项目设计要求，重点研究雷达和红外特征的低可探测性技术，并开始飞控系统的研究。2002 年，进行了一项可行性研究，提出了隐身飞行器概念。2004 年底，萨伯集团对验证机模型的雷达截面积进行了静态测试，其结果与计算值相吻合。2005 年初，该项目进入到第 4 阶段，开始评估"菲纳尔"验证机的航电设备和控制系统。2005 年 10 月 10 日，首架验证机完成了持续 10min 的首次飞行。在获得瑞典防务装备管理局的许可后，2005 年 11 月下旬，萨伯集团向外界披露了该机首飞的消息和一些相关情况。

"菲纳尔"项目的总投资约为 8000 万瑞典克朗（折合 975 万美元），其中大部分由瑞典防务装备管理局提供，其余部分由萨伯集团自筹。

与"夏克"验证机的设计有所不同，"菲纳尔"验证机在总体上更强调外形隐身，采用了吸波结构和吸波材料。虽然最初设想采用飞翼布局，但最终还是在飞翼上加装了双垂尾。机翼具有大后掠前缘，机身与机翼的后缘呈 W 形，各边缘均与机体左侧前缘或右侧前缘平行。在全机俯视图上，所有的外廓线仅由两组平行线组成，这样可以保证验证机具有更好的雷达隐身性能。较长的机翼延伸段可以有效地提供升力，有利于实现更强的续航能力。机翼后缘分别设计了襟翼和副翼，并在相邻的机身后部设计了机身襟翼。2 个面积不大的垂尾安装在机身后部的悬臂结构上，内倾遮蔽着尾喷口。机身上部为一块复合材料制造的整体蒙皮结构，直接固定在机身上。采用机背上方埋入式进气道，降低了发动机内部组件的雷达截面积。验证机采用内埋式武器舱。

验证机的最大起飞重量约为 55kg，机长 2.2m，翼展 2.5m，最大飞行速度超过 250km/h。2005 年后，萨伯集团未再透露"菲纳尔"计划的后续情况。但是，该公司在"夏克"和"菲纳尔"项目开发的技术和获得的经验，使得他们有能力参与到法国领导、欧洲多国合作开展的"神经元"无人作战飞机验证计划。

第4章　俄罗斯无人作战飞机的发展

4.1　早期无人作战飞机的发展

苏联 / 俄罗斯是航空大国，也是航空强国，其在航空领域走出了一条不同于其他国家的发展道路，尤其是在军用飞机的研制方面。在苏联时期，各设计局研制的战斗机在很长一段时间能够与美国为首的北约飞机相抗衡。无论是第一代喷气式战斗机米格–15，还是现在仍在服役的第三代战斗机苏–27和米格–29，都属于当时世界上一流的战斗机。

在作战飞机研制方面，从概念设计（俄罗斯称外部设计）到方案研制、飞行试验和鉴定，俄罗斯都自成体系。这套体系是计划经济的产物，也是苏联领导人重视航空、优先发展航空工业的结果。例如，苏联时期有一个军事工业委员会，统筹管理军工产品的生产，航空武器装备也名列其中，现在的俄罗斯继续保留了这个委员会，而且委员会主席由现任总统普京担任，由此可见俄罗斯对军事工业和航空工业发展的重视程度。随着时间的推移，这套体系中有许多东西需要改进，尤其是不能满足国际市场竞争的需求，而各设计局在出口航空武器装备的过程中正不断完善该体系。这套体系不仅适用于有人驾驶战斗机的研制，稍加改进也可以适用于无人作战飞机。

俄罗斯无人作战飞机的研制历史一点不比有人驾驶战斗机晚，最早可以追溯到第二次世界大战前。

早在20世纪20年代初期，苏联著名的航空冒险家弗拉基米尔·贝卡乌里就开始研制军事用途的无人机。他当时向苏联军队高层提出建议，为苏联红军研制各种无线电遥控的"机器人"，其中包括遥控坦克、遥控鱼雷、遥控鱼雷艇、遥控潜艇、遥控装甲列车等，甚至考虑过研制遥控火力点。当时的苏联国防部副部长图哈切夫斯基元帅对贝卡乌里的想法赞赏有加，在他的支持下，贝卡乌里成功组建了"军用特种装备发明设计局"，并且获得了上亿卢布的拨款。为了方便设计局的研制工作，他们组建了以驱逐舰"西伯利亚之箭"号为主要试验船的分舰队。从1926年起，又改为由"宪法"号驱逐舰担任试验舰船。他们共建立了几个机场，在波罗的海和拉加湖上建立了3个靶场，并在莫斯科和列宁格勒（现圣彼得堡市）筹建了几十家制造工厂。

贝卡乌里的发明似乎只是"偶尔露峥嵘"的摆设。他们虽然发明了几十种无线电遥控武器，但没有一样武器最后装备苏联军队。到了1937年"肃反"期间，贝卡乌里被逮捕，1938年2月8日被当作德国间谍处死。在当时的苏联，这样的冒险家实在太多了，苏联政府成立的调查委员会无法对他们的研究结果——核实真相。斯大林去世后，到了 1956 年，贝卡乌里被恢复名誉。这时候有专家开始认真分析他的研究成果，经过调查后发现，贝卡乌里率领其设计局研制的很多武器方案相当先进，只是过于超前，当时还不能被人们正确理解，所以导致"误杀"。

虽然贝卡乌里被平反昭雪了，但是他当年率领设计局所进行的庞大冒险研究项目仍然对外保密，时至今日，人们对此也知之甚少。有资料透露，他们的很多研究成果体现在后来苏联武器装备的研制方案中。例如，图波列夫设计局最初研制轰炸机 TB-1、TB-3 时，其研制要求就是由"军用特种装备发明设计局"提出的。最早的设想是研制无人轰炸机。还有一个例子，苏联著名试飞员奇卡洛夫驾驶创纪录飞机曾经飞越北极，到达美国。这架飞机起初也是按照战略无人机的设想而研制的，该型飞机可以携带 5t 弹药飞行 5000 ~ 6000km。按照今天的观点，贝卡乌里应该是一个"预先研究"领域的天才，能够给设计局指明研究的方向。

第二次世界大战爆发之前，另一个苏联研究所也在开展无人驾驶飞行器的研制和试验，并且取得了不错的成绩，这就是位于列宁格勒的水雷-鱼雷科学研究所（НИМТИ）。他们不仅为海军研制鱼雷和水雷，还研制发射鱼雷的载机——无人驾驶滑翔机。1933 年，设计师瓦尔克带领该研究所第 22 实验室的研究人员，开始研究遥控飞行滑翔机，这种无人机可以携带爆炸物或鱼雷。1933—1934 年，他们制造了一架 1∶4 的滑翔机模型进行试验，在试验中，飞机的飞行高度达到了 1100m，飞行距离达到 10 ~ 11km。

试验成功后，苏联国防工业委员会正式为这个项目立项拨款，研制的型号包括远距鱼雷滑翔机、远距飞行鱼雷、拖曳式水雷滑翔机。1935 年，生产出第一批 4 架水上滑翔机，并命名为 PSN-1（专用滑翔机）。该滑翔机由有人机拖曳起飞，水上降落。在试验期间为有人驾驶，实际使用时可以遥控驾驶。在 PSN-1 无人机试验期间，苏联开始进行"肃反"，大批设计师被捕，但项目仍在继续，截止到 1938 年 8 月，4 架无人机共完成了 38 次飞行。

1939 年，在 PSN-1 基础上开始研制新的无人驾驶滑翔机，并命名为 PSN-2。滑翔机可以携带一枚鱼雷，采用空基发射起飞和水上降落方式，其载机为重型轰炸机 TB-3。无人滑翔机由红外波束进行引导。除此之外，还曾经尝试将 TB-3 有人驾驶轰炸机改装成无线电遥控轰炸机，用于一次性轰炸。但试验只进行到 1940 年 7 月，随后整个项目都停止了。

PSN-1 无人机总体参数：

机翼翼展：8m；

机身长度：8.9m；

飞机高度：2.02m；

起飞重量：1970kg；

最大飞行速度：600km/h；

实用升限：4000m；

飞行距离：40 ～ 50km。

PSN-2无人机的总体参数为：

机翼翼展：7m；

机翼面积：9.47m²；

机身长度：7.98m；

飞机高度：2.8m；

起飞重量：1800kg；

最大飞行速度：350km/h；

最大俯冲速度：500km/h；

飞行距离：30 ～ 35km。

20世纪苏联各设计局所研制的无人作战飞机，在某种程度上与巡航导弹、弹道导弹有着千丝万缕的联系。在很长一段时间内，人们对巡航导弹和无人作战飞机的概念很难分清楚。弹道导弹与远程轰炸机的不同之处在于，前者可以利用飞行速度和高度突破现有和未来的防空系统，但远程轰炸机却很难奏效。由于弹道导弹具有飞行速度大、突防能力强的卓越能力，并且其与无人攻击机之间的界限当时并不十分清晰，因此也吸引了一些传统的飞机设计局参与其中，其中就包括著名的图波列夫设计局。当时的图波列夫设计局是苏联飞机设计局的老大，而且这一位置一直很牢固。1956年，他们刚刚实现了两型轰炸机图-16和图-95的批量生产，同时还完成了图-104客机的飞行试验。

1957年，能够携带核弹头的战略（远程）导弹R-5M开始装备部队，这是苏联装备的第一型战略导弹，同时第一型洲际弹道导弹R-7也开始进行飞行试验。在这一时期，苏联领导人对导弹武器产生了浓厚的兴趣，导弹制胜论观点占了上风，这无疑影响到苏联领导人的决策。其结果就是导致很多飞机研制项目受到了威胁，苏联政府曾经强迫一些飞机设计局转行研制导弹。例如，著名的米亚西舍夫设计局当时正在研究远程战略轰炸机，苏联政府强制该设计局转行研制导弹，总设计师米亚西舍夫被调离，前往中央空气流体力学研究院担任院长。苏霍伊设计局也在很长一段时间里没有型号任务。

苏联虽然执行计划经济政策，但在航空领域一直鼓励各设计局之间进行项目竞争，利用这种方法以获得更加优良的航空武器装备。当时参与到无人作战飞行器（远程导弹）研制竞争的设计局中，除图波列夫设计局外，还有拉沃契金设计局、伊留申设计局和米亚西舍夫设计局。

当时总设计师图波列夫已经敏锐地认识到导弹发展对飞机研制所构成的威胁，为了应对这一局面，图波列夫觉得他们应当在无人作战飞行器领域有所作为。1956年，图波列夫设计局成立了专门研制无人飞行器的"K"分部，负责研制可攻击4000km外战略目标的无人驾驶攻击机。这个分部的部长不是别人，正是设计局总设计师图波列夫的儿子——小图波列夫。

为了参与项目竞争，图波列夫设计局当时提出了两个研制方案，一个是图-121，也称"S"型导弹，另一个是图-124，也称"D"型导弹，它们统称为"无人驾驶远程攻击机"。

1957 年 9 月 23 日，苏联政府正式批准了远程无人作战飞机研制项目。

图波列夫设计局提出的设计方案是这样的：采用三级液体火箭将起飞重量达到 240t 的"S"型导弹发射到 50km 的高空，然后以 20000km/h 的速度飞行。抵达目标区域时，预计导弹的飞行速度可以达到 7000km/h，飞行距离在 9000 ~ 12000km，误差不超过 10km。方案很先进，但导弹以这样的高超声速飞行时，其弹体的热防护是一个大问题，当时无法解决。直到 20 世纪 80 年代研制"暴风雪"号航天飞机时，热防护问题才得以解决，但这是后话。

考虑到前面方案过于新颖，技术难度太大，图波列夫建议采用大为简化的设计方案，即"D"型导弹方案。该导弹的飞行速度为 2500 ~ 2700km/h，飞行高度在 22 ~ 25km，飞行距离 9000 ~ 9500km，误差也是不超过 10km。这个方案获得了国家批准，允许图波列夫设计局开始进行研究，但仅限于方案研究。直到 1958 年第三季度，才允许设计局转入产品研制阶段，开始进行草图设计，即进入详细初步设计阶段。

从 1954 年起，拉沃契金设计局和米亚西舍夫设计局开始研制战略导弹式无人机。拉沃契金设计局的方案是"风暴"，米亚西舍夫设计局的方案是"暴风雪"。这两型无人机方案的研制进度很快，当这两家设计局准备开展飞行试验时，图波列夫设计局的"D"型导弹方案还停留在纸面上。1957 年 9 月，图波列夫叫停了"D"型导弹研制方案，改为研制航程不到 4000km 的无人攻击机图 –121。

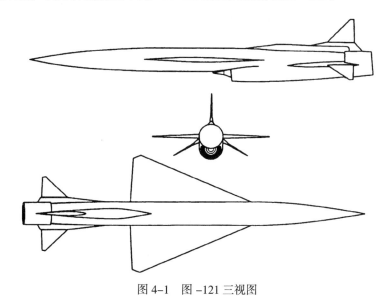

图 4-1　图 –121 三视图

图 –121 无人攻击机的航程（射程）可以达到 4000km，但是，如果从苏联领土发射，这样的作战半径还是无法到达美国，只能覆盖西欧、北非和马来半岛以外的亚洲。

1959 年 8 月 25 日，图 –121 成功进行了首次发射。20 世纪 60 年代初，正当图–121准备投入量产时，苏联领导人赫鲁晓夫又换思路开始积极倡导发展核武器，对很多常规武器研制项目停止拨款。由于这一原因，苏联部长会议下达指示，停止图–121无人攻击机项目，图波列夫设计局被迫中止该计划。

在研制图–121的同时，图波列夫设计局又提出了图–123无人攻击机方案，它是携带核弹头的洲际超声速无人攻击机，是图–121的改进型。两者之间的主要区别在于，图–123无人机的外形尺寸更大，并且安装了推力更大的NK–6涡轮喷气发动机，同时还采用了天体惯性控制系统。当时还提出了图–133无人机草图方案，它携带了副油箱。不管是图–121还是图–123，抑或是其他类似研究方案，都由于没有前景而停止，苏联政府决定以洲际导弹为基础发展攻击性武器系统。因此，图–123转为新用途——无人侦察机。图–123大概是最早出现的察打一体无人机吧。

图4-2　图–123

从1956年4月起，伊留申设计局开始研制导弹式飞机Π–20，其飞行距离在2500～3000km，飞行速度3200km/h，飞行高度超过20km，可以从潜艇内发射。从1957年起，该设计局开始研制陆基发射的导弹式飞机Π–20С，其飞行距离增加到3200～3400km。由于图波列夫设计局的研制方案更加深入，而且超前，因此在1959年，苏联政府认为Π–20С方案只不过是"'S'型导弹研制工作的重复"，于是停止了伊留申设计局Π–20С的研制。

总之，第二次世界大战结束后，在很长一段时间里，积极研制和使用无人机的只有美国和苏联，在无人机的研制和使用方面处于领先地位的当属美国。在无人作战飞机研制领域也不例外，苏联只是对无人作战飞机或察打一体无人机进行了方案探索，也进行了原型机试验，但没有一型无人作战飞机装备部队和使用。尽管如此，这些探索为后来无人作战飞机项目的重新启动奠定了一定的基础。

在俄罗斯媒体上，有专家这样写道，当前，在无人机研制领域，美国无疑位列前茅，中国在后面奋力追赶，而由于苏联解体，俄罗斯在这一领域已经不再是主要的强国，但应当更加努力地研制自己的无人机。

据报道，1992—2000 年，俄罗斯空军[①]未订购一架作战飞机，除了苏霍伊设计局"一枝独秀"外，其他大型飞机设计局都陷入困境，其中包括米格设计局、图波列夫设计局、雅科夫列夫设计局、伊留申设计局等。为了弥补军队内无人机装备的不足，俄罗斯只好从以色列进口无人机。在大中型无人机、无人作战飞机、察打一体无人机研制领域，俄罗斯确实在一直追赶。

4.2　苏联无人作战飞机的发展

4.2.1　图 –121 系列无人攻击机

图 –121 是一型超声速远程攻击机，它是现代巡航导弹的鼻祖。图波列夫设计局从 1956 年开始设计，1959 年 8 月 25 日成功进行了发射。其起飞重量达到 35000kg，巡航速度 2775km/h（$Ma2.3$），最大航程 3880km，巡航段飞行高度 19km，接近目标时飞行高度 24.1km，可以安装核战斗部。

图 –121 无人机技术数据：

飞机外形

飞机长度：24.770m；

飞机高度：4.6139m；

机身直径：1.7m；

机翼：

　　前缘后掠角：67°；

　　后缘后掠角：–3° 55′；

　　翼型：

　　　　TsAGI P–35（П–35 ЦАГИ）；

　　相对厚度：3.5%；

　　机翼翼展：8.4m；

　　机翼面积：61.2m^2；

　　展弦比：1.5；

尾翼：三个全动平尾，相互之间夹角为 120°；

　　前缘后掠角：45°；

　　后缘后掠角：–2.3°；

　　翼型：

　　　　TsAGI P–53（П–53 ЦАГИ）；

---

① 2015 年 8 月 1 日，俄罗斯空军与空天防御兵合并，改组为空天军。

相对厚度：43.5%；

尾翼翼展：5.313m；

尾翼面积：1.88m²；

展弦比：1.5。

重量

飞机空机重量：7215kg；

燃油重量：16000kg；

水重量：285kg；

起飞重量：32600kg。

作战载荷

热核弹头。

动力装置：低寿命涡轮喷气发动机 TRDF KR-15-300

重量：1800kg；

推力（加力状态）：10000kgf[①]；

航行飞行段：85% ~ 100%；

总寿命：不大于 15h；

燃油：航空煤油 TS 或 T1；

在航向飞行初始段消耗 40% 燃油。

起飞加速器：两台固体燃料加速器 PRD-52

燃料：硝基甘油火药 NMF-2；

重量：每台 3300kg；

燃料：1550kg；

固定装置：300kg；

喷管相对纵轴：30°；

推力：575000 ~ 58000kgf（取决于周围空气温度）；

工作时间：3.75 ~ 5s（取决于周围空气温度）；

坠落地点：距发射装置 500 ~ 1500m。

飞行速度

加速器抛放点：601km/h；

航向飞行初始段：2660km/h；

巡航飞行速度：2775km/h；

战斗部爆炸时的速度：2000km/h。

飞行高度

加速器离开点：大约 100m；

卫星截获时刻：12km；

航向飞行初始段：19.9km；

---

① 1kgf ≈ 9.8N。

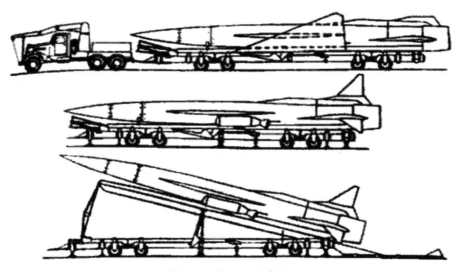

图 4-3　图 -121 方案图

接近目标时刻：24.1km；

战斗部爆炸时：2km。

最大飞行距离（全航线迎面风速为 40m/s）

3880km。

向目标俯冲：弹道式俯冲

开始俯冲时距目标：46km；

俯冲角：50°。

飞行时间（最长时间）

100min。

均方根偏差（最大距离）

10km。

图 -123 是图波列夫设计局在图 -121 基础上研制的可携带核武器的洲际超声速无人攻击机。与图 -121 相比，图 -123 的外形尺寸更大，采用了天体惯性导航系统。在这一时期，由于被"导弹制胜论"所迷惑的苏联领导人决定以洲际导弹为基础发展攻击性武器系统，因此图波列夫设计局只好放弃超声速远程攻击机图 -121 方案，转为研发一种远程侦察型无人机。新的侦察型无人机名为图 -123 或 DBR "鹰隼"。该机于 1960 年 8 月 16 日开始研制，1961 年 9 月完成工厂飞行试验（国内称科研试飞），1963 年 12 月完成国家联合鉴定飞行试验。1964 年 5 月装备苏联空军部队，1964—1972 年，该机共生产了 52 架。随着米格 -25R（侦察型）战斗机装备苏联空军部队，图 -123 逐步退役。

4.2.2 "秃鹫"无人攻击机

1982 年，苏联开始研制代号为"秃鹫"的无人机。最先拿到这个项目的是苏霍伊设计局，出口型方案命名为"雕鸮"。1983 年，图波列夫设计局接手这个项目，正式名称定为"秃鹫"–U，编号图–300。1991年制造出第一架图–300无人机试验样机，并且开始飞行试验。过了两年，开始在航展上展出这款攻击型无人机。

图–300"秃鹫"–U是图波列夫设计局研制的战术无人机，用于实施空中侦察并消灭所发现的地面目标。1991年完成首飞，有过两次改型，第一个改型为无线电技术侦察机"雕鸮"–1，第二个改型是无线电信号中继机"雕鸮"–2。

这架无人机的地面设备同无人侦察机图–141和图–241一致。1990年初，图波列夫设计局制造出飞行试验样机，并在同一年完成首飞，随后开始飞行试验。这架无人机多次参加莫斯科航展。但到了20世纪90年代中期，由于财政困难，设计局被迫冻结了这个项目。

2007年，图波列夫设计局重新启动了图–300无人机项目。飞机布局、地面设备依然未变，但更换了新的发动机，飞机性能大幅改善，同时更换了更先进的无线电航电设备。有消息称，图波列夫设计局在图–300无人机的基础上正在研制中程无人机。

图–300无人机的设计特点：

机体：图–300无人机采用"鸭"式布局，类似于远程巡航导弹。小展弦比三角翼和鸭翼为飞机提供升力，进气道和发动机采用背负式。

动力装置：一台涡轮喷气发动机。

任务设备：光电设备主要布置在无人机的机头部位，同时在机身也安排了辅助的设备舱，并在机身下部可外挂作战载荷。

发射与回收方式：滑轨发射。

总体参数：

    起飞重量：3000kg；

    任务载荷重量：1000kg；

    最大航程：300km；

    巡航飞行速度：950km/h；

    实用升限：6000m；

    最小飞行高度：50m。

图 4-4　航展上的图 -300 无人机

图 4-5　图 -300 无人机

4.3　俄罗斯无人作战飞机的发展

4.3.1　发展历程

　　在战斗机研制领域，俄罗斯处于领先地位的无疑是苏霍伊公司和米格公司。这两家公司的前身分别是苏霍伊设计局和米格设计局，两者都创建于第二次世界大战前夕的 1939 年，创始人分别是两家设计局的第一任总设计师巴维尔·苏霍伊和阿尔滕姆·米高扬。

　　在第二次世界大战期间，这两家设计局研制的飞机战绩一般，其中，苏霍伊设计局只有苏 -6 生产了 800 多架，并作为多功能飞机参加战斗，取得了一定的战绩。他们的主要工作是设计试验验证机，进行技术储备。第二次世界大战结束后，两家设计局的命运发生了巨大的变化。米格设计局依靠研制米格系列喷气式战斗机很快就崭露头角。朝鲜战争爆发后，米格 -15 战斗机成为中苏空军所使用的主要战机，取得了不俗的战绩。

苏霍伊设计局则没有米格设计局那样幸运。1947 年，因新研制的战斗机发生严重事故，苏霍伊设计局被解散，苏霍伊本人及部分研究人员只好栖身于图波列夫设计局。直到 1953 年斯大林去世后，苏霍伊设计局才得以恢复，但在喷气式战斗机研制领域已经被米格设计局拉开距离。经过二十几年的努力，到了 20 世纪 80 年代研制新一代远景前线歼击机，即苏 –27 和米格 –29 的时候，苏霍伊设计局才开始与米格设计局并驾齐驱。

随着时间的推移，图波列夫设计局基本脱离了战斗机研制领域的竞争，雅科夫列夫设计局虽然在垂直起降舰载战斗机研制方面具有优势，但随着雅克 –141 项目的下马，他们在战斗机领域的竞争力也明显下降。在第三代战斗机（苏 –27 和米格 –29）的研制中，虽然雅科夫列夫本人亲自出马，但他们的方案和技术明显落后于苏霍伊设计局和米格设计局，失败也是正常的。

苏联解体后，苏霍伊设计局与米格设计局的命运又一次发生了戏剧性的变化。苏霍伊设计局在总设计师西蒙诺夫的带领下，率先走向国际市场，通过向中国、印度出售和许可证生产苏 –27 系列飞机，在技术上和经济上都超过了米格设计局。反观米格设计局，虽然在第四代战斗机研制方面取得了进展，但由于资金缺乏，在新一代有人战斗机研制方面基本处于停滞状态。

2002 年，俄罗斯重新启动第四代战斗机研制项目，苏霍伊设计局的 T-50 方案中标，米格设计局失去了研制新一代战斗机的机会。尽管如此，米格公司作为一个老牌战斗机研制集体，其实力还在，俄罗斯政府也在想办法挽救米格设计局。与此同时，美国从 20 世纪开始研制无人作战飞机，米格公司抓住这个机会，也开始研制无人作战飞机。

无人作战飞机与有人战斗机相比较，除了没有机上驾驶员外，在其他方面的差别很小。战斗机研制的主要难点在于解决那些相互矛盾的要求，例如，战斗机既需要大航程以提高作战半径，同时还要具有高机动性；既需要携带大量机载设备和武器提高中远距作战能力，但也需要翼载足够小，使得飞机更容易建立过载，提高近距机动空战能力。米格设计局和苏霍伊设计局利用他们在有人战斗机研制领域所取得的成就和积累的经验，在无人作战飞机研制领域也走在了前面。

4.3.2 "鳐鱼"

米格公司从 2005 年就开始研制无人作战飞机，当时计划研制的是小尺寸无人作战飞机，用于攻击事先侦察好的目标。在 2007 年 8 月莫斯科航展期间，米格公司展示了"鳐鱼"（Skat）无人作战飞机模型，引起各国军事专家的注意。

在制订"鳐鱼"项目研制计划时，米格公司提出了两种方案，一个方案是有人驾驶型"鳐鱼"，命名为 Skat-PD，无人驾驶型"鳐鱼"方案命名为 Skat-D，在俄语中，缩写字母 D 代表"攻击的"，P 代表"驾驶的"（与英语单词 pilot 具有相同的拉丁词根）。

飞翼布局的"鳐鱼"外形与美国诺斯罗普 – 格鲁门公司研制的 B–2"幽灵"轰炸机很相似，也与中等大小的无人作战演示验证机 X–47B 差不多。"鳐鱼"的作战定位与上述两型飞机基本相同：在敌人防空系统严密、防空火力强大的条件下，对已经侦察清楚的地面固定目标实施打击，首先针对防空系统的武器装备实施打击；或者对地面和海上机动目标实施打击。"鳐鱼"可以自主完成攻击任务，也可以与有人驾驶飞机协同编队作战。

在制定"鳐鱼"研制周期时，米格公司过于乐观。他们一开始认为，只需两三年的时间就能完成"鳐鱼"无人作战飞机的研制，然后投入飞行试验。但在实际研制过程中，所遇到的困难远超出预期，再加上米格公司经营状况不佳，经费投入不足，因此，这个项目的进展一直不顺利。

许多航空专家认为，虽然"鳐鱼"项目已经停止，但米格公司在开展该项目时，通过对飞翼气动布局进行详细研究和试验，已经掌握了这种布局飞机的气动特性、操纵特性和稳定性特征。"鳐鱼"飞机的机体结构广泛使用复合材料，使得米格公司获得了复合材料结构设计和制造方面的经验。同样，在飞翼布局隐身设计和测试方面，他们也获得了不少经验。因此，在俄罗斯后续无人作战飞机的发展计划中，米格公司仍占有一定优势。

根据公开发表的信息可知，"鳐鱼"飞机采用前三点式起落装置。搭载一台克里莫夫设计局研制的 RD-5000B 涡扇发动机，它是 RD-93 发动机的改进型，但取消了加力燃烧室，推力为 5040kgf。该机最大起飞重量 8t，任务载荷重量 6000kg。武器采用内埋方式，两个内埋武器舱的空间尺寸为 4.4m × 0.75m × 0.65m，舱内共有 4 个挂点，可悬挂 2 枚 X-31A 空面导弹，2 枚 X-31P 反辐射导弹，或 4 枚 250kg 炸弹。

"鳐鱼"飞机模型的总体参数如下：

机长：10.25m；

机高：2.7m；

翼展：11.5m；

飞机最大飞行速度：850km/h（$Ma0.8$）；

最大航程：4000km；

作战半径：1200km；

升限：15km。

图 4-6　2007 年航展期间展出的"鳐鱼"无人攻击机模型

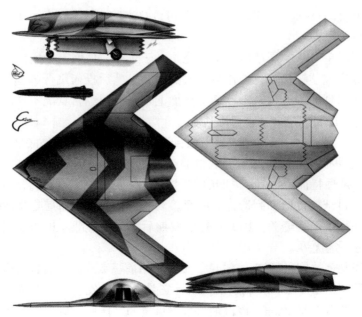

图 4-7 "鳐鱼"无人攻击机设计图

4.3.3 "猎人"-B

2009 年 8 月，在莫斯科航展期间，俄罗斯国防部首次公布了其无人作战飞机发展计划，即所谓的"猎人"项目。该计划不仅整合了苏霍伊公司与米格公司的无人作战飞机团队，还整合了各家研制察打一体无人机的公司。米格公司负责研制"鳐鱼"项目的团队与苏霍伊公司下属的无人作战飞机研制团队合并，组成无人作战飞机研制的"国家队"。在"猎人"项目中，无人作战飞机研制计划称作"猎人"-B。据俄罗斯媒体报道，2011 年 7 月 12 日，俄罗斯国防部与苏霍伊公司签订了"猎人"项目研制合同。

2011 年 8 月，米格公司负责无人机研制的下属机构与苏霍伊公司合并（请读者注意，是米格公司的"下属机构"而并非米格公司主体与苏霍伊公司整合），两家公司开始联合研制远景攻击型无人机。2012 年 4 月 1 日，俄罗斯国防部正式批准了"猎人"-B 无人作战飞机技术任务书，并且宣布苏霍伊公司为"猎人"-B 无人作战飞机项目的主研制单位，这个项目旨在为俄罗斯空军研制一型起飞重量达 20t 的无人作战飞机。2012 年 10 月 25 日，苏霍伊公司与米格公司签订了正式的无人作战飞机合作研制协议。

按照 2012 年中期制订的"猎人"-B 无人作战飞机发展计划，该项目的全机科学研究工作，也就是我国军机研制规范中的方案设计阶段工作，预计在 2016 年结束；然后转入试制和地面测试工作，即我国的工程研制阶段，2018 年开始飞行试验，2020 年开始装备部队。2013 年，俄罗斯媒体进一步证实了这一研制计划。

2018 年 6 月，在苏霍伊公司所属的新西伯利亚市奇卡洛夫飞机制造厂，"猎人"-B 重型无人作战飞机推出总装车间，并首次露面，这意味着苏霍伊设计局研制的"猎人"–B重型无人作战飞机进入到地面测试阶段。

2018年11月23日,"猎人"–B无人作战飞机完成高速滑行试验,开始进入首飞阶段。

2018年12月19日,俄罗斯国防部副部长克里沃鲁奇科向媒体证实,"猎人"–B无人作战飞机首飞准备工作进展顺利,项目达到了预期水平。

经过半年的地面滑行试验,"猎人"–B无人作战飞机于2019年完成了首飞。

2019年1月,俄罗斯开始将苏–57作为试验平台,对"猎人"–B所用的航电、通信和无人驾驶系统等进行测试;2019年8月3日,"猎人"–B完成首飞,在600m高度盘旋20min左右后降落。整个项目的开发成本约16亿卢布,预计2024年实现批产。

根据公开数据,"猎人"–B无人机采用飞翼布局,使用大量特殊材料和隐身涂层,最大起飞重量25t,翼展19m,飞行速度1400km/h。据苏霍伊设计局称,"猎人"–B可以携带6种不同类型的制导和非制导武器,包括同样用于苏–57的Kh–35U反舰导弹和Kh–59Mk2空地导弹,以及500kg的航空炸弹。配装相同武器的做法,一方面可能更便于"猎人"–B与苏–57协同作战,二是便于弹药的后勤保障和订货。俄空天军对"猎人"–B的定位是"高速和自主的无人侦察和打击系统",要求其不仅能够自主执行突防和侦察任务,还需具备有人/无人协同能力。俄空天军从2020年开始就无人机的作战使用进行体系演练。现阶段,"猎人"–B只具备对地攻击能力,作战中可凭借优异的隐身性能前出,在有人机或地面指挥/实时控制下执行对地攻击任务。未来,俄军有可能将"猎人"–B作为苏–57的"智能僚机",为"猎人"–B加装与苏–57等平台的武器协同的数据链,使其具备对空作战的能力,也可能为"猎人"–B加装雷达,增加空空武器挂载能力,实现自主空地、空空作战。

鉴于近年来俄罗斯经济形势欠佳,对该项目第一期方案设计的拨款只有16亿卢布,这大概也是"猎人"–B无人机研制进展缓慢的一个重要原因吧。

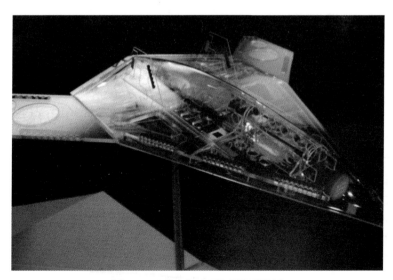

图4-8 "猎人"–B无人机透视图

据不愿透露来源的消息称，苏霍伊公司负责研制无人作战飞机的团队，同时也在进行第五代战斗机的研制。

2012年4月1日，俄罗斯国防部正式批准攻击型无人机技术任务书，并选择苏霍伊公司作为主研制单位。同时，还有不愿透露姓名的人士称，苏霍伊公司研制的攻击型无人机，同时也是第五代战斗机。

2019年初，有消息透露，阿穆尔共青城飞机制造厂生产的第三架苏-57试验机将作为"猎人"项目的空中飞行实验室，用于验证该项目的一系列系统功能，其中包括无人作战飞机的机载雷达系统、通信系统、编队作战使用等。

俄罗斯国防部原来对第四代战术型战斗机提出的要求是最大允许飞行速度为2500～2700km/h，但针对战略型无人战斗机所提出的最大飞行速度要求提高到5400km/h。第四代战术型轻型战斗机的航程为3000～4000km，第四代战略型重型战斗机的航程大约可达10000km。

当然，目前俄罗斯研制成功的第四代战斗机苏-57还远没有达到这样的指标，在飞机的气动布局、发动机、相控阵雷达、网络系统等方面还有很多关键技术需要突破。

据俄罗斯专家介绍，下一代战斗机，也就是第五代战斗机应当具有如下特征：

（1）无人操纵，苏霍伊设计局甚至曾计划研制无人驾驶版苏-57。

（2）激光炮。激光炮在飞机上的使用不存在问题，问题在于供应电源（不少于150kW）和冷却系统。

（3）航程问题。第五代战斗机的航程显著提高，其载油量必须增加，而且需要研制更加省油的发动机。

（4）作战载荷增加。波音公司公布的第五代战斗机方案，其任务载荷不低于12t，超载情况下可以达到15t。如何装载这些载荷？毕竟现在苏-57的装载能力只有10t。

4.4　关键技术突破

在无人作战飞机的总体设计方面，俄罗斯专家认为，目前各国正在演示验证的无人作战飞机都是亚声速飞机，起飞重量在10～20t，所携带任务载荷的重量在1000～2000kg之间，作战半径可达2000km，巡航飞行速度为$Ma0.8$以内。俄罗斯也不例外，米格公司和苏霍伊公司都曾研制出类似的演示验证机。

它们在机场上与常规飞机一样进行起飞和着陆。某些无人作战飞机还作为舰载机使用，可以舰载起降。

这类无人机的使用概念是这样的，它们隐蔽飞行到敌方疆域，在敌人防空系统未被压制的情况下对地面目标实施攻击，而在这种作战场景下，如果使用有人驾驶飞机，飞机被击落的风险特别高。

在气动布局方面，无人作战飞机大多采用"飞翼"布局，这种布局形式可以保证飞机的雷达隐身、红外隐身和可见光隐身，除了采用外形隐身技术外，还采用了其他综合措施以降低飞机的可探测性，即提高隐身水平，这些措施包括：

（1）武器放置在内埋弹舱里；

（2）通过各航电系统综合，减少天线数量，例如，将雷达功能和综合电子对抗设备融合在一套装置内；

（3）将飞机外表面上缝隙的数量和长度最小化，其中包括操纵面前缘与主翼面之间的缝隙、舱门和口盖的缝隙等，例如，为了保证设备维护的可达性，可通过内埋武器舱和起落架舱进入设备舱内；

（4）使用嵌入式空速管；

（5）减少雷达信号反射方向的数量，尽最大可能使机翼、操纵面、进气道、喷管和口盖的各边保持平行，机翼前缘削尖；

（6）进气道和尾喷管采用特殊的构型，例如，采用 S 弯进气道，排除直接探测到压气机和发动机涡轮的可能性；

（7）使用雷达吸波涂层和材料；

（8）在确定无人作战飞机的主要设计参数时，其约束条件与同类有人驾驶飞机一样；

（9）由于无人作战飞机使用了"飞翼"布局，而采用这种布局形式的飞机的配平很复杂，因此，不允许其升力系数过大（1.0 ～ 1.2）。无人作战飞机的起飞翼载受到失速速度、进场着陆速度的限制，因此，翼载值为 1800 ～ 2300N/m^2；

（10）无人作战飞机的起飞推重比在 180 ～ 230 之间；

（11）长期储存技术；

（12）无人机编队作战技术，其中包括有人机与无人机协同编队作战。

由于下一代战斗机很有可能采用有人／无人驾驶可选方案，因此，有人战斗机的一些特征也将体现在无人作战飞机上。例如，为了完善下一代战斗机的性能，需要在如下几个方面有所突破：

（1）新的机载航电设备；

（2）新的计算机技术和信息技术；

（3）隐身技术，它应当可以显著降低飞机对于各种波段的雷达、红外和可见光的可探测性；

（4）具备二元推力矢量控制的新一代发动机，其油耗进一步降低，尾喷管排出的气体温度也进一步降低；

（5）攻击精度更高、智能化水平更高的下一代精确制导武器，可以在飞机动态飞行状态下进行发射；

（6）新的气动布局形式，使飞机达到更高的飞行技术水平，能够在大迎角状态下飞行，隐身性能也更好。

目前，无论是俄罗斯国内还是国外，都在积极进行气动布局方面的科学技术储备，并且取得了成果。初步研究结果证明，下一代飞机的气动布局特点如下：

（1）翼身高度融合、机体扁平式布局，飞机布局之所以这样优化，是为了保证飞机具有良好的隐身特性（低可探测性），同时减少机身对航向产生的不稳定影响；

（2）采用小展弦比机翼，但具有较高的升阻比，主要途径是降低摩擦阻力，并使机身横截面面积形状和沿机身长度分布更合理；

（3）飞机气动控制系统和飞机的配平实现混合控制；

（4）降低飞机各系统的重量，具体措施包括：优化舵机需求功率和操纵面的数量，减小纵向的静不稳定度；

（5）主要武器配置方案采用内埋形式。

为了提高机动作战飞机的重量完善性水平，应当采用如下方法：

（1）利用先进的计算方法进行飞机结构受力布局的优化；

（2）向更加融合的布局跨越，新布局机体各翼面应当具有更好的气动力和重力分布；

（3）飞机机体各零部件应采用新加工工艺和连接方法；

（4）扩大新材料的使用范围，即扩大复合材料、轻质铝锂合金和钛合金等的应用；

（5）降低机载航电设备的重量；

（6）降低动力装置的重量。

第5章 中国无人作战飞机的发展

5.1 国内无人作战飞机发展概述

我国军用无人机的研究起步很早。20世纪50年代末，由于苏联取消援助、撤离专家，中国空军试验用的拉-17无人靶机严重缺失，我国当时就下决心搞自己的无人靶机，从而催生了"长空一号"（CK-1）高速无人靶机。1966年12月6日，"长空一号"首飞成功。至1988年，"长空一号"及其系列改进型在我国空空武器试验、核武器试验取样等任务中都发挥了重要作用。在随后十多年里，我国先后研制出"长虹"高空高速无人侦察机、T-6通用型无人机、Z-5系列无人侦察机、ASN系列无人机等。其中数十种靶机和侦察型无人机，已批量生产并装备部队。

我国无人作战飞机的发展几乎与世界同步。2000年3月，原中国航空工业第一集团公司组织有关专家召开无人作战平台论证研讨会，并组建了无人作战飞机平台论证组。

在随后的"十五"到"十三五"规划期间，我国开展了多项无人作战飞机专题论证，以及无人作战飞机演示验证项目，并取得了丰硕成果。

5.2 "翼龙"系列无人机

"翼龙"系列无人机是中空、长航时、察打一体多用途无人机，可执行战场情报获取、监视、侦察、反恐监视、实时打击或非致命震慑、边境巡逻、缉毒和反走私等任务，代表了目前我国无人攻击机研制的最高水平。"翼龙"无人机完全是基于国内任务需求和技术基础进行自主研发的，其成功离不开中国自主控制技术的发展。中国自主研制的"翼龙"系列包括"翼龙"-1、"翼龙"-1D和"翼龙"-2无人机等。经过多年的发展，"翼龙"已经衍生并形成了"翼龙"无人机家族。"翼龙"系列无人机具有智能化程度高、总体性能卓越、用途广泛等技术特点，在军用和民用领域都发挥了重要作用。"翼龙"系列无人机目前已经交付多个国家，交付数量超过100架。凭借中国航空工业强大的科研生产能力，"翼龙"在国际市场上好评如潮。

5.2.1 "翼龙"-1

"翼龙"-1无人机是中国第一种察打一体多用途无人机系统，具有多功能、高可

图 5-1 "翼龙"系列无人机

图 5-2 珠海航展上的国产"翼龙"-1 无人机

靠性、适应性好以及使用维护方便等特点，可根据用户需求定制任务载荷执行光电侦察、雷达侦察、电子干扰和对地打击等作战任务。该系统于 2005 年开始研制，2007 年首飞，2010 年开始批量生产并交付用户，2012 年完成设计鉴定。

"翼龙"-1 无人机系统的标准配置由 4 架无人机、1 套地面控制站、1 套地面保障系统和若干配套任务载荷组成。飞机高 2.7m、长 9m、翼展 14m，最大任务载荷200kg，最大飞行速度 280km/h，续航时间约为 20h，并热销国内外市场。"翼龙"-1无人机是中低空军民两用、长航时、多用途无人机，装一台 100hp[①] 活塞式发动机，

---

① 1 ［英］hp ≈ 745.7W。

具备全自主轮式起降和飞行能力，可携带各种侦察、激光照射 / 测距、电子对抗设备及小型空地打击武器，可执行监视、侦察及对地攻击等任务，也可用于维稳、反恐、边界巡逻等。此外，"翼龙"无人机也可广泛应用于民用和科学研究等领域，如灾情监视、缉毒走私、环境保护、大气研究，以及地质勘探、气象观测、大地测量、农药喷洒和森林防火等。

"翼龙"-1 无人机为正常式气动布局，V 形尾翼，尾翼设有方向 / 升降舵，机翼为大展弦比中单翼，机身尾部装有一台活塞式发动机，采用前三点式起落架，具有收放和刹车功能，天线罩采用透波复合材料，机体结构选用铝合金材料。

5.2.2　"翼龙"-2

作为"翼龙"家族的新成员，"翼龙"-2 体型更大，战斗力更强，载弹量达480kg。同时，与之前"翼龙"家族使用的活塞式发动机相比，"翼龙"-2 搭载了更先进的涡桨 -9A 发动机，动力更强的发动机系统使得"翼龙"-2 的机体可以设计得更大，携带更多先进的设备，并有条件挂载更多的弹药。

图 5-3　"翼龙"-2 无人机性能展示

"翼龙"-2 无人机高 4.1m、长 11m、翼展 20.5m，最大飞行速度 370km/h，最大飞行高度 9000m，任务续航时间 20h，最大起飞重量为 4200kg，最大外挂重量480kg，数据链最大使用半径为 200km。它的机体结构、气动布局和机载设备与前一代相比都得到优化，平台飞行性能由于使用大功率涡轮螺旋桨发动机而提升，武器挂载能力以及数据传输与控制能力也有所提高，对于复杂的任务环境和任务需求的适应性更强。

"翼龙"-2 采用正常式气动布局，大展弦比中单翼，V 形尾翼，机翼带襟翼和襟副翼，尾翼设有方向 / 升降舵。其展弦比较大，升力较大，诱导阻力较小，巡航升阻比较大。"翼龙"-2 具备全自主轮式起降和飞行能力，可携带各种激光照射 / 测距、侦察、电子对抗等各种设备，也能携带攻击型武器，可执行的任务包括监视、侦察及对地攻击等。

在外形上，"翼龙"-2的机身折角都做了隐身处理，而且机头的设计也更加隐身化。"翼龙"-2的机翼增加了两个翼梢小翼，可增大航程、增加升力。由于"翼龙"-2无人机的性能更好，平台更大，动力更强劲，因此在打击能力、平台性能、侦察能力等方面都有了全面的提升；同时，由于能够携带更多的载荷，因此它还能集成光电吊舱和合成孔径雷达；此外，由于承载能力得到提升，武器挂点更多，因此挂载能力也更强。值得注意的是，"翼龙"-2无人机系统可以实现"一站控两机"，即一个地面站控制两架飞机，再加上飞机控制能力和信息传输能力的全面提升，进而可以实现飞机的空中协同作战。

5.3 "彩虹"系列无人机

"彩虹"无人机（英文"CH"）自1999年开始研制，目前公开的"彩虹"无人机产品包括12型常规类型无人机以及三种概念无人机，全系产品覆盖起飞重量0.58 ~ 4500kg、飞行高度5 ~ 20000m。"彩虹"无人机可执行长航时飞行、全天候/全天时作战、侦察/情报/打击等各种军事任务，具备高出勤率、多装载配置等特点。

"彩虹"系列无人机包括小型超近程无人机系统，如"彩虹"-801和"彩虹"-802等，在国内军用市场占据重要地位；中近程无人机系统，如"彩虹"-1、"彩虹"-2和"彩虹"-3等，形成军贸批量出口规模；中高空长航时无人机系统，如"彩虹"-4和"彩虹"-5等，具备察打一体能力，综合作战效能领先于国内外同类型产品；同时在临近空间长驻留无人机、极低空高速无人机和新概念无人机等多个技术发展领域也具有专业优势。其中，"彩虹"-1和"彩虹"-2无人机属于小型战术平台。"彩虹"-3无人机是侦察攻击一体化系统，适用于侦察和对地面固定和移动目标进行精确打击。"彩虹"-4无人机是中空长航时侦察打击一体化系统，可对地面和海上目标进行侦察和打击。"彩虹"-5无人机是一种多用途的大型中空长航时无人机，具有重油动力、载重大、航时长、航程远等巨大优势，其可靠性、安全性大幅提升。

"彩虹"系列无人机已形成了低、中、高空和临近空间相结合，低、高、超声速兼备，大、中、小型相匹配的无人机产品型谱，为国内外多个用户提供了体系化空中智能无人系统解决方案。在森林防火、航空物探、应急测绘、海洋保护、应急通信、管道巡线、三维测绘等多个民用市场领域实现规模化应用。

5.3.1 "彩虹"-3

5.3.1.1 基本情况

"彩虹"-3（CH-3）属于中程侦察/攻击战术无人机系统，目前有"彩虹"-3和

"彩虹"-3A 两种型号，可自主起飞和着陆，机动性高，任务载荷能力强，留空时间长，能在复杂地区执行自主超低空任务。

图 5-4　"彩虹"-3 多用途无人机

5.3.1.2　技术特点

（1）机身

"彩虹"-3 无人机（"彩虹"-3 和"彩虹"-3A 两种型号的起飞重量、有效载荷重量以及性能值不同）的机头两侧各有一个鸭式前翼（每个前翼都有一个嵌入式升力面 / 舵面），还具有可伸缩前轮、固定式主起落架以及一台驱动三叶推进式螺旋桨的尾部发动机。同时，该无人机机翼还具有呈弯曲状的内侧段、端板式垂尾和方向舵，并具有两个翼下外挂架。

（2）制导和控制

"彩虹"-3 无人机使用车载地面控制站控制，具备自动起飞和降落功能以及自主飞行管理系统。

（3）系统构成

"彩虹"-3 无人机系统包括 3 架无人机、1 个车载地面控制站和 1 个车载支持设备模块。

（4）发射与回收

"彩虹"-3 无人机采用常规的轮式起降方式。

（5）动力装置

"彩虹"-3 无人机采用 1 台尾部活塞式发动机，飞机由三叶推进式螺旋桨驱动。

5.3.2　"彩虹"-4

5.3.2.1　基本情况

"彩虹"-4（CH-4）属于中空长航时多用途无人机，挂载能力强、航时长、自动化程度高、部署快速灵活、操作简单方便，适用于侦察监视、精确目标定位 / 指示、电子战、通信中继、信号情报（SIGINT）收集、作战管理、数字测绘和打击，还可应用于森林防火、海洋监测、海事监管、应急测绘等民用领域。

图 5-5 "彩虹"-4 多用途无人机

"彩虹"-4 无人机目前有"彩虹"-4A、"彩虹"-4B 和"彩虹"-4C 三种型号。其中，"彩虹"-4A 是"彩虹"-4 多用途中空长航时无人机的基础型，主要用于情报、监视和侦察。"彩虹"-4B 的外形和结构与"彩虹"-4A 一样，但能够携带比基础型更多的作战任务载荷，因此可以把"彩虹"-4B 看作"彩虹"-4A 的改进型，其载重量更大。"彩虹"-4C 是"彩虹"-4B 的改进型，改进内容包括提高承载能力、增加发电量以及更新数据处理和电子架构，以便能够携带更多的有效载荷。新的架构还便于使用第三方设备。"彩虹"-4C 的飞行控制系统和总体制造质量也得到了提升，以提高在恶劣天气条件下的可操作性。

5.3.2.2 技术特点

（1）机身

"彩虹"-4 的机身横截面类似于一个底部略圆的圆顶，具有前三点式起落架（其中"彩虹"-4B 的起落架可收放）、中单翼、V 形尾翼和驱动推进式螺旋桨的尾部发动机。

（2）任务载荷

"彩虹"-4 无人机有效载荷的特点是模块化，包括光电 / 红外成像仪、SAR、电子支援子系统、电子对抗和自卫干扰装置、激光测距和照明设备、通信中继设备。其中，"彩虹"-4B 无人机的任务载荷还包括空地导弹和精确制导弹药。

（3）制导和控制

"彩虹"-3、"彩虹"-4 和"彩虹"-5 无人机共享一个可互操作的通用数据链。三型飞机能够在同一空域内作战，每型飞机承担不同的任务。

（4）系统构成

"彩虹"-4 无人机系统包括无人机（机身、动力装置和航电设备）、遥测 / 遥控和有效载荷装置，以及综合后勤（服务设备 / 工具、1 台飞行模拟器和地面保障设备）子系统。

（5）发射和回收

"彩虹"-4 无人机采用常规的轮式起降方式。

（6）动力装置

"彩虹"-4A 无人机采用 1 台 85kW 的四缸四冲程活塞式发动机，驱动三叶推进式螺旋桨。

图 5-6　2018 年 5 月约旦国际防务展（SOFEX）上展出的"彩虹"-4B 无人机

5.3.3　"彩虹"-5

"彩虹"-5（CH-5）属于中空长航时多用途无人机，2015 年 8 月首飞成功，该型无人机飞行高度高、载荷能力强、航程大，高原短距起降能力强，可靠性、出勤率高，能够在低空到中空高度执行战术侦察和对地打击任务，可用于全天时侦察监视、目标精确定位、边海防巡逻、打击毁伤效果评估及对时敏目标攻击等。

"彩虹"-5 无人机的重大事件包括：

（1）2016 年 11 月珠海航展期间，"彩虹"-5 挂载了 45kg 级"射手"-1（AR-1）近程半主动激光制导导弹和 20kg 级"射手"-2（AR-2）半主动激光制导反坦克导弹。1 枚 50kg 的"飞腾"-9（FT-9）精确制导炸弹也进行了展示。"彩虹"-5 将与"彩虹"-3 进行高低搭配，以实现多图像监视、瞄准和动能杀伤。

（2）2017 年 7 月，"彩虹"-5 的批生产样机进行了首飞，并演示了机动性能。

图 5-7　2016 年 11 月珠海航展期间展出的"彩虹"–5 多用途无人机

图 5-8　一架挂载 4 枚 AR–1 和 4 枚 AR–2 空地导弹的"彩虹"–5 无人机特写

第6章　无人作战飞机武器火控系统

无人作战飞机武器火控系统主要由具有武器悬挂运载、火控解算、悬挂物管理等功能的分系统 / 设备与机载武器等组成，主要在飞机其他系统的支持下完成对敌方空中、地面、水面（下）各种目标的精确火力打击与毁伤，具有快速、安全、高效、可靠等特征和自动化、智能化等技术特点。随着技术的发展和作战态势的演变，为适应未来战争复杂战场环境和快速高效的精确打击需求，武器火控系统已逐步发展成综合化程度更高、处理能力更强的综合化任务系统，成为无人作战飞机最重要的机载系统之一。

6.1　无人作战飞机武器系统

6.1.1　武器配挂方案

6.1.1.1　"捕食者"系列

6.1.1.1.1　作战使命

图 6-1　"捕食者"B 察打一体无人机

美国是世界上最早装备和使用 MQ 系列察打一体无人机的国家。据美国空军官网介绍，MQ 中的"M"是多用途的代号，"Q"指遥控飞行器系统，"捕食者"系列无人机是世界上最早、最经典的察打一体无人机，见图6-1。美国空军描述"捕食者"为"中海拔、长时程"无人机系统，一个典型的"捕食者"作战系统包括4架无人机，一个地面控制系统和一个"特洛伊精神"Ⅱ数据分发系统。美国空军中央司令部赋予"捕食者"系列无人机的任务使命是"发挥多用途能力，包括执行周密计划的攻击、武装掩护和近距空中支援任务，还有情报、监视和侦察任务——全都在一次行动中完成"。

6.1.1.1.2　作战使用方式

"捕食者"系列无人机通过与机载合成孔径雷达的信息交互进行瞄准，首先利用通信情报识别出发射信息，为雷达提供交互提示，引导雷达在数分钟内生成可用于瞄准的精确坐标，然后进入武器发射流程。美国对伊朗伊斯兰革命卫队特种部队"圣城旅"最高指挥官卡西姆·苏莱曼尼少将采取的斩首行动，正是利用该系列无人机 MQ-9 携带 AGM-114"海尔法"激光制导炸弹成功实施的。

表6-1　美国 MQ 系列察打一体无人机的主要武器配置方案

序号	型号	配挂武器类型	配挂武器数量	攻击方式及特点
1	MQ-1B	AGM-114"海尔法"导弹	2枚	聚能破甲型重型反坦克导弹
		AGM-114R"海尔法"Ⅱ激光制导导弹	2枚	聚能破甲型重型反坦克导弹
		AIM-92"毒刺"	2枚	
		SDB		小直径精确制导炸弹
2	MQ-9	AGM-114"海尔法"导弹	14枚；4枚 AGM-114 与 2枚 GBU-12 混挂	聚能破甲型重型反坦克导弹
		AGM-114R"海尔法"Ⅱ激光制导导弹	—	聚能破甲型重型反坦克导弹
		GBU-12"宝石路"激光制导炸弹	4枚；2枚 GBU-12 与 2枚 AGM-114 混挂	低成本激光制导炸弹
		GBU-38 JDAM 炸弹	4枚	低成本卫星制导炸弹
		SDB	10枚	小直径精确制导炸弹
3	MQ-1C	AGM-114"海尔法"导弹	4枚	聚能破甲型重型反坦克导弹
		AGM-114R"海尔法"Ⅱ激光制导导弹	4枚	聚能破甲型重型反坦克导弹
		GBU-44/B"蝰蛇打击"精确制导炸弹		低成本激光制导炸弹

6.1.1.1.3　武器配置方案

在现代精确制导弹药（也称"灵巧弹药"）出现之前，飞机通过两种方式打击地面的军事目标。第一种方式是在高空投放弹药。受敌方高炮射高的影响，飞机一般在5km 以上的高空投放弹药。在这种模式下，由于弹药的命中率很低，所以飞机在执行任务时不得不携带很多弹药。第二种是利用轰炸机低空轰炸或扫射。这种模式需要攻击飞机具有非常高的机动性，否则遭受敌方高炮或小口径武器威胁的可能性非常大。

现代制导弹药与轻型目标指示器的出现，带来了作战方式的变革。飞机不必携带更多的弹药，在 5km 以上高空就可以精确投送弹药，而不用冒着被敌人高炮击落的危险。

"捕食者"系列无人机在使用制导炸弹时，首先利用卫星、无人机侦察以及人工情报网络等方式，获取有关袭击目标的准确情报信息，然后利用数据库系统进行精准分析，从而获取目标的位置信息。之后利用作战信息处理系统进行信息筛选以获取有用信息，得出袭击目标的准确行动轨迹，从而完成一击致命。MQ-1B 同时具备情报收集、动态目标打击的能力，还可执行近距空中支援、战斗搜救、精确打击、护航 / 袭击掩护、航路清理、目标指示和末端空中引导任务。MQ-9 具有更大的体型，有能力同时挂载"海尔法"导弹和"宝石路"制导炸弹，可对地面目标进行打击。新一代的 AGM-114R"海尔法"Ⅱ能自动锁定目标或由远程激光指示器标定，从而实现从侧面和后面攻击目标，它的高速、多功能弹头，能摧毁坚硬、柔软和封闭的目标，使"捕食者"系列无人机具备出众的攻击能力。表 6-1 描述了美国 MQ 系列察打一体无人机的武器配置情况。

6.1.1.2　"雷神"

6.1.1.2.1　作战使命

"雷神"无人机项目首先由英国国防部提出，BAE 系统公司负责牵头研制，它是一种先进的察打一体无人机，参见图 6-2。BAE 系统公司一再强调未来无人作战飞机应具有洲际间航程和出色的续航能力。"雷神"验证机重视隐身性能，前机身采用菱形

图 6-2　"雷神"无人作战飞机

截面，自然流畅地过渡到后机身的扁平截面，能在保障气动性能的前提下满足降低飞机可探测性的要求。三角形进气口可有效保证动力装置所需的空气流量，海狸尾式的排气装置将发动机的尾喷管完全包裹在机体内，能够减小雷达与红外信号。

6.1.1.2.2　作战使用方式

官方并未给出"雷神"无人机的武器配挂方案，但据国外媒体透露，该无人机可以挂载"海尔法"反坦克导弹、"宝石路"激光制导炸弹以及2000lb"杰达姆"（JADM）炸弹等。由于"雷神"无人机有高隐身、长航时、洲际间航程等特性，因此可在超远距离携带"海尔法"反坦克导弹、"宝石路"激光制导炸弹或2000lb的"杰达姆"炸弹等武器实现隐身突防及对敌方指挥所、雷达等重要目标进行毁伤。

6.1.1.2.3　武器配置方案

"海尔法"的最大特点是采用了模块化设计，可以"一弹多头，一弹多用"。通过更换不同的导引头或战斗部等部件，"海尔法"已经形成了一个系列，可以攻击坦克、装甲车辆和各种加固建筑目标等。"宝石路"系列激光制导炸弹是美国于20世纪60年代中期，在Mk80系列普通标准炸弹基础上加装激光制导系统和弹翼而成的一种低成本精确制导武器，编号为GBU，已发展出三代，是美国空军对地攻击的重要武器，也是世界上生产数量最大的机载精确制导炸弹。普通航空炸弹具有结构简单、价格便宜、使用方便的特点，比"海尔法"威力更大，可以有效攻击各种地面和水面的大型目标。

"雷神"无人机配有2个内埋弹舱，可能的挂装方式见表6-2所示。

表6-2　"雷神"无人机的武器配置方案

武器种类	武器类型	挂载数量	攻击方式及特点
"海尔法"反坦克导弹	反坦克导弹	4枚	以坦克、装甲车辆和各种加固建筑为目标的半主动激光制导导弹
"宝石路"激光制导炸弹	激光制导炸弹	2枚	低成本精确制导武器，能准确地攻击各种地面和水面目标
2000lb普通航空炸弹	普通航空炸弹	2枚	低成本普通航空炸弹，战斗部威力更大，可有效攻击各种地面和水面大型目标

6.1.1.3　X-47B

6.1.1.3.1　作战使命

X-47B无人作战飞机系统原是美国国防预先研究计划局和诺斯罗普-格鲁门公司合作为J-UCAS计划研发的项目。在正式赢得美国海军的舰载验证无人作战飞机项目后，该系统引起了全世界的普遍关注。X-47B是舰载起降的无尾飞翼布局自主作战飞机，主要用于渗透式突袭、远程打击、压制防空系统、电子情报搜集、战场侦察与监视、隐身突防、近距空中支援以及持续作战等，见图6-3。

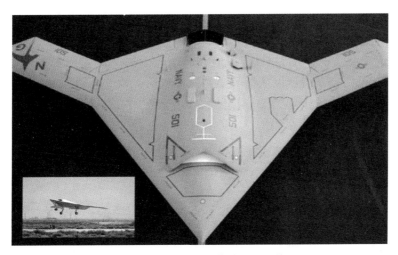

图 6-3　X-47B 无人作战飞机系统

6.1.1.3.2　作战使用方式

X-47B 可挂载精确制导炸弹、反辐射导弹、先进防空系统压制武器等多种武器载荷，载重量约为 2t，见图 6-4。其中，典型的 JDAM 制导炸弹的射程为8 ~ 27km，采用 INS/GPS 制导，精度达到 8 ~ 12m，战斗部装药 200 ~ 400kg，主要用于摧毁地下掩体内的目标，一次可攻击两个目标；小直径炸弹（SDB）的质量为 113kg，射程为 74 ~ 120km，采用 INS/GPS 制导方式，精度达到10m 左右，战斗部装药 23kg，可摧毁导弹发射车，一次可攻击 12 个目标；先进防空系统压制武器主要用于摧毁地面防空系统的雷达，一次可攻击 4 个目标。根据美国海军的最新要求，未来 X-47 的最大起飞重量将达到 70000 ~ 80000lb，接近 F-22的最大起飞重量，载荷能力将大大提高。

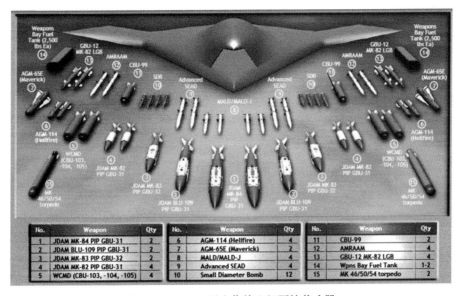

No.	Weapon	Qty	No.	Weapon	Qty	No.	Weapon	Qty
1	JDAM MK-84 PIP GBU-31	2	6	AGM-114 (Hellfire)	4	11	CBU-99	2
2	JDAM BLU-109 PIP GBU-31	2	7	AGM-65E (Maverick)	2	12	AMRAAM	2
3	JDAM MK-83 PIP GBU-32	2	8	MALD/MALD-J	4	13	GBU-12 MK-82 LGB	4
4	JDAM MK-82 PIP GBU-31	4	9	Advanced SEAD	4	14	Wpns Bay Fuel Tank	1-2
5	WCMD (CBU-103, -104, -105)	4	10	Small Diameter Bomb	12	15	MK 46/50/54 torpedo	2

图 6-4　X-47B 无人作战飞机预挂载武器

6.1.1.3.3 武器配置方案

X-47B 能够搭载光电 / 红外传感器、合成孔径雷达、地面动目标指示器、AN/ALR-69 电子支援设备和 Ku、Ka 波段的 Link 16 数据链；可挂载精确制导炸弹、反辐射导弹、先进防空系统压制武器等多种武器载荷，载重量约为 2t。未来能够装备 GPS 制导的联合直接攻击弹药及颠覆性武器（激光武器 / 高功率微波武器）等。表 6-3 描述了 X-47B 的武器配置情况。

表 6-3 X-47B 的武器配置方案

序号	配挂武器类型	配挂武器数量	攻击方式及特点
1	GBU-31	2	恶劣气象条件下可使用的精确制导炸弹
2	BLU-109	2	恶劣气象条件下可使用的精确制导炸弹
3	GBU-32	2	具备昼夜、全天候、防区外、投放后不管、多目标攻击能力
4	GBU-38	4	恶劣气象条件下可使用的精确制导炸弹
5	WCMD（CBU-103/104/105）	4	自主、全天候、全高度的战术集束炸弹
6	AGM-114 "海尔法"	4	聚能破甲型重型反坦克导弹
7	AGM-65E "幼畜"	2	可抑制背景干扰、可靠识别目标的空地导弹
8	MALD/MALD-J	4	可精确干扰、空中突防的消耗型空射飞行器
9	先进防空系统压制武器	4	摧毁地面防空系统雷达的武器
10	SDB	12	小直径精确制导炸弹
11	CBU-99	2	无动力、顶部攻击、能进行大范围杀伤的集束炸弹
12	AIM-120	4	全天候、全向攻击的主动雷达制导空空导弹
13	GBU-12	4	激光制导炸弹
14	Mk 46 /50 /54	2	反潜鱼雷

6.1.1.4 "神经元"

6.1.1.4.1 作战使命

"神经元"无人作战飞机是由法国领导，瑞典、意大利、西班牙、希腊和瑞士其他 5 个欧洲国家共同参与研制的一种无人作战飞机，参见图 6-5。该项目主要是为了保持欧洲在航空领域的技术优势，共享技术和资源，从而保证欧洲在无人机领域的自主权。

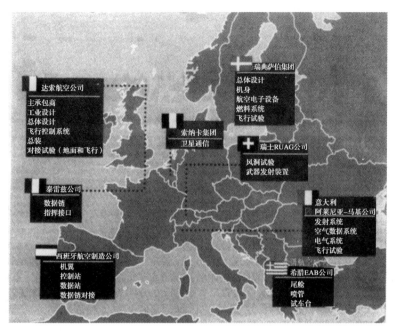

图 6-5　参与"神经元"无人作战飞机项目的欧洲公司

6.1.1.4.2　作战使用方式

"神经元"无人机总长约为 9.2m，翼展约 12.5m，最大起飞重量 7t，最大飞行速度 $Ma0.8$，最大续航时间 3h，见图 6-6。

图 6-6　"神经元"无人作战飞机

"神经元"综合运用了自动容错、神经网络、人工智能等先进技术，具有自动捕获和自主识别目标的能力。此外，该无人机还解决了编队控制、信息融合、无人机之间的数据通信以及战术决策与火力协同等问题。在攻击方面，能自动向地面指挥控制站发送武器投放申请，获批准后能以隐身模式自动投射弹药，也可以使用精确制导弹药自主进行对地攻击，或由指挥机控制其飞行或作战，如一架法国"阵风"战斗机可以同时指挥 4 ~ 5 架"神经元"无人机，在有人机前方进行侦察或攻击，见图 6-7。

图 6-7 "神经元"无人机（右）与"阵风"战斗机（左）编队飞行

6.1.1.4.3 武器配置方案

在搭载武器方面，"神经元"有两个内部武器舱，武器挂载量超过 400kg，内置弹舱可挂载 250 ~ 500kg 的激光制导炸弹，也可挂载 2 ~ 4 枚 AIM-132 空空导弹。"神经元"无人作战飞机的武器配置见表 6-4。

表 6-4　"神经元"无人作战飞机的武器配置方案

序号	配挂武器类型	配挂武器数量	攻击方式及特点
1	激光制导炸弹	2 枚	自动捕获、自动识别、自动攻击，有人 / 无人协同作战
2	AIM-132 空空导弹	2 ~ 4 枚	自动捕获、自动识别、自动攻击，有人 / 无人协同作战

"神经元"无人机配备的激光制导炸弹是利用激光技术获得引导信息自动导向目标的滑翔式航空炸弹，具有命中精度高、抗电磁干扰能力强等特点，是一种低成本的精确制导武器，可以从有限防空区外投掷，准确地攻击各种地面和水面目标。

"神经元"无人机配备的 AIM-132 空空导弹是一种先进的近距空空导弹，采用捷联式惯性导航制导加末端红外制导。此种复合制导技术可增大导弹的发射距离，保证载机安全，而采用红外成像导引头，可以对目标实施全向攻击，导弹重量轻、机动过载大、最小射程小，可以对近距离空中目标进行有效打击。

"神经元"无人作战飞机验证机的武器舱见图 6-8。

图 6-8　"神经元"无人作战飞机验证机的武器舱

6.1.1.5　"女武神"

6.1.1.5.1　作战使命

　　"女武神"（见图 6-9）由美国克拉托斯公司研发，是美国空军"忠诚僚机"项目（研发一种低成本无人战机，可当作 F-22 或 F-35 的"分身"辅助作战）的验证机之一。"女武神"能携带多枚 JDAM 精确制导炸弹。作为一款新型无人作战飞机，其性能卓越，能以亚声速飞行，重量小，成本低，与"捕食者"无人机相当，但效能差别巨大。

图 6-9　作为忠诚僚机的"女武神"无人作战飞机

6.1.1.5.2　作战使用方式

　　不同于以往的无人攻击机，XQ-58A 作为 F-35 战机的僚机，具备一定的智能化特征，能够在一定程度上进行自主打击，包括空对空打击。XQ-58A 主要负责与有人作战飞机协同完成打击任务，通过有人战机的指挥，进入敌防空火力区完成打击与

火力压制，配合有人飞机完成精确打击。

"女武神"将转为"空中博格人"原型机计划，配备全新的传感器和作战装备，并与有人战斗机联网。报道称，"女武神"于 2019 年 3 月 5 日在美国亚利桑那州尤马试验场进行了首次试飞，设计目的是像有人战斗机一样进行机动飞行并执行任务。它可以以高亚声速飞行，并且起飞不用跑道。美国空军需要一种具备自主性、可消耗、具有开放式系统、可以使用新的人工智能软件或硬件进行更新的无人作战平台，它还应该能探测和避开障碍物和恶劣天气，以及进行自主起飞和着陆。

6.1.1.5.3　武器配置方案

表 6-5 描述了"女武神"的武器配置情况。小直径炸弹（SDB）用于攻击指挥控制中心、防空设施、飞机跑道、导弹阵地、火炮阵地等多种目标，具备高精度、点杀伤能力，具有小尺寸、大威力、多挂载的特点，是美军重点发展的精确制导武器之一，也是美国空军全球打击部队的重要机载武器。激光制导炸弹作为一种空地精确制导武器，具有命中精度高、威力大和使用方便等优点，成为现代战机对地攻击的重要武器之一。采用激光半主动制导，炸弹在飞行过程中激光导引头通过接收目标反射的激光回波信号形成误差信号引导炸弹命中目标，共有地面支援照射、本机照射、他机协同照射三种工作模式。JDAM 是由波音公司为美国海军和空军联合开发的一种精确制导炸弹，将本来自由落体的传统航空炸弹转变为可控并能在恶劣气象条件下使用的精确制导武器。弹药的制导功能是由炸弹尾翼控制附件以及全球定位系统或惯性导航系统提供。

表 6-5　"女武神"的武器配置方案

序号	配挂武器类型	配挂武器数量	攻击方式及特点
1	小直径炸弹（SDB）	多枚	
2	GBU-24/28 激光制导炸弹	多枚	激光制导攻击
3	GBU-12 "宝石路"激光制导炸弹	多枚	激光制导攻击
4	GBU-31/32/38/54 JDAM	多枚	GPS+惯性制导攻击

6.1.2　主要机载武器

6.1.2.1　"海尔法"系列导弹

"海尔法"导弹的基本型 AGM-114A 最早于 1970 年由洛克希德 - 马丁公司研制，是美国陆军现役的重型反坦克导弹，见图 6-10。该导弹于 1982 年投产，主要用于远距离攻击主战坦克和各种装甲车辆，也可用于攻击诸如堡垒、工事和建筑物等地面坚固目标，必要时还可用于攻击直升机和水面目标。导弹动力装置为单级无烟火箭发动机，可使导弹在发射 3s 后速度超过 $Ma1$。导弹采用半主动激光制导，制导系统由激光导引头、自动驾驶仪和作动系统组成。可使用"海尔法"系列导弹的平台包括：AH-64"阿帕奇"、OH-58D"基奥瓦勇士"、AH-1W"超级眼镜蛇"、SH-60"黑鹰"直升机，"雷神"、X-47B 等无人机。

图 6-10　AGM-114"海尔法"导弹

"海尔法"已经形成了包括 A、B、C、F、K、L、M、N、R 等多种型号在内的系列，使其具有了对付战场上各类目标的能力。据悉，美军不久前首次在阿富汗使用 AGM-114R9X 导弹，用于"定点清除"。由于这种导弹主要使用动能刀片而非传统炸药杀伤目标，因此美军内部对其的非官方绰号为"忍者导弹"，见图 6-11。

图 6-11　"忍者导弹"

"海尔法"系列部分型号的技术指标如表6-6所示。

表6-6 "海尔法"系列部分型号的技术指标

项目	AGM-114A	AGM-114K	AGM-114L	AGM-114M
最大射程 /km	8	9	8	8
最大速度 /(m/s)	475	475	475	475
弹长 /m	1.778	1.63	1.76	1.63
弹径 /mm	178	接近 AGM-114A	接近 AGM-114A	接近 AGM-114A
翼展 /mm	330	接近 AGM-114A	接近 AGM-114A	接近 AGM-114A
发射质量 /kg	45.7	45.4	49	48.2
动力装置	固体火箭发动机	固体火箭发动机	固体火箭发动机	固体火箭发动机
制导方式	激光半主动、毫米波	激光半主动、毫米波	雷达、毫米波	激光半主动、毫米波
战斗部	8kg 高爆破片	9kg 高爆破片	9kg 串联破甲	爆炸、碎片、燃烧

最新披露的AGM-114R9X"忍者导弹"并未搭载传统破甲弹头，命中目标后不会爆炸，取而代之的是在弹体中部设有一个特殊载荷——由6个折叠式钛合金刀刃组成的环形"刀片阵"，在导弹命中目标前几秒，环形刀片阵会自动弹出（扩大杀伤范围）弹体，之后以$Ma1.3$直接命中"定点清除"对象所在的车辆或建筑，确保一击致命，见图6-12。

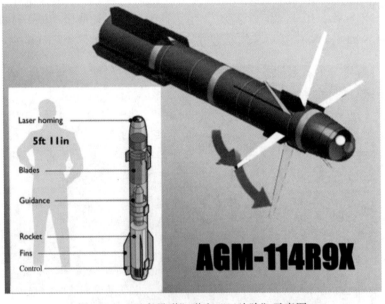

图6-12 "忍者导弹"弹出"刀片阵"示意图

6.1.2.2 "幼畜"空地导弹

AGM-65"幼畜"导弹是美国雷神公司为空军、海军及海军陆战队研制的空地导弹，主要用来攻击坦克、装甲车、导弹发射场、炮兵阵地、钢筋混凝土掩体、工事等硬目标，也可攻击小型舰船，见图 6-13。该导弹于 20 世纪 60 年代中期开始研制，1971 年生产，现有 A、B、C、D、E、F、G 等多种型号。"幼畜"空地导弹使用的红外成像制导技术可以直接获取目标外形或基本结构等丰富的目标信息，能抑制背景干扰、可靠识别目标，并在不断接近目标的过程中区分目标要害部位，具有较高的分辨率。

图 6-13　红外成像制导型"幼畜"导弹

可使用"幼畜"导弹的平台包括：F/A-18C/D"大黄蜂"、F/A-18E/F"超级大黄蜂"、F-5、F-16、A-6、A-7E、A-10C、AV-8B"鹞"式战斗机，"海妖"直升机，X-47B 无人机等。

AGM-65 导弹的弹体为圆柱形，各种型号的气动布局相同，使用同一种弹体结构、自动驾驶仪和控制系统，导弹长约 2.49m，弹径 305mm，翼展 720mm，最大射程为 25km，最小射程为 2km。导弹采用双推力单级固体火箭发动机。各型导弹的主要区别是战斗部和导引头不同，有两种可互换使用的战斗部：一种是反装甲型战斗部，质量约 56.7kg；另一种是爆破杀伤型战斗部，质量为 136kg，全弹质量为 307kg。它的主要改进型及特点如表 6-7 所示。

表 6-7　"幼畜"导弹改进型及特点

主要改型	特点
A 型	电视制导型，依靠射手将导弹导向目标，受自然条件影响较大
B 型	图像放大型，飞机在 152～224m 高度开启弹上摄像机，可在 4～8s 内发现目标。目标分辨率高，精度有所提高，受自然条件影响较大
E 型	激光制导型，较 A、B 型精度提高，搜索范围为 16km，但精度可能受自然条件影响下降
D、F、G 型	红外成像制导型，射出后无须射手监控，具备了"发射后不管"能力。D 型适于攻击地下目标，F 型装备逻辑电路，可选择最佳起爆时机

"幼畜"导弹采用模块化设计，可根据作战需求，由载机选择适当型号的导弹，因而具备全天候、全环境作战能力，抗干扰能力强，可靠性高。在越南战争、中东战争中的命中率高达 87%。

6.1.2.3　AIM-120 系列空空导弹

AIM-120 空空导弹（advanced medium-range air-to-air missile，AMRAAM）是美军继 AIM-7 之后的第 4 代空空导弹，其是美国雷神公司为美国空军、海军研制的全天候、全向攻击的主动雷达制导空空导弹，见图 6-14。AIM-120 系列导弹采用固体燃料火箭发动机，装有高爆破片式定向战斗部，有 A、B、C、D 四种型号，最新型号 AIM-120D 于 2015 年部署，可装备 F-15、F-16、F/A-18C/D/E/F、F-22 和 F-35 等机型，以满足美国空军和海军 2024 年前的作战需求。

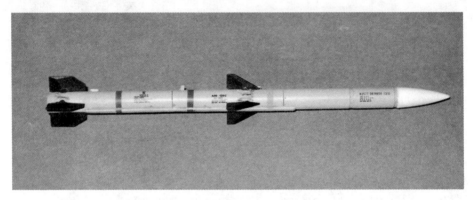

图 6-14　AIM-120C 空空导弹

AIM-120 系列导弹各型号技术指标见表 6-8。

表 6-8　AIM-120 系列导弹各型号技术指标

项目	AIM-120A/B	AIM-120C-5 /7
最大射程 /km	70（估算）	100（估算）
最小射程 /km	5	5
最大速度 /Ma	4	4
弹长 /m	3.65	3.65
弹径 /mm	178	178
翼展 /mm	533	445
舵展 /mm	635	447
发射质量 /kg	157	161.5
动力装置	固体火箭发动机	固体火箭发动机
制导方式	惯性 / 指令修正 + 主动雷达	惯性 / 指令修正 + 主动雷达
战斗部	22kg 高爆破片	20.5kg 高爆破片
引信	主动无线电近炸及触发引信	丰动无线电近炸及触发引信

AIM-120 系列导弹采用惯性 / 指令修正与主动雷达制导相结合的制导方式（见图 6-15），由于末段制导状态下弹上雷达可以自行引导导弹攻击目标，因此导弹具备了"发射后不管"的能力，极大地减轻了载机的负担。载机在发射了一枚 AIM-120 后，一旦导弹进入末段制导状态，载机就可跟踪其他空中目标，这样载机也具备了同时攻击多个空中目标的能力。

图 6-15　美国空军人员为 F-22A 装载 AIM-120D 导弹

最新型 AIM-120D 为 AIM-120 系列的最新增程改型，可以打击载机后面的目标，还能利用地面探测器获取目标信息，即拥有基于战场信息共享网络的作战能力。

6.1.2.4　AIM-9X "响尾蛇" 空空导弹

AIM-9 空空导弹是 20 世纪 50 年代由美国雷神公司研制的一型近距空空导弹，是全世界第一种投入实战并有击落飞机记录的空空导弹，见图 6-16。AIM-9X 空空导

图 6-16　在航展上展出的 AIM-9X 导弹

弹是 AIM-9 空空导弹系列中的最新型号，是美国空 / 海军于 2000 年后使用的第 4 代先进近距空空导弹，以取代现役第 3 代 AIM-9L/M/S 导弹。它采用红外制导模式，具有大离轴角发射能力，衍生出 AIM-9X、AIM-9X Block Ⅱ 等发展型号。最新的 AIM-9X Block Ⅱ 导弹通过升级电子系统和数据链，具备了"发射后锁定"和超视距交战的能力。

　　AIM-9X 系列导弹主要通过直瞄、传感器截获、头瞄三种模式截获和攻击具有红外辐射特征的目标。一旦红外辐射源进入导引头的视野，电子装置将产生特定的音频信号，飞行员通过耳机就可以听到导弹已经截获目标的提示。

表 6-9　AIM-9X 导弹总体参数和性能指标

项目	AIM-9X	AIM-9X Block Ⅱ
动力	固体火箭发动机	固体火箭发动机
长度 /m	3	3.04
直径 /mm	127	127
翼展 /mm	350	630
重量 /kg	85	小于 90.7
战斗部类型	高爆破片战斗部	高爆破片战斗部
战斗部重量 /kg	11.4	9.36
制导方式	被动红外	被动红外
最大射程 /m	26000	大于 26000
最大速度 /Ma	3	2.5

　　雷神公司还在不改变硬件而通过对软件升级，使 AIM-9X 导弹在保留空对空能力的同时，也获得了空对地能力。AIM-9X 导弹的红外成像探测能力使其在攻击地面、水面目标时的可靠程度大大超过了以往的任何空空导弹型号，而且 AIM-9X Block Ⅱ 导弹还增加了数据交互能力，与联合头盔指示系统融合，即便在战机起飞后，驾驶员也可临时编程，决定用导弹打击何种目标。

6.1.2.5　JDAM 系列

　　联合直接攻击弹药（JDAM）是由波音公司为美国海军和空军开发的一种精确制导炸弹。通过将制导附件安装在由飞机投放的传统炸弹上，将本来自由落体的传统航空炸弹转变为可控并能在恶劣气象条件下使用的精确制导武器。弹药的制导功能是由炸弹尾翼控制附件以及全球定位系统或惯性导航系统提供，与美军的 B-2"幽灵"战略轰炸机等多种军用飞机的火控系统相容（见图 6-18），JDAM 的单价约两万美元。JDAM 的重量一般在 227 ～ 907kg 之间。

图 6-17　AIM-9X Block Ⅱ 导弹装配

图 6-18　F-35 投放 JDAM

　　JDAM 可以从距离目标大约 15km 的地方发射，并各自攻击所指定的目标。联合直接攻击弹药一般以 Mk81（250lb）、Mk82（500lb）、Mk83（1000lb）和 Mk84（2000lb）4 种规格的常规炸弹改装，改装后分别编号为 GBU-39、GBU-38、GBU-32 和 GBU-31。这种炸弹尾部安装了 GPS 全球卫星定位系统装置，能够在任何天气情况下精确命中目标，不像激光制导武器容易受到云、雾以及其他恶劣天气的影响。JDAM 能从 24km 的高度投下，并在 GPS 的矫正下精确命中目标，误差仅在 13m 之内，并具有 95% 的系统可靠性。B-1、B-2、B-52、F/A-18、F-16 飞机都可投掷，而且 B-2 可同时用 2 枚，F-22 可同时用 4 枚 JDAM 对两个目标进行攻击。

6.1.2.6 "宝石路"系列

"宝石路"系列激光制导炸弹是美国雷神公司于 20 世纪 60 年代中期，在 Mk80 系列普通标准炸弹基础上加装激光制导系统和弹翼而成的一种低成本精确制导武器，可以进行有限的防区外发射，准确地攻击各种地面和水面目标。"宝石路"的编号为 GBU，表示"制导炸弹"（guided bomb unit）之意，已发展出 Ⅰ、Ⅱ、Ⅲ 三代，是美国空军对地攻击的重要武器，也是世界上生产数量最大的机载精确制导炸弹，见图 6-19。最早装备"宝石路"激光制导炸弹的是美国空军，在"沙漠风暴"行动中美军首次使用"宝石路"Ⅱ激光制导炸弹获得成功后对其进行了改进，而在 1999 年科索沃战争中再次使用"宝石路"Ⅲ激光制导炸弹，并经改进后在美国海军的 F/A-18C 战机和空军的 F-117A 隐身战机上进行了投放试验，后装备于 F-14、F-15、F-16 战斗机。

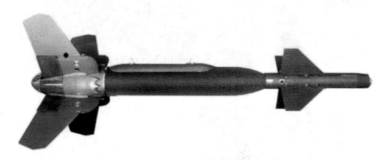

图 6-19 美军"宝石路"Ⅲ型 GBU-24 炸弹

表 6-10 "宝石路"系列的参数

系列	主要型号	重量 /lb	长度 /in	直径 /in	翼展 /in	使用场景	命中精度 /m	造价
"宝石路" Ⅰ	GBU-10/B	—	—	—	—	中高空、近距攻击	3	约 3000 美元
	GBU-10A/B	—	—	—	—			
	GBU-12A/B	—	—	—	—			
"宝石路" Ⅱ	GBU-10C/B	2052	168	18		中低空、近中距攻击	1 ~ 2	约 2.2 万美元
	GBU-10G/B	2126	167	15				
	GBU-12B/B	627	120	11				
	GBU-12G/B	627	120	11				
	GBU-51	627	120	11				
"宝石路" Ⅲ	GBU-24/B	2315	172	36	—	低空、远距、防区外攻击	小于 1	约 5.5 万美元
	GBU-24A/B	2348	170	36	—			
	GBU-27/B	2170	167	15	66			
	GBU-28	4676	229	28	65			

"宝石路"可以从战斗机、轰炸机、无人机等多种平台投放。第一、第二代"宝石路"采用激光制导,第三代采用 GPS/INS 和激光复合制导。第一代"宝石路"适用于中高空、近距攻击,第二代适用于中低空、近中距攻击,第三代适用于低空、远距、防区外攻击。"宝石路"Ⅰ命中精度达到 3m,比普通炸弹的命中精度有了很大提高。"宝石路"Ⅱ增大了射程,改进了制导和控制系统,命中精度提高到 1 ~ 2m。"宝石路"Ⅲ的命中精度达到了 1m 以内,射程超过了 10km,远距打击能力有了很大提高。

6.1.2.7　CBU 系列集束炸弹

集束炸弹是将小型炸弹集合成传统的通用炸弹形态,每个小型炸弹称为子炸弹,子炸弹为每颗约网球般大小的球体。由飞行器空投之后,在空中分解,借由散布子炸弹到广阔的地面造成区域性杀伤。利用集束炸弹的数量特性和杀伤范围特性,其多用于杀伤坦克、装甲车、部队集结地等集群目标,或者机场跑道等大面积目标。

CBU 系列集束炸弹由美国雷神公司研制。其中,CBU–105 集束炸弹可用于 F–16 战斗机(可挂载 4 枚)、A–10"雷电"Ⅱ攻击机(可挂载 10 枚)、B–2 轰炸机(可挂载 34 枚),以及 F–15E、B–1、B–52 飞机。

CBU–97/B 采用 SUU–66/B 战术子母弹箱,内部可携带 10 个 BLU–108/B 子弹药载体,分前后两层各 5 个。每个 BLU–108/B 重 29.5kg,长度 788mm,直径 133mm。每个 BLU–108/B 又携带 4 颗"斯基特"末敏子弹药,因此每枚 CBU–97/B 集束炸弹共携带 40 颗"斯基特"末敏子弹药,见图 6–20。每颗"斯基特"末敏子弹药重 3.4kg,直径 127mm,高度 95mm,装填炸药 945g。对 CBU–97/B 增加 WCMD 风修正装置后的 CBU–105 炸弹可以校正发射偏差和强风对弹药的影响,可将 CBU 武器的概率误差从约 90m 减少到约 26m。

图 6–20　CBU–97/B 攻击目标时的场景

CBU–105 集束炸弹的相关参数:质量 420kg,长度 234cm,直径 40cm,内部炸弹为 10×BLU–108/B,小炸弹弹头为穿甲弹(有制导),造价最低 360000 美元,见

图 6–21。

6.1.2.8　小直径炸弹（SDB）

　　SDB 由波音公司和雷神公司研制，用于攻击指挥控制中心、防空设施、飞机跑道、导弹阵地、火炮阵地等多种目标，是美军重点发展的精确制导武器之一，也是美国空军全球打击部队的重要机载武器。经过近 20 年的发展，美国空军 SDB 项目催生出了波音公司的 GBU–39 和雷神公司的 GBU–53 两个型号，具备了高精度、点杀伤能力，满足了小尺寸、大威力、多挂载的初始设计要求。

　　（1）GBU–39

　　GBU–39 小直径炸弹由波音公司研制的抗干扰差分全球定位系统／惯性导航系统（GPS/INS）制导装置、多用途侵彻杀爆战斗部、格栅式尾部控制装置和可变几何形状钻石背增程组件等部分组成，见图 6–22。

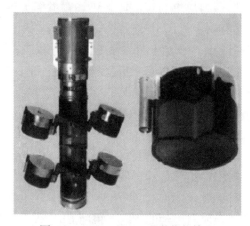

图 6–21　BLU–108/B 子弹药载体和
"斯基特"末敏子弹药

图 6–22　GBU–39 小直径炸弹

表 6–11　GBU–39 小直径炸弹总体参数和性能指标

项目	参数
质量 /kg	129.3
长度 /m	1.8
宽度 /mm	190.5
高度 /mm	197
战斗部直径 /mm	152.4
战斗部质量 /kg	113.4
炸药类型	高密度钝感金属炸药
装填系数	0.2
壳体材料	高碳钢

表 6-11（续）

项目	参数
壳体质量 /kg	72.57
制导方式	GPS/INS 制导（精度 5 ～ 8m） GPS/INS 制导 + 低成本激光末制导（精度 3m）
配用引信	FMU-152A/B 型电子联合可编程引信，包括空炸和延迟模式
最大射程 /km	110
侵彻能力	1.8m 厚钢筋混凝土
成本	Block Ⅰ 型单价约 6.4 万美元； Block Ⅱ 型单价约 10.7 万美元

一套 SDB 系统包括 4 枚 GBU-39 型 SDB、弹体上的钻石背增程翼面和一具可挂载 4 枚炸弹的 BRU-61 气动挂架，见图 6-23。

图 6-23　BRU-61 气动挂架及挂载状态

GBU-39 既可独立投放，也可由其他武器携带投放，可使现在和未来战斗机 / 轰炸机单架次挂载数量增加 4 ～ 9 倍，从而将飞机出动架次减少一半。采用 BRU-61 气动挂架，F-15E 战斗机可携带 12 枚 GBU-39，F-22 隐身战斗机可携带 8 枚，B-2 隐身轰炸机可携带 216 枚，MQ-9 无人机可携带 8 枚。

GBU-39 战斗部为高碳钢材质，内置至少 22.7kg 的高爆炸药，配备空爆、触发或延时引信；使用了"最佳引导"，这种设计可以使弹体以最佳角度侵入目标表面（达到攻击角度与速度切线垂直），以实现对目标侵彻效果的最大化，能够穿透 1.8m 厚的钢筋混凝土结构，与 874kg 的 BLU-109 钻地弹侵彻能力相当；采用抗干扰 GPS/INS 制导装置，圆概率误差 3m，具有很强的抗干扰能力，可自主式、全天候工作，适用于恶劣天气，见图 6-24。

（a）接近

（b）贯穿

（c）爆炸

图 6-24　GBU-39 打击加固机堡过程

（2）GBU-53

GBU-53 型 SDB 长 1.76m、翼展 1.68m、弹径 150～180mm，重 93kg，最大射程 100km，尺寸与 GBU-39 接近，但重量更轻。两者在外观上的最大不同是 GBU-53 具有透明弹头，里面安装了卡塞格林光学结构导引头，以满足三模式导引头对于红外和激光制导的要求。其次，GBU-53 采用了结构简单的 2 片可折叠的大展弦比平直弹翼，而不是 GBU-39 的钻石背，见图 6-25。

图 6-25　GBU-53 外形和头部的卡塞格林光学反射镜

GBU–53 的结构分成导引头、全球定位系统辅助的惯性导航系统（GPS/INS）、电子设备舱、聚能－爆破多效应战斗部、热电池、数据链舱、尾翼 / 伺服舱、弹翼等部分，尾部有针形和刀形天线，分别用于接收 GPS 和"武器数据链结构"（WDLA）的信号。

GBU–53 具有三种典型攻击模式，包括：

①标准攻击，炸弹预先装定目标数据，利用 GPS/INS 制导攻击地面静止目标，以末制导方式攻击地面机动目标；

②协同攻击，炸弹通过数据链获取来自其他飞机或地面人员的目标数据，对目标进行攻击；

③实时攻击，炸弹利用末制导对时敏目标进行攻击，或在飞行过程中通过数据链重新装定新的目标数据，对新目标进行攻击。

6.1.2.9　微型空射诱饵（MALD）

微型空射诱饵（MALD）由美国雷神公司研制，设计理念为通过模拟有人战斗机或轰炸机的雷达信号来迷惑敌方防空系统。MALD 研制成本较低，是一种消耗型空射飞行器，用约 12 万美元的 MALD 干扰、欺骗、迷惑敌人的综合防空系统，避免飞行员和动辄上亿美元的战斗机损伤，或是消耗敌方上百万美元的防空导弹，其所产生的效费比是相当可观的，即便是大量使用，也不会造成军费负担。

MALD 因其可以实现防区外发射而区别于传统伴随诱饵，飞行高度为914 ~ 10668m，飞行速度 $Ma0.9$ 左右，基本型飞行距离达 805km，干扰型飞行距离达 905km，目前预计装载在 F–16 战斗机、B–52 轰炸机、C–130 运输机及 X–47B 无人机等飞机上。

表 6–12　MALD 系列空射诱饵弹技术参数

型号	翼展 /m	长度 /m	直径 /m	质量 /kg	升限 /m	续航时间 / min	航程 /km	Ma	发动机
MALD（ADM–160A）	0.65	2.3	0.15	36.5	9145	25	463	0.85	TJ–50
MALD（ADM–160B）	1.71（0°）1.37（35°）	2.84	宽 0.41，高 0.37	约 113	12190	60	926	0.93	TJ–120
MALD（ADM–160C）	与 ADM–160B 相似								TJ–150

随着科技的发展，MALD 衍生出多种型号。MALD–J 在 MALD 基本型平台上增加了主动雷达干扰机，在保留 MALD 所有功能的同时其欺骗干扰和压制干扰能力得到大幅增强，见图 6–26。此外，多用途载荷型空射诱饵概念一经提出便广受青睐。在2009 年巴黎航展上雷神公司展示的载荷型空射诱饵 MALD–V 可搭载通用战斗部或者其他类型载荷，如通信中继、传感器、特制电子战载荷等，以提高情报搜集、监视侦察、充当靶机、反辐射攻击等能力。2011 年，雷神公司开展了从 C–130 运输机货

图 6-26　F-16 飞机挂载 MALD-J

舱尾部发射 MALD 的试验。随着 MALD 型号以及功能的不断丰富，其作战模式也呈现多样化、复杂化的特点：

（1）侦——渗透侦察，获取情报信息；

（2）骗——迷惑对手，协助载机突防；

（3）扰——压制干扰，开辟空中走廊；

（4）攻——实施打击，摧毁敌方设施；

（5）联——战术集群，实现综合效能。

6.1.3　无人机机载武器未来发展趋势

无人作战飞机是空中作战体系中的重要武器装备，其已经成为现代战争重要的空中打击力量。随着技术的发展和战争形态的演变，未来无人作战飞机将会搭载种类更多、能力更强的机载武器。未来无人作战飞机武器火控系统将会具有以下特征：

（1）具有大载弹量、多目标、精确毁伤的能力；

（2）具有空空、空面多任务打击能力；

（3）具有协同作战打击能力；

（4）具有末端主动防御能力。

6.2　无人作战飞机火控系统

6.2.1　有人与无人作战飞机火控系统异同

无人作战飞机武器火控系统主要由具有武器悬挂运载、火控解算、悬挂物管理等功能的分系统 / 设备与机载武器等组成，主要在飞机其他系统的支持下完成对敌方空中、地面、水面（下）各种目标的精确火力打击与毁伤，具有快速、安全、高效、可靠等特征和自动化、智能化等技术特点。随着技术的发展和作战形态的演变，为适应未来战争复杂战场环境和快速高效的精确打击需求，武器火控系统已逐步发展成综合化程度更高、处理能力更强的综合化任务系统，成为无人作战飞机最重要的机载系统之一。

无人作战飞机的火控系统主要来源于有人机的火控系统，但又与之不同，有其自身的特点。

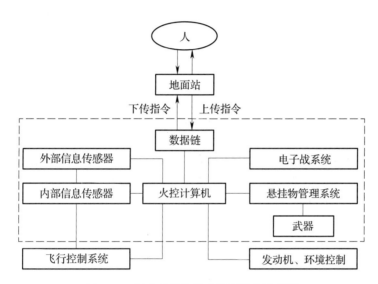

图 6-27　无人作战飞机火控系统的示意图

两者在功能上并没有发生变化，概括来说，火控功能负责引导载机至作战空域，探测、识别、截获、跟踪目标，控制武器弹药投射，制导、控制武器弹药命中目标，引导载机退出的攻击全过程。各系统的组成和外部系统的交联关系与有人机相比也没有发生变化。

无人作战飞机与有人机的本质区别在于"人"，前者通过数据链与地面站中的指挥操作人员进行交互，在该过程中除了人在地面以外并无本质区别，但随着无人机向智能化、协同化方向不断发展，无人作战飞机的火控系统区别于有人作战飞机，主要有以下几点。

（1）高度智能化

在地空链路中断或不稳定时，无人作战飞机需要通过态势感知、威胁评估等，给出攻击策略、任务规划等信息，制定决策指令，再引导退出攻击。在人缺失的情况下，火控系统给出的信息已不仅为提示信息，而是直接控制着整个作战过程，对智能化的要求极高。

（2）快速性

战场态势千变万化，无人作战飞机的火控系统结合当前态势，快速给出攻击策略、任务规划等结果。尤其是在未来无人机自由空战中，在高机动的条件下，对快速性的需求更为迫切。

（3）高可靠性

无人作战飞机的火控系统具有更高的可靠性，以保证系统的长时间稳定运行。自主诊断能力、冗余备份能力以及简单问题的自我修复能力都是无人作战飞机火控所具备的条件。

（4）无缝的人机交互

在协同作战中，为了使有人机的飞行员更好地接管控制，需要无人作战飞机的火控系统具备优异的人机交互性，在增加获取的信息量的同时，减少复杂冗余的信息和操作，加快飞行员的反应速度。

6.2.2　察打一体无人机火控系统

6.2.2.1　主要组成

察打一体无人机一般采用光电火控系统，由光电探测系统和火控计算机组成。其战术功能是及时发现、捕捉和识别目标，精确跟踪并测量目标的方位、距离，计算目标相对位置，按指令进行攻击。光电探测系统主要搭载激光测距仪、光电测角仪、电视跟踪仪和红外跟踪仪等设备，在进行目标的搜索时采用被动探测的方式工作，在跟踪时进行主动激光测距。火控计算机能根据光电探测系统传来的数据计算出目标的地理坐标和平面直角坐标，进行参数装定和发射准备。

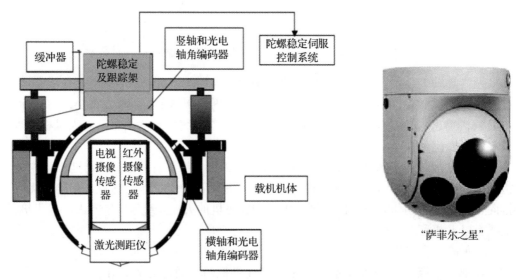

图 6-28　机载光电探测系统设备示意图

6.2.2.2　技术特点

在任务模式下，察打一体无人机发现可疑目标后，使用机载侦察设备对可疑目标进行监视，火控系统对战场信息进行分析，完成对目标类型的判定；指挥中心锁定目标后，火控系统进行战术决策计算，完成载荷分配和参数装定程序流程；在接到指挥中心的攻击指令后，火控系统对目标实施打击，进行目标指示并将弹药导向目标。打击完成后，察打一体无人机继续在目标上空巡逻，探测系统持续收集战场信息，任务系统对战场信息进行处理，对目标的毁伤情况和残余力量的活动情况做出评估，判定目标存续情况进而解锁目标。察打一体无人机火控系统的运行流程如图 6-29 所示。

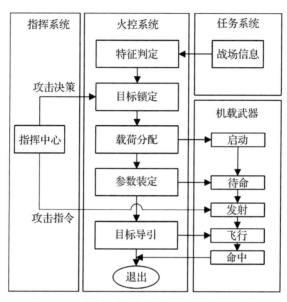

图 6-29　察打一体无人机火控系统运行流程

相对传统火控系统而言，察打一体无人机的火控系统具有以下特点：

（1）采用被动搜索方式隐蔽性好，通过被动地接收目标形状、亮度和红外辐射等信息实现对目标的搜索跟踪，跟踪到目标后进行测距时才对目标发射激光，在无线电静默时可作为值更设备使用，抗电子干扰能力强；

（2）目标识别能力强，多种光电成像设备可以实现昼夜观察，还可以直观显示目标的几何图像或红外图像，容易识别敌隐藏目标和伪装目标，具有全天候、全时间侦察功能和目标识别能力；

（3）跟踪测量精度高，红外、电视跟踪仪跟踪精度通常高于雷达的探测精度；

（4）受天气影响大、适合中/近距离使用，红外线和可见光在大气中传输时受能见度和不良气象影响较大，同时激光的传输也受到影响，所以光电作用距离不如雷达远，使得光电探测设备只能在中、近距离使用。

察打一体无人机的快速反应和短周期杀伤能力，特别是载荷能力强、飞行性能优异的大型察打一体无人机的强大而持久的攻击性能可对敌方产生持续震慑效果。

6.2.3　对地攻击无人机火控系统

6.2.3.1　主要组成

对地攻击无人机遂行地面精确打击任务时，复杂的任务条件和高对抗的战场环境决定了对地攻击无人机必须具有强自主能力，其火控系统要具备攻击规划、攻击决策和快速响应能力。在对地攻击无人机的火控系统中，目标探测功能由光学、声学、射频、多频载波雷达等传感器构成的多源探测系统实现，不同的火控传感技术在成本、精度、范围、能源效率、可移植性和复杂性方面都有不同的权衡，一些传感器技术只能在目标视线条件下很好地工作（如计算机视觉），另一些技术则可以在无目标视线环境下工作（如射频信号），多源传感器的数据融合技术强化了对地攻击无人机的快速检测和稳定锁定的能力。

6.2.3.2 技术特点

在战场环境中，对地攻击无人机的多源探测系统将多源测量数据进行自主融合处理，随后将分析判定出的目标信息发送给火控计算机，火控计算机根据所接收的目标信息，进行包括弹目匹配、武器使用模式选定和武器弹道规划的攻击规划。由于对地攻击无人机具有远航程、高飞行速度和高隐身能力的特点，因此其攻击决策不能仅依靠指挥中心的实时指挥，还需要无人机火控系统协同完成对攻击目标的攻击效能分析和打击能量分配等过程，实现无人机火控系统的自主攻击决策。在打击信号发出后，对地攻击无人机搭载的高性能火控计算机快速响应目标瞄准、发射条件调整、发射参数装定、发射控制及发射后的制导等，实现对打击地面目标的快速响应。对地攻击无人机火控系统运行的典型流程如图 6-30 所示。

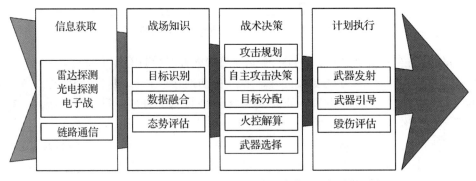

图 6-30　对地攻击无人机火控系统典型运行流程

对地攻击无人机所具备的强自主能力有效地提高了其任务完成能力，避免了空地数据链易受到电子信息攻击的弱点。攻击规划能力可以实现相关突防战术功能，主要实现导弹的弹道规划，冲突检测、消解和重新规划，以实现突发威胁源的检测并消解不确定战场环境下的事件。攻击决策的过程减少了人在攻击回路中的攻击时间滞后影响，避免了空地数据链通信传输过程带来的攻击决策延迟。

近年来世界各国对对地攻击无人机的战术价值和作战效能逐渐重视，其中的诸多关键技术作为了航空研究发展重点，同时对地攻击无人机的发展也进入到全新的百花齐放格局。美国的 X-47B、欧洲多国联合研制的"神经元"、英国的"雷神"、俄罗斯的 S-70"猎人"-B 等对地攻击无人机的提出与验证，标志着对地攻击无人机的发展已经进入到一个全新的时期，其应用领域将会逐渐扩大，自主能力的发展水平在火控技术方面空前提高。

图 6-31　俄罗斯 S-70 "猎人" -B 无人机

6.2.4　无人机火控系统预测

随着技术的发展和作战态势的演变，武器火控系统已逐步发展成综合化程度更高、处理能力更强的系统，从武器发射控制方式上看，可划分为自主式和遥控式。目前，无人作战飞机的火控系统主要以遥控式、空面打击为主，但从技术发展的规律上看，随着技术的成熟，自主式和空空作战的比例将逐步增加。

因此，在未来智能、协同的战场上，无人机火控系统将具备以下功能：

（1）在各种气候条件下以及其他复杂战术环境下能够自动搜索、识别、截获、和跟踪目标；

（2）能够进行战术引导和定位；

（3）具有敌我态势分析、威胁判断、战术决策、战术规避机动、目标攻击状态管理、目标分配、射击诸元的解算等战术决策功能；

图 6-32　波音公司在 2019 年展示的 "空中力量协同系统"

（4）具有按照威胁程度自动选择目标和对中途突然发现的更重要目标通过改变程序进行攻击的能力；

（5）具有同时攻击多个目标的能力，整个系统几乎不用人参与；

（6）具有多源传感器数据融合能力；

（7）具有火控系统和飞控系统的强耦合交联能力；

（8）具有良好的人机交互功能。

达到上述无人作战飞机智能化火控的要求，其关键技术和发展途径包括：

（1）不断提高火控计算机智能化的程度；

（2）提高机载和控制站传感器的综合能力；

（3）匹配安全可靠且冗余的数据链。

随着技术的发展，火控系统的智能化、协同化也将会从无到有，从稚嫩到成熟。

第7章 无人作战飞机地面站与数据链系统

7.1 地面控制站

7.1.1 定义

就最简单的系统而言，一个典型的无人机系统由无人机、一个或多个地面控制站、数据链和有效载荷组成。地面控制站作为无人机系统的重要组成部分，是整个无人机系统的"神经中枢"，主要实现上行向空中无人机发送遥控指令控制无人机的起降、飞行，接收和显示无人机下行的遥测数据和视频图像，控制无人机携带的有效载荷设备的运行，实时跟踪测距，以及提供无人机系统与外部环境的接口功能。这些数据通常是通过一个地面终端，也就是数据链的地面部分来中继。对于大型无人作战飞机来说，需要在机场部署起降引导站为飞机平台提供卫星差分信号或毫米波雷达信号，实现无人机起降引导功能。侦察用的无人作战飞机还需要配备情报站，用于对无人机回传的情报数据进行分析处理，为无人机指挥控制提供必要的情报支持。起降引导站和情报站都属于无人作战飞机地面控制站的一部分。同时，地面控制站的人机交互界面是操作员与无人机的交互终端，界面设计的好坏直接影响到作战效能的发挥。

7.1.2 组成

典型的无人机地面控制站系统由起降/任务控制站和链路地面数据终端组成。起降/任务控制站一般包含车载方舱、飞行监控、任务监控、任务规划、链路监控、综合处理、嵌入训练、起降引导、情报处理等分系统。链路地面数据终端一般包含视距地面数据终端和卫通地面数据终端。其系统构成如图 7-1 和图 7-2 所示。

7.1.3 功能

地面控制站根据使用的功能和部署地点的不同，会有不同的叫法，例如，部署在机场负责无人机起飞和降落的往往被称为起降控制站，而部署在野外负责执行作战任务的往往被称为任务控制站。各种用途的地面控制站略有差异，但是基本设施大致相同，地面控制站会根据使用需求配置不同的功能分系统，各分系统会通过安装软件配置项实现相应的使用功能，这里介绍典型地面控制站通常具备的常规分系统及其功能：

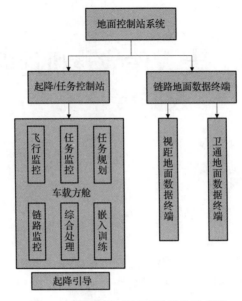

图 7-1 典型无人机地面站系统组成图

图 7-2 典型无人机地面控制站构成

飞行监控功能：

（1）监控无人机重要分系统（飞管、机电、动力等）状态；

（2）加载飞行航线；

（3）向无人机发送各种飞行控制指令；

（4）接收并显示无人机下传的各种参数和信息，对重要参数要提供虚拟仪表显示（如地平仪、高度表、速度表等）；

（5）配备必要的操作设备（如驾驶杆、油门杆、脚蹬等），用于手动操控无人机；

（6）危险信息告警；

（7）飞行辅助操作提示；

（8）前视视频叠加平显显示。

任务监控功能：

（1）有效载荷指令控制；

（2）任务辅助操作提示；

（3）任务载荷信息显示和处理；

（4）任务区域地图分析；

（5）整个地面站站内系统状态监控。

任务规划功能：

（1）加载任务规划数据；

（2）战场态势显示；

（3）规划航线信息显示；

（4）无人机位置、典型状态参数及飞行路径显示；

（5）任务重规划；

（6）离线规划及任务规划推演；

（7）应急规划及特情处置规划。

链路监控功能：

（1）发送测控数据链路的控制指令；

（2）接收、处理和显示测控链路的状态信息；

（3）链路状态故障告警提示；

（4）地面通信频谱资源监控；

（5）通信加密监控；

（6）对链路地面数据终端进行远程控制。

综合处理功能：

（1）地面站内数据信息的综合处理；

（2）地面站内数据信息的优选和分发；

（3）站外数据信息的接收和转发；

（4）数据信息的记录和回放。

嵌入训练功能：

（1）飞机模拟仿真；

（2）虚拟视景生成；

（3）相关飞行参数设置；

（4）相关故障注入；

（5）操作员仿真训练；

（6）操作员负荷评估。

起降引导功能：

（1）自动搜索飞机；

（2）引导数据修正；

（3）精密着陆引导；

情报处理功能：

（1）多源侦察数据分析处理；

（2）综合目标判读情报生成；

（3）毁伤测量、情报评估。

车载方舱功能：

（1）满足陆、海、空运输要求；

（2）为操作员提供工作空间及必要的操作设备；

（3）为地面站的硬件设备提供存储空间；

（4）为操作员及设备提供环境控制能力。

7.1.4　分类

不同型号、不同功能和用途的无人机，都有相应的不同结构和规模的无人机地面站做支持。按照其站址的特征可分为：大型的固定指挥控制站、中小型的可移动地面控制站和将诸多系统集成在便携式笔记本上的微型便携站。

（1）大型固定指挥控制站

一些地面控制站位于远离飞行器飞行区域上千英里的永久性建筑内，利用卫星中继保持与飞行器的通信。在这种情况下，操作员的控制台可能位于一栋大型建筑的一个内部房间，与屋顶的圆盘天线相连接。除了操作员以外还会有众多的高级指挥人员在该站内根据收到的信息做出战略级决策。图 7-3 和图 7-4 为远程的大型固定指挥控制站。

图 7-3　远离飞行器飞行区域的地面站

图 7-4　大型固定指挥控制站

（2）中小型可移动地面控制站

典型的无人机地面控制站属于中小型地面站，具备典型地面站的架构及功能，可满足无人机系统"机、站、链"的控制闭环，多采用车载的方式，机动性更强，灵活性更好，根据形态的不同也会有部署在有人机座舱的"空基指控系统"和部署在舰船上的"舰面控制站"。为满足实际的更大规模的作战需求，可以由多个中小型地面站构成战术无人机地面站群，以控制多架无人机进行集群作战，此时地面控制站可以为任务指挥官提供战地指挥所，后者执行任务规划，从所归属的指挥部接受任务部署，并将获取的数据和信息报告给如武器射击指挥、情报或指挥控制等合适的单位。图 7-5 和图 7-6 为中小型可移动地面控制站。

图 7-5　中小型可移动地面控制站

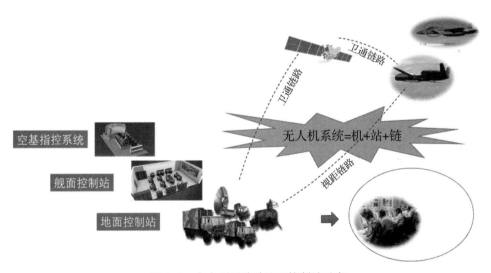

图 7-6　中小型可移动地面控制站示意

（3）微型便携式地面站

在一些小型无人机系统中，地面控制站装在一个能够置于背包内随身携带的箱子里，并能在地面上放置，其组成部分差不多就是一个遥控和某种显示设备，并可内置于一台加固型笔记本电脑中，这就要求整个地面站系统的结构更加集成化，功能更加精练。

图 7-7　微型便携式地面站

7.1.5　发展现状

随着无人机在国际局部战争中大出风头、屡立战功，以远距离攻击型、智能化、信息化武器为主导的非接触性现代化战争已经到来。近百年来，无人机也从最原始的有线控制，演变成现在集群化、智能化、网络化的地面站控制。

20 世纪二三十年代，无人机还没有完善的地面站系统，对于无人机的操控都是使用一些简单的设备。例如，1918 年，美军研制的第一架升空的"寇蒂斯"无人机是通过陀螺仪指示方向、无液气压表指示高度来进行操控。1933 年，英国空军由水上侦察机改装成的"费尔雷昆士"无人机采用地面站无线遥控技术实现控制。

20 世纪 50—70 年代，已经初步形成了地面站系统，并进入快速发展阶段。这时可借助于地面站系统使用数据链完成对无人机的操控，使其完成各种作战任务。例如，在越南战争期间，美军无人机地面站采用预编程技术，控制无人机执行电子窃听、电台干扰、超低空拍摄等任务。20 世纪 70 年代，美军地面控制站通过视距链路向无人机发送控制指令对无人机进行遥控，执行精确的夜间侦察任务。

20 世纪 90 年代，英美等军事强国设计并采用以"捕食者"无人机地面站为代表的复合控制多用途无人机地面控制站。地面控制站趋于集群化，功能更加智能化，此时的无人机地面控制站技术已日趋成熟。

进入 21 世纪以后，无人机地面站的发展速度更加迅猛。例如，以"影子"200 地面站为代表的一体化系统，其地面控制站由两台工作站组成，可以实现一个地面控制站控制多架无人机。另外，以"全球鹰"为代表的大型无人机地面站，利用标准化协议 STANAG 4586 的兼容性，提高了无人机地面控制站的互操作性，同时数据链也具备了与有人机、卫星等互操作的能力。

图 7-8　"全球鹰"地面站席位图

"捕食者"无人机地面站为三人席位地面控制站，主要包含飞行控制席位、任务载荷控制席位和合成孔径雷达席位，分别由无人机操作员（PSO1）、任务载荷操作员（PSO2）和合成孔径雷达操作员（SARO）三人进行操控。无人机操作员和任务载荷操作员并排坐在地面控制站前舱的控制台前，合成孔径雷达操作员坐在后舱。图 7-9为操作员操纵席的典型布局。图 7-10 为典型地面控制站的内部布局。

（1）PSO1：负责对无人机进行操控，包括起飞、着陆、飞行中姿态控制等。

（2）PSO2：负责监视无人机航线信息、任务规划信息和前视图像，必要时可以充当副无人机操作员，辅助无人机操作员发送相关指令等。

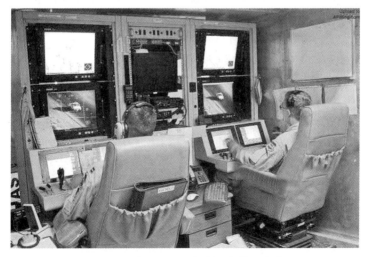

图 7-9　"捕食者"地面控制站操作员席位图

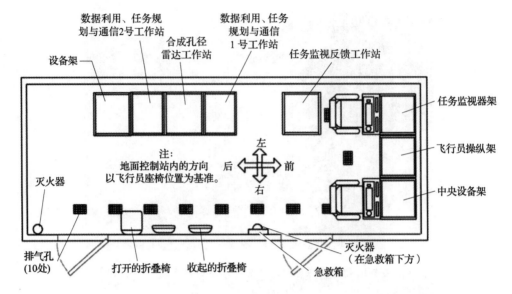

图 7-10　"捕食者"地面控制站内部布局图

（3）SARO：负责监控无人机的雷达，并对其图像做相关处理。操作员负责操作电视相机、红外相机、内置雷达等，而雷达可同电视相机或红外相机同时操作。

飞行控制席位和任务载荷控制席位的人机界面类似，都是由 4 台液晶显示器组成，其中最上方的显示器显示无人机航路规划和数字地图叠加信息；而中间的显示器则实时显示无人机前视摄像机拍摄的实时画面，其作用相当于有人驾驶战斗机上的平视显示器（HUD）；最下方的两台显示器显示各种传感器采集到的图像、战术信息、飞机状态和飞行仪表等内容，相当于有人驾驶战斗机上的多功能下视显示器（MFD）。

席位操作台右侧安装有驾驶杆，左侧安装有油门台，下方安装有脚蹬，这种布局十分符合美军战斗机飞行员的侧杆操纵习惯。正因为飞行控制席位和任务载荷控制席位的控制界面十分相似，所以必要时"飞行员"和"任务载荷员"的角色可以迅速进行切换。

合成孔径雷达席位配备 7 台显示器用于显示传感器、载荷设备的相关信息，并进行操作。

7.1.6　未来发展趋势

随着陆海空天一体化作战体系的构建，以及无人机群作战概念的兴起，无人机地面站在整体作战体系中的作用日益凸显。无人机数据链与其他作战力量的互联互通互操作的实现，以及无人机的地面站与更高级别指挥中心的联网通信以及对机群的指挥控制，都需要及时有效地传输数据、接收指令，因此无人机地面站技术必将对未来作战体系和作战模式的改变起到举足轻重的作用。

为了适应无人机的快速发展，对无人机地面站也提出了更高的要求，未来无人机地面站将向通用化、标准化、网络化、智能化方向发展，需要具备更强的人机交互能力和协同控制策略，其主要发展趋势如下。

（1）通用化：未来随着作战需求的增加、武器装备的发展，无人机的型号、数量将越来越多，为适应无人机控制的普遍需求，减少部署成本，有必要发展通用化、可配置的无人机通用地面站。所谓可配置是指地面站采用模块化的设计方法，可以通过快速更换相应硬件模块和换装相应软件以适应不同型号的无人机的操控要求，而实现无人机地面站的通用化可以大大减少重复建设，降低采购成本。

（2）标准化：互联互通互操作是实现无人机控制站通用化的基础，核心在于交互操作协议层面的标准化。如果各军种、各型号的无人机系统都能遵循通用的标准，使用标准的无人作战飞机系统开放式的信息架构、通用消息格式、消息集等，就能使多种无人机通过通用的地面站共享信息，增强其联合作战的互用性。

（3）网络化：面对未来复杂的战场态势，地面站很可能需要与数据链地面终端进行分离部署，因此发展以网络为中心的信息体系架构、军用 5G 无线通信网络驾驶和网络保密技术后，地面站将不再受限于军用指挥网络布置，可通过网络加入整个战术级的指挥信息系统。同时发展网络云计算与分布式控制基础技术，可以实现显控与计算的分离部署，并且具备强大的计算能力和数据存储能力，可帮助地面站操作员获取信息优势和决策优势。

（4）智能化：智能化在无人机地面站的很多功能上都会有相关应用，未来随着无人机自主能力的提高，地面站也应该将智能辅助决策技术作为关键技术进行重点攻关。态势信息的融合、态势信息的推送、目标信息的识别、作战方案的制订、作战任务的重新规划、威胁等级评估、多机防撞策略、操作员语意的理解和负荷的评估等都需要有人工智能技术的应用，从而更迅速、更有效地辅助操作员进行相关决策。智能化应用，需要重点关注以下两个方面的问题，第一个是人机智能分工与协作机制，人与机器两类智能各有所长，需要对无人机作战中的认知和决策问题进行解剖，合理分配人机功能，建立两类智能协作解决问题的机制，实现一加一大于二的效果；第二个是无人机控制站智能化验证评价体系，智能化验证评价至关重要，研究确保机器智能不脱离操作员的掌控，定性和定量地评价机器智能的水平高下，其重要性甚至超过了发展智能化本身。

（5）协同控制：为实现未来战场体系支撑下对团级无人机集群作战的指挥控制，地面站需要以网络为中心，依托多地面控制站间数据交换及通信管理，构建集群控制架构和多任务控制站系统架构，突破站内作战态势共享、协同任务临机规划与指挥、多机多任务协同控制、集群作战仿真环境等关键技术，形成完善的多任务控制站协同控制体系和控制方法，为团级规模多无人机平台集群作战应用提供有力支撑，有效提高无人机协同作战效能。

（6）人机交互：地面控制站的人机交互是操作员与设备之间的纽带，人机交互设计的好坏直接影响到作战效能的发挥。未来地面控制站人机交互将加强"以人为中心"的设计理念，为飞行员提供更加"友好"的人机操作界面和便捷的人机交互方式。此外，还可以增加更多新的人机交互方式，例如，眼动控制、脑电控制、手势控制、AR/VR 技术等，在增加用户体验、便于操作的同时，还能够提升操作员在不确定环境下的态势感知、态势理解与自适应目标处理能力，提升操作员在高烈度作战模式下的环境认知、快速控制能力，减少一名操作员控制多架无人机的操作负荷，提高整体作战效能。

7.2 无人机数据链

7.2.1 定义

无人机数据链分为：地空数据链（简称地空链）和空空数据链（简称机间链）。

地空数据链对任何无人机来说都是关键子系统。地空数据链为无人机系统和地面控制站之间提供了双向通信能力。地空数据链可以采用连续工作的模式，也可以按实际使用需求选择工作或者静默。上行数据链速率一般较低（3.2 ~ 12.8kb/s），为无人机飞行控制和有效载荷提供指令发送通道。下行数据链提供了一个低数据率通道用于发送应答指令和关于飞行器的状态信息，同时还提供了一个高数据率通道（2 ~ 64Mb/s）用于传输传感器数据，如视频载荷数据和雷达数据。地空数据链路可以被调用，通过确定飞行器与地面天线之间的方位角和距离来测量飞行器的位置。这种信息可被用于辅助导航和飞行器精确定位。如果要求在战斗环境中确保其效能，数据链需要具备一些抗干扰、抗欺骗和反控制的能力。

机间链为无人机系统和指通机之间提供双向通信能力，机间链能够传输无人机的状态信息、载荷信息、侦察信息和传输指通机的测控信息，实现有人机对无人机的控制以及无人机与无人机之间的信息传输。

7.2.2 功能

无人机地空数据链主要包括视距链路和卫通链路，承载其的地面设备称为地面数据终端（GDT）。视距地面数据终端（VGDT）主要完成对无人机测控系统的测控与信息传输，具有遥控、遥测、跟踪定位和信息传输等功能；卫通地面数据终端（SGDT）主要完成对无人机的遥控、遥测和侦察信息的超视距传输。

视距地面数据终端一般需要具备的主要功能如下：

（1）发送地面控制站要求发送的上行信息，使地面控制站能够对无人机及其载荷设备进行有效的控制，上行信息通道一般只需要较小的带宽；

（2）接收无人机发送给地面控制站的下行信息，用于向地面控制站传递无人机当前的遥测数据和载荷状态等信息，下行信息通道一般需要足够的带宽用于传输大量的载荷数据，但若只用于传输无人机的遥测数据则较小的带宽即可满足；

（3）至少支持控制 1 机和监视 1 机的测控信息传输；

（4）对无人机进行跟踪测角、测距，这些数据可以用于飞行器的导航，提高机载传感器对目标位置测量的整体精度；

（5）信息加密传输，保证信息的安全性，降低信息被截获的概率；

（6）具有自检测和远程监控能力，可通过地面控制站进行相关控制；

（7）具备不同频段的备用链路，有与主链路作为 2 个独立信道传输信息内容给无人机的能力。

卫通地面数据终端一般需要具备的主要功能如下：

（1）地 – 星 – 机为前向链路，传输遥控信息，实现前向控制指令的实时发送；

（2）机 – 星 – 地为返向链路，接收无人机发送给起降控制站和任务控制站的下行信息；

（3）具有数据加密传输功能，保证信息的安全性，降低信息被截获的概率；

（4）具有自检测和远程监控能力，可通过地面控制站进行相关控制；

（5）具有同时监控多架无人机的能力；

（6）具有网络管理能力，能够动态地进行卫星资源的申请与释放。

无人机空空数据链一般具备的主要功能如下：

（1）能够传输有人机对无人机的测控信息，实现有人机对无人机的控制；

（2）能够向有人机传输无人机的状态信息、图像视频信息、电子侦察信息等；

（3）能够支持无人机与无人机之间的信息传输；

（4）具有数据加密传输功能，保证信息的安全性，降低信息被截获的概率。

7.2.3　组成和工作原理

无人机数据链路的地面设备称为地面数据终端（GDT），该终端一般采用大板方舱式结构，方舱采用油机 / 市电供电，可公路、铁路、航空运输。地面数据终端设备一般由信号接入设备、终端处理机、信道组合、变频组合、射频前端、伺服设备、天线和相关配套设备组成，通过光缆与地面控制站实现互联。

地面数据终端与机载数据终端之间的发送和接收的数据流，无论是通过视距链路传输还是通过卫通链路传输，数据链路的各项功能部件在基本的构成方式上不会有太大的变化，其工作原理也大致相同。

地面数据终端的工作原理一般是地面数据终端的信号接入设备接收到地面控制站送来的上行数据，在终端处理机进行编码、加密、信道编码、扩频和调制后送入信道组合、变频组合，经变频放大后通过发射天线发射出去，并根据链路控制指令控制地面设备工作状态。下行射频信号经射频前端放大后输出，经变频组合下变频后输出中频信号送给终端处理机中的跟踪接收单元和调制解调器。跟踪接收单元解调出天线方位误差电压送伺服组合，实现对天线跟踪。调制解调器接收中频信号完成解调、信道译码、纠错解码、解密后输出复合数据流送地面控制站。其工作的信号流程框图如图 7-11 所示。

机间链即空空数据链系统一般由指通机、无人机和可选配的地面信息中心组成。

机间链的机载端一般选用抛物面天线，采用机头、机尾双天线方式，用于避免飞行过程中由于飞机姿态的变化，可能造成的天线遮挡和通信中断，以实现在机动情况下的连续通信。由数据链终端分机根据两架飞机的位置和姿态信息，动态地选择机头或机尾的天线。

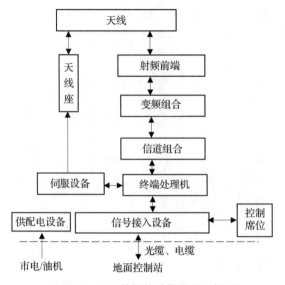

图 7-11　地面数据终端信号流程框图

机间链一般采用综合模块化设计，从物理组成上分为天线孔径、信道分机、终端分机三大部分。对于指通机等稍大的空中平台，为了尽量减小噪声系数和馈线损耗，需要将机载信道分机尽量靠近天线馈源，一般采用一个天线配接一个信道分机。

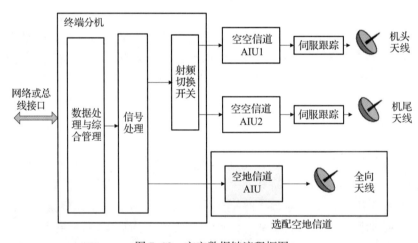

图 7-12　空空数据链流程框图

除无人机和指通机间的空空信道外，机载平台还可增配空地信道，实现空地高速数据传输和地面控制中心的遥控设置。空地信道的机载端采用全向天线以降低装机要求，地面端采用大口径抛物面天线以实现较高的增益。

端机采用统一的模块化设计、一致的物理接插件形式，以及完全一致的硬件模块设计；只需要进行简单的软件配置，即可使用不同的系统总线、应用于不同的使用环境。无人机和指通机均可采用独立端机方式，也可采用嵌入组合机架方式，纳入机载通信综合管理之中。

7.2.4　现状和发展趋势

目前无人机数据链的发展现状是可以支持通过视距或卫通链路完成无人机与地面站之间的数据通信，下面以"捕食者"系列无人机数据链为例进行简单介绍。

"捕食者"地面控制站配备 C 波段地面数据链终端和 Ku 波段地面数据链终端。地面数据链终端与飞机之间保持无线电数据链，见图 7-13。

图 7-13　"捕食者"地面数据终端外观图

地空数据链由无线电上行数据链和下行数据链组成，在飞机上的机载数据链终端和与地面控制站有关的地面数据链终端之间建立起全双向通信。控制指令可连续不断地发射到飞机，飞机也可连续向地面控制站发射状态和图像数据。该地空数据链通过 C 波段视距数据链系统或 Ku 波段卫星通信数据链系统保持连接。飞机控制指令从地面控制站内的飞行员 / 传感器操作员（PSO）工作站发出。这些指令输入到已选择的地面数据终端 / 便携式地面数据终端，然后加入上行数据链或指令数据链。

飞机接收指令，并将指令传递给飞机冗余控制模块（RCM）执行。冗余控制模块还接收飞机各子系统的侦察传感器图像以及遥测仪数据。冗余控制模块对这些数据进行处理，然后将其传递给 Ku 波段下行链路（RL）或视距下行链路。地面数据终端或便携式地面数据终端接收和处理视距下行链路的数据，然后将其传递给地面控制站在飞行员 / 传感器操作员（PSO）操纵席进行显示。为了便于维护，除了系统工作的正常无线电模式外，系统还具备直接连接功能，允许通过地面控制站和飞机之间的内连电缆建立数据链。

图 7-14 为系统方块图，图中标出了数据终端和系统组成部件之间的接口。

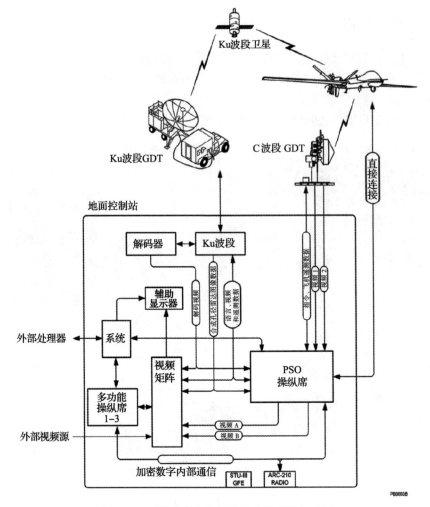

图 7-14 "捕食者"地面数据终端系统组成图

空空数据链使用先进 CDL（A-CDL）系统，A-CDL 系统是一种自适应速率、抗干扰的空空数据链，并具备低截获概率（LPI）及低可探测概率（LPD）的保密性能，可为情报、监视、侦察（ISR）平台提供高数据速率、超视距（BLOS）的中继服务。A-CDL 的典型应用方式如图 7-15 所示。

A-CDL 具有以下一些技术特点：

（1）A-CDL 能为中继空中平台提供多达 12 个情报收集平台队列的能力，它们中的一部分有隐蔽通信的需求。

（2）A-CDL 除了满足高数据速率、隐蔽通信的需求外，还提供了抗干扰（JR）的能力。

①上行链的传输速率最大可达 68Mb/s；

②下行链的传输速率最大可达 274Mb/s。

（3）A-CDL 的进一步改进为 ISR 平台任务数据库的移交和协作的应用提供对称的空—空信息交互能力。

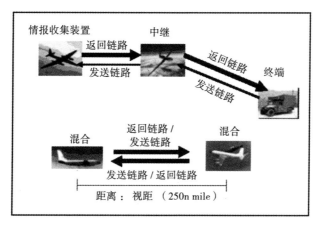

图 7-15 A-CDL 波形的典型应用

（4）A-CDL 使用 OQPSK 调制方式，以及速率和功率可变的直接序列扩频（DSSS）。

未来面对陆海空天一体化作战体系的构建和无人机群作战概念的兴起，无人机数据链也要在发展标准化的同时具备更强的抗干扰、反控制能力和控制多架无人机的能力。其主要发展趋势如下：

（1）抗干扰、反控制：未来战场的电磁环境日趋复杂，数据链路无法避免受到敌方的干扰、截获和欺骗，使我方无人机无法正常使用，因此发展安全可靠的、抗干扰的数据链是势在必行的。未来地面站数据链将需要采用复杂的信号处理以防止被截获，使用抗干扰的编码、加密、变频、跳频、扩频与解扩技术，图像压缩与传输解压以及高速信号处理等先进技术，有效降低数据链路受到蓄意干扰的概率，防止机密信息数据外流，并能够确保在数据链失效的情况下使无人机能够安全返回。

（2）多机控制：面对未来多机集群作战的需求，"一站多机"的控制模式已成为必然选择，而常规的视距链路地面终端和卫通链路地面终端已经不能支持多机连续起降和多机作战控制，必须发展新的相控阵视距链路地面终端替代传统的抛物面形态的视距链路地面终端，也要发展卫星资源，同时为卫通链路地面终端配置多通道的卫星信道设备以实现多机的测控通信。

（3）通用性、标准化：为了更好地适应自组网络通信，实现多兵种、多无人机型号间的信息共享，实现信息传输迅速、准确的目的，需要进一步确立一个通用的数据链标准协议和采用通用的数据链地面数据终端，以真正实现互联、互通、互操作。

第8章 无人作战飞机发展展望

在兵器进化的历史进程中，飞行器的出现无疑是一个里程碑事件，其不仅把作战样式从平面推向了立体，实现了真正的超视距作战，而且对推动战争发展起到了决定性的作用；空中力量的迅速崛起和广泛运用，使得作战样式发生了革命性的变化，飞行器以其速度、高度的优势，大大加快了战争节奏和作战进程。但由于飞行器的工作环境相对恶劣，人很难长时间驾驶飞行器执行任务。随着航空技术的发展和作战对抗激烈程度的加剧，对飞行器长时间飞行的需求与飞行员生理限制之间的矛盾逐步凸显，这样无人机的出现也就成为历史的必然。

无人机其实不是真正的无人，而是实现了人与飞行器在空间上的分离，它把人的智力提前预置进了飞行器，或者人远程操控飞行器。这种人与飞行器在空间上的分离虽然只是一个技术进步的产物，但对使用者来讲却是一个革命性的变化，不仅丰富了达成国防战略的手段，而且使得战略目的的实施趋向战术化。

8.1　无人作战飞机与国防战略

虽然无人机的发展已经超过70年，但无人作战飞机的发展是从20世纪80年代开始的，并在20世纪末、21世纪初才取得突破性进展，成功进入实战使用。无人作战飞机一进入现役，就开始承担攻击敌方指挥机关、雷达、地空导弹阵地等重要目标的任务，可以不夸张地说，无人作战飞机的问世不仅标志着无人机从保障装备上升为主战装备，而且是飞行器发展史上的一个重要里程碑，是飞行器战斗力的一次巨大飞跃，再一次丰富了制空权的战略思想和理论，对各国的国防战略将产生革命性的影响。从各大国无人作战飞机的发展情况分析，随着军事需求的增加和技术进步的推动，该型装备已经演变为高效费比、攻防兼备的新概念武器系统，在各军种的武器装备体系中具有"黏合剂"和"倍增器"的作用，具备执行广泛任务的能力，将促进部队作战思想、作战方式、指挥样式和组织编制发生一系列变革。

像有人驾驶飞机一样，早期的无人机的军事价值也受到军事人员、技术专家的怀疑，很多人认为无人机只能配合有人机执行一些侦察、照相、撒传单等简单的任务，就像有人机刚问世时军事家认为飞机只是水面舰艇的配属装备一样。但在战争需求的牵引、现代技术进步的推动、战场上的杰出表现等因素的综合作用下，无人机的军事价值已经被各国所高度重视。

分析美、俄、英、法等军事强国人力发展无人作战飞机的原因，可以发现该装备对达成国防战略目标具有独特的作用，特别是从美国、俄罗斯近 20 年的使用实践看，无人作战飞机在执行中东战略、反恐战略、亚太再平衡战略、印太战略目标中都发挥了重大作用。无人作战飞机不仅可以执行有人作战飞机难以执行的战术任务，还可执行重大的战略任务，在国防战略中有着重要地位。

8.1.1　无人作战飞机的独特地位

8.1.1.1　无人作战飞机不断拓展的功能和多样化的使命任务

　　与有人驾驶多用途作战飞机不一样，目前无人作战飞机分为执行对地攻击任务的无人攻击机和进行空战的无人战斗机。无人攻击机和无人战斗机在技术难度方面相差很大，无人战斗机相对于无人攻击机是革命性的变革，有质的变化，智能化程度大大提高，信息传输问题解决得必须非常好，但无人战斗机的出现还将经历一个艰难的过程。

　　由于无人攻击机所攻击的目标是不动的或者低速移动的，任务相对简单，比较好对付，因而无人攻击机首先面世。无人攻击机的发展对有人驾驶攻击机和巡航导弹的发展无疑是强有力的挑战。无人攻击机将利用其隐身性能悄悄飞到目标附近，用精确制导武器对敌方目标进行出其不意的攻击。它将在有人攻击机之前出发，打掉敌方的空防基础。此后，待机飞行的无人攻击机将在战场上空保持"持续警戒"状态，使敌方空防始终处于被压制的境地，并可对高价值目标和时敏目标立即进行攻击。

　　在美国正在研制的 X–45 和 X–47 无人攻击机的任务需求中，对空对地攻击提出了明确的要求。其攻击对象除了前线的掩体、建筑物等固定目标和坦克、装甲车等机动目标外，还可对战场纵深的上述目标实施攻击，并可摧毁经过加固的生化武器仓库以及地下指挥中心等。执行对地攻击任务使用的机载武器包括多种反坦克导弹、制导炸弹以及灵巧子弹药等。在执行空对地攻击任务时，未来无人攻击机将要承担的另一项重要任务是防空火力压制，这在 X–45 和 X–47 无人攻击机的任务需求中均明确提出。其攻击目标除雷达外，还包括地空导弹发射系统和防空高炮。它分为两种攻击模式，一种是先发制人式，一种是反应式。先发制人式防空火力压制是首先按预定编程将无人攻击机投放到预定战场，并按预定编程有选择地对地空导弹发射系统、雷达、高炮阵地及基础设施实施攻击；反应式防空火力压制则是首先为他机进行对地攻击时护航或空中战斗巡逻，对突然出现的前述目标进行攻击。

　　在未来相当长的一段时间内，无人作战飞机和有人作战飞机的关系是相互补充，而不是取而代之。有人作战飞机执行的任务有些可以由无人作战飞机替代，有些则不行。但值得注意的是，随着信息技术的迅速发展，无人作战飞机的作战使用范围肯定会在某段时间迅速发展，并会成为主要的航空武器装备。

　　从历史的角度看，每种武器的出现都会对其他武器的发展产生影响，但每种武器也都有各自的优势和劣势，无人作战飞机也不例外。无人作战飞机今后可以充分利用它机动性能强、成本低、隐身性能好的优势，在恶劣条件下实施作战攻击任务，消除有人作战飞机飞行员执行任务带来的伤亡风险。而有人作战飞机则可以充分利用人的智慧和综合判断能力，排除干扰，在复杂条件下自己驾驶作战飞机或指挥无人作战飞机实施作战，因为说到底，无人作战飞机的智能化水平不可能达到有人战斗机的水平，特别是在伪装、任务随机性、干扰等复杂条件下更是如此。有人和无人作战飞机配合使用能起到一加一大于二的效果。

综上所述，无人作战飞机将是 21 世纪世界航空技术发展的一个重点领域，它将全面带动航空技术的发展，同时也将大大改变未来战争的模式。有一点可以肯定，无人作战飞机的作战环境将更讲求在一个大的系统内，作为一个作战单元，而不像20 世纪的有人作战飞机那样常常可以单兵作战。信息技术的发展将对无人作战飞机的发展起到重要的推动作用。从这个意义上来讲，无人作战飞机是信息技术与航空技术相结合的产品，因此它的发展前景将无限广阔。

8.1.1.2　美军对无人作战飞机重要地位的观点

首先，无人作战飞机的使用，可减轻巡航导弹和隐身飞机突击敌方防空设施的任务负担，成为战争的先期打击力量，战争效益大为提高。20 世纪 90 年代以来，无论是在海湾战争、科索沃战争，还是阿富汗战争中，美军在战争开始时，都首先大量使用"战斧"和 AGM-86C 巡航导弹以及 F-117A 和 B-2A 隐身飞机对敌方的导弹阵地、防空雷达和指挥中心等防空设施进行突击，以夺取绝对的空中优势。在科索沃战争中，首轮空袭，美军就发射了 100 枚巡航导弹，整个战争中共发射了 1300枚，其中，有相当数量的导弹是用于攻击防空设施的。待 X-45A/B 无人作战飞机投入使用后，攻击敌方防空体系的任务将主要由无人作战飞机承担，这样，"战斧"和AGM-86C 巡航导弹以及隐身飞机等高技术作战装备可执行其他更为重要的战略打击任务，取得更高的任务效能。

其次，无人作战飞机是专门用于打击防空设施的，作战效果好。由于 X-45B 装有 AGM-88 反辐射导弹和雷达探测设备，因此与 F-4G "野鼬鼠"一样，专门用于打击敌方防空设施，不仅能攻击预定的雷达目标，还能攻击临时开机的雷达，作战效能自然比非专业武器高。

第三，无人作战飞机可在目标上空长时间滞留，击毁敌防空雷达的概率高。根据局部战争经验，美国的对手为确保雷达的生存，一般在美军空袭高峰时，将雷达关机。而美军的有人驾驶飞机为避免人员伤亡，又不可能在目标上空长时间停留，这样，敌方的一些防空雷达就能躲过美军的空袭而生存下来。而无人作战飞机不存在人员伤亡问题，可在目标区上空作长时间停留搜寻，一旦敌方雷达重新开机，就立即予以攻击，从而提高了对敌方雷达的击毁率。

第四，作战行动将在全天候、全时域进行，战争进程加快。美军虽拥有 B-2A和 F-117A 隐身飞机，能躲过敌方雷达的探测，但由于这些飞机均为亚声速飞机，速度慢，白天容易被目视发现，因此，被击落的概率还是比较高，在科索沃战争中，F-117A 就被击落击伤各一架。因此，在战争中，尤其是在战争初期，为确保生存，美机的空袭行动一般在夜间实施，待敌方防空体系完全瘫痪后，才转入白天攻击。而无人作战飞机体积小，只是 F-16 战斗机的 40%，而且机动性强，X-45B 的过载高达 20，能做各种高难度的动作，不易被防空火力击中，即便被击中了，也没有人员伤亡。"零伤亡"的作战思想，促进了美国无人作战飞机的发展。为了满足五角大楼的"零伤亡"作战要求，美军集中精力研制了许多无人作战飞机平台。

8.1.2　无人机的战略优势

无人机在实现国防战略上具有自身的特点，它具备了飞行器所具有的超越地面障碍的能力、相对在陆地和海洋上活动的军队和武器装备具有居高临下的优势。与有人驾驶飞机和卫星平台相比，无人机也具备独特的优势。与有人驾驶飞机相比，无人机的特点主要是不需要飞行员驾驶，通过无线电遥控或自主控制（自动程序控制或依靠机上传感器的人工智能式自动控制）操纵，这一特点决定了其达成国防战略的独特优势。

（1）可以避免人员伤亡。有人驾驶飞机进入作战区域，面临着敌方严密的防空网，机上人员受到很大的威胁，一旦造成伤亡，将面临巨大的政治和舆论压力。无人机执行任务时，操纵人员可在相对安全的环境下工作，人员伤亡的风险较低，特别适合执行化学或生物制剂探测、压制敌防空系统、纵深攻击、战役战术侦察等危险性高的任务。无人机已成为美国实现其"低伤亡率"甚至"零伤亡"战略目标，推行非对称、非接触和非线性作战理论的重要手段。

（2）无人机经济性好。无人机不需配备复杂的生命保障系统，因此与有人驾驶飞机相比结构简单、体积小、重量轻、研制费用低，作战使用费用也低得多。无人机平时可以长期封存，无须定期保养，战时可随时出动。操作员训练主要在模拟器上进行，可节省大量训练经费。据美国国防预先研究计划局估计，无人作战飞机采购和作战使用费用可能会比使用有人驾驶飞机执行同样任务的费用减少50%。

（3）可完全以任务为中心设计。无人机设计不需要考虑人的体力和心理等因素的限制而只需考虑飞机安全系数、飞行时间以及机体结构疲劳等，因此无人机设计可以完全以任务为中心，根据任务需求设计或具备长时间飞行能力（如美国的"全球鹰"长航时无人机最大续航时间大于 42h），或比较小、比较轻（如美国的"微型星"翼展为 15cm，起飞重量仅为 85g），或具有较强的机动能力（无人作战飞机过载可接近 20），或飞行速度达高超声速。

与卫星等太空武器相比，无人机获取信息具有卫星所不具备的详细性、针对性、实时性和可用性等优势。一是实时性好。无人机可在部队行动之前布设，也可在战争期间随时发射，做到实时侦察与监视战场动态，实时进行打击毁伤评估。军事行动常常处在不利于现有卫星观察的地区，所以需要在行动前经常调整卫星轨道或重新发射卫星。这种做法所耗费用极大，而且卫星只能按照规定的轨道运行，不能按指挥员随机要求获得某目标区的完整情报，每天经过目标地域次数有限，不能保持持续观察。美军在科索沃战争、阿富汗战争和伊拉克战争中，在使用 50 多颗卫星的情况下，仍大量使用无人侦察机，表明在局部战争中单靠侦察卫星不能解决战场实时侦察的问题。二是精度高。由于无人机飞行高度比卫星低得多，所以其观察地面目标的分辨率高，任务设备易于实现高精度。无人机不易受目标区域上空云层等的影响，可以渗透到离信息源尽可能近的位置，获得像无线电对讲机那种低功率信息情报，而卫星却不能。三是可监视机动目标。卫星能识别静止目标，但在跟踪移动目标上非常不可靠，不具备监视机动目标的能力；无人机的光电与雷达设备均具有跟踪功能，可跟踪监视战场机动目标。四是造价相对低廉。无人机成本比卫星低得多，是卫星成本的几十分之一，甚至几百分之一。

上述优势使无人机容易执行重大战略任务，特别是在执行枯燥（长时间居留）、肮脏（如有害材料取样）、危险（暴露在敌对区域中）的战略任务时更胜一筹，因而各国军方对无人机的需求越来越大，应用日益广泛，有力地促进了无人机的快速发展。

8.1.3　无人作战飞机的"制空权"战略

8.1.3.1　制空权战略思想的诞生

"制空权"战略思想产生于两次世界大战之间。当时，由于航空技术的突破性发展，飞机的性能有了很大提高，单翼机取代了双翼机和三翼机，飞机的最大速度达到580km/h，最大航程达到4000km，飞机的专业分工也日趋完善。这些技术上的突破为飞机的作战使用提供了物质基础。同时，由于在第一次世界大战中的出色表现，空中力量的地位和作用越来越受到人们的重视，战略家们意识到制空权的重要性，一些国家开始在军队体制中组建独立的空军。在这种情况下，一些有识之士开始了对空中力量作战使用和建设问题的战略性研究，提出了一些系统的思想和理论，为早期空军战略思想的形成奠定了基础。

世界上第一种空军战略思想是"制空权论"，其代表人物是意大利的朱里奥·杜黑，理论观点主要表现在其所著的《制空权》一书中。朱里奥·杜黑，生于意大利的卡塞尔塔，1921年出任意大利陆军第一个航空营的营长，1915年出任米兰师参谋长，并参加了第一次世界大战。1916年，由于他对意大利陆军司令指挥无能及陆军当局战略指导失误提出了严厉的批评，被军事法庭判处监禁一年。一年后，意军在卡波雷托前线战败，杜黑的意见被证明是正确的，意大利政府重新调查此案，推翻了原来的判决，杜黑东山再起，出任航空部部长，1921年晋升为准将。1923年，杜黑退出现役，专事著述。1930年2月15日，杜黑因病去世。

在空军服役和退役后著述期间，杜黑用其毕生精力潜心研究空中力量的运用和建设问题，发表了许多在当时以至尔后对世界空军发展有重大影响的论文，后将其代表作汇编成《制空权》一书，成为"制空权论"战略思想的基础。

8.1.3.2　"制空权论"思想的基本观点

《制空权》一书涉及的范围较广，如独立空中战争、制空权、独立军种等理论思想，但最有影响并集中反映了"制空权论"战略思想的主要观点包括以下几点。

（1）空中力量是进行战争的最佳手段

杜黑认为，以往的战争无论是陆战还是海战都是在二维空间进行，航空兵的出现改变了战争面貌，战争由平面转为立体，战争演变的轴线由直线的水平延伸，开始转向一个完全不同的方向。这种变化不是简单意义的革新，而是孕育着战争方式的革命。杜黑反复强调，对一国的抵抗给予直线的还是间接的打击，效果完全不同。直接摧毁敌人的精神和物质的抵抗将迅速决定战事的结局，从而缩短战争。他认为："飞机作为进攻兵器具有无与伦比的潜在能力，现在对它还没有特别有效的防御方法。因此，轰炸敌人的军事、工业、政治和人口中心（城市），就能摧毁其国民的士气。"杜黑断言，空军在未来战争中独立作战的规模是没有任何限度的。在不久的将来，空战将能破坏敌人的国土，并能大规模地摧毁敌人的工业中心和居民点，从而成为战争的主要形式，而传统的陆军和海军的作战形式将居于次要或辅助的地位。

（2）通过空中进攻夺取制空权是战争制胜之道

尽管在杜黑之前，已经出现过一些对空战论述的理论观点，但作为一种系统的战略思想和理论体系，最先给制空权做出比较科学定义的是杜黑。他提出："制空权是指这样一种态势，即我们自己能在敌人面前飞行而敌人则不能这样做。"这一定义包括两层含义：一是阻止敌人飞行；二是确保自己飞行。关于制空权在战争中的作用，杜黑认为，在未来战争中，哪个国家控制了天空并取得空战的胜利，哪个国家就能赢得战争的胜利。夺取制空权后，地（水）面部队主要用来遂行防御性任务，空军则用来向敌人进攻，摧毁敌人的工业、战争机器，瓦解敌人的作战意志，最后赢得战争的胜利。

关于如何夺取制空权，杜黑提出了两种基本方法：一是在空中与敌人交战；二是摧毁敌人停放在地面上的飞机和空军基地。他认为后一种方法是主要的，飞机是一种出色的进攻性武器，空军是一个富于进攻性的军种，空中进攻的最大优势是掌握着战争的主动权，能自由选择攻击目标并能主动地集中优势兵力，突然给敌人以猛烈打击，这样就能最大限度地摧毁敌人的空中力量，从而夺取制空权。而处于防御地位的敌人由于不知道攻击来自何方，不得不把空中力量分散在整个防线的一切地域，只能被动挨打。杜黑认为，消灭敌人在地面上的"巢"和"蛋"，要比搜索敌人在空中飞行的"鸟"更容易和更有效。杜黑极力否定防空的作用，他指出，如果采用空中防御的方式，就必须到处设防，随时准备抗击大批的敌航空兵部队，而航空兵器不是优良的防御武器，据此他认为防空实际是无用的。此外，杜黑主张制空权就是绝对制空权，反对相对制空权的提法。

（3）建立独立的空军

杜黑认为："一个国家的目标即使仅仅是保护自己，也应该建立一支能够对地面和海面进行强有力进攻的、独立的空军。"陆、海、空三个军种应隶属于一个"最高司令部"，这个"最高司令部"应有充分的权力确定各军种的需要，并恰当地分配各种资源。

对于为什么要建立独立的空军，杜黑进一步强调，一支军队要取得战争的胜利，必须具备两个条件：一是能够夺得制空权；二是夺取制空权后，有力量摧毁敌人物质和精神上的抵抗。只能满足第一个条件时，战争的结局将取决于陆上和海上斗争的结果。如果能同时满足两个条件，即有一支独立的空军，那么整个战争的结局将取决于空中战争。

杜黑给独立的空军所下的定义是，能够夺取制空权的空中力量的所有航空兵器的总体。他认为，陆地和海洋上方的天空是一个不可分割的整体，在这个整体空间内活动的航空兵是不能从属于陆军和海军的，因为这种从属关系必将强制分散空军的力量，使它无法满足真正的需要。完全独立于陆海军之外的独立空军是绝对重要的。只有采用"独立空军"一词时，才能看到新战场上作战的一个实体。这个新的战场是陆军和海军所不能参与的。杜黑认为，夺取制空权的斗争和独立空中战争，只能通过在空中或在敌人国土上的斗争完成，这就决定了它只能由航空兵而不是陆军和海军来完成。既然只有航空兵才能完成这样的战略性任务，那么这样的航空兵必然是一支战略力量，它不应隶属于陆军和海军，而应成为与之平等的独立军种。

杜黑在主张建立独立空军的同时，极力反对把航空兵隶属于陆海军之下，在他看来，隶属于陆海军的配属航空兵是"无用的、多余的和有害的"。他认为，没有独立的空军，就无法夺取制空权，配属航空兵也就无法进行支援陆海军的作战活动，不能起到任何作用；如果独立的空军夺得制空权，它可以执行和承担配属航空兵对陆海军作战的支援任务，为此配属航空兵显然是多余的；组建配属航空兵势必分散空中力量，使得独立空军难以获得力量上的集中优势，这显然是有害的。

8.1.3.3 "制空权论"思想的历史影响

在世界航空史上，"制空权论"战略思想是空军战略理论的基础。它第一次较系统地阐述了空中战争和制空权理论，并从战略高度概括了空军作战和建设的一些重大问题，为尔后空军理论问题的深入研究奠定了基础。这些思想对当时世界各国的空军建设和运用产生了重大影响，时至今日在学术理论界仍具有重要的研究价值。

"制空权论"战略思想虽是一种历史阶段的产物，难免具有一定的历史局限性，但其许多理论观点经实战检验被证明是正确的。例如，"制空权论"主张充分发挥飞机速度快、飞得远、载弹量大的特点，用以攻击任何敌方的目标，摧毁陆上、海上的各类目标，以这种强有力的、独特的武器和军种，从根本上去改变平面战争的特性。这一观点现在已被人们普遍接受。杜黑提出的关于夺取制空权的思想，在以后的战争中得到普遍的运用。制空权的重要作用，已为第二次世界大战及战后的局部战争，特别是近期高技术局部战争所证实。在高技术局部战争中，制空权的得失对战争的进程和结局将产生重要乃至决定性的影响，这一观点已不再被人们所怀疑。杜黑提出的通过连续轰炸打击对方民心士气并迫使对方屈服的思想，成为战略轰炸的理论基石，并在以后的战争中广泛运用。如第二次世界大战中，美、英两国就是通过对德国大规模的战略轰炸，大大削弱了德国的战争意志和战争潜力。近期几场局部战争，特别是在科索沃战争中，南斯拉夫联盟共和国（简称南联盟）最终是在北约的狂轰滥炸之下被迫屈服。此外，杜黑关于创建独立空军的思想也被世界各国所认同。目前，世界上大多数国家都把空军作为一个独立的军种加以重视和建设。

8.1.3.4 无人作战飞机弥补了有人机的缺陷，可实现全时域全空域制空

在飞行器的百余年发展历程中，科学技术的进步、作战需求的牵引、日常训练

的反馈和战争实践的检验推动着飞行器由量变到质变的发展。如果我们从信息、空间、时间、速度、距离、高度、精度和威力等影响战争的要素出发来考察有人机演变到无人机的过程，就会发现从有人机到无人机，除了飞行距离、战场留空时间（持久性）明显增加外，其他要素的指标并没有发生太大的变化，甚至在速度和高度等要素上，指标还有所降低。这些看似不起眼的量变，却引起了有人机到无人机的质变。

无人机的质变主要体现在平衡了信息、空间、时间、速度、距离、高度、精度和威力等要素的矛盾，最大限度地发挥了整体的综合效能，而不是追求个别先进指标。首先，无人机将使得陆、海、空、天、电磁多维空间作战呈现一体化的趋势，电子信息对抗与精确打击攻防走向结合，奠定了远程精确战和信息战在未来一个时期战争中的决定性作用。其次，无人机作为现代信息技术、人工智能、计算机和网络技术在航空装备上的运用和发展，是一种高度依赖信息技术及信息网络支撑的航空武器装备系统；与有人驾驶飞机相比，由于无人驾驶、没有人的生理限制，机上取消了与飞行员生命保障相关的系统和设备，因而可长时间执行空中任务，可替代有人飞机进入核、生、化等污染环境执行任务，也不存在飞行员伤亡问题，同时可在隐身和机动性设计上实现质的飞跃，全寿命费用低、作战效费比高。最后，无人机与卫星相比，具有时效性、针对性和灵活性强等优势；与有人机相比更适合执行"枯燥、肮脏、危险"的任务，具有多种作战能力，能够执行广泛的任务；与导弹相比，具有可重复使用、使用平均成本低等优势。

综上所述，无人机的出现和发展，顺应了信息时代的历史潮流，它不仅发挥了"千里眼""突击尖兵"的作用，同时作为一个动态的节点，及时将各自独立的装备联合起来，在作战体系中起到黏合剂、催化剂、倍增器的作用，实现了全时域全空域制空。

8.2　无人作战飞机作战环境

由于无人作战飞机实现了飞行员和飞行器在空间上的分离，不受人生理上的限制，能够执行枯燥（长时间居留）、肮脏（如有害材料取样）、危险（暴露在敌对区域中）的作战任务，因而可以在地球表面的所有空域执行任务，未来空天无人作战飞机甚至可以进入地球轨道，执行太空作战任务，因此其作战环境是复杂多变的。

无人作战飞机在现代信息化条件下作战的战场环境出现了全新景象，2015 年美国空军中将大卫·高德芬宣布美国国防部将创立"全球公域介入与机动联合概念"。众所周知，此前，美军一直到处宣扬所谓的"空海一体战"理念。而这次，作战理念与作战指挥理念都发生了全新变化，其中，"全球公域"就是战场环境的进一步拓展。未来随着技术的发展和空天军的需求，无人作战飞机进入太空作战是必然趋势，必将面临跟航天器一样的空间环境。通过海湾战争以来的几场高技术战争和美军近几年演习演练及最新的作战理念看，在未来信息化作战条件下，信息化作战战场环境在悄无声息中发生了颠覆性变化。作战战场环境正向着全维领域快速渗透，即：

在复杂多变的电磁环境中展开，在纵横交错的网络环境中演进，在虚虚实实的媒体环境中斗智斗勇，在变幻莫测的形态环境中激烈角逐等。突出表现为无人作战飞机面临的高对抗、高拒止作战环境，这将成为影响未来无人作战飞机发展的重要因素。高对抗、高拒止作战环境突出表现为复杂的电磁环境、变幻莫测的网络空间、真假难辨的信息空间、激烈博弈的物理空间和有待拓展的空天环境。

军事需求的强力推动和技术的飞速发展，使得未来战场环境变得复杂多变。由于处于一个高速发展的拐点上，因此很难预测未来 30 年的威胁环境，就像义和团运动的时候很难想象朝鲜战争的形态。无人作战飞机是未来 10 年后空中战场的主要装备之一，要想在未来捉摸不定的战争中站稳脚跟，赢得一席之地，就一定要适应未来的威胁环境。为此，军事大国正在开展现在与未来战场环境的形态、组成、威胁特点的研究分析，我们可以从中窥见未来威胁环境的端倪。

8.2.1　现代战场环境分析与未来战场环境发展趋势

8.2.1.1　现代战争的战场环境分析

（1）信息化战场日益透明

现代战争都是在单方战场透明的情况下进行的。在伊拉克战争中，美军部署了以下 5 个层次的传感器网。太空层：分为电子侦察卫星、光学与雷达成像侦察卫星、通信与中继卫星、气象卫星、测地遥感卫星、导航定位卫星和预警卫星。高空层：主要有 U-2 侦察机、"全球鹰"无人侦察机、E-2"鹰眼"预警机、E-3B/C 预警机、E-8C 联合监视与目标攻击雷达系统（JSTARS）飞机、RC-135 侦察机等。中空层：包括"捕食者"无人侦察机、F/A-18C/D"大黄蜂"、F/A-18E/F"超级大黄蜂"、F-16、海军的 P-3 和 EP-3 侦察机等。低空层：有"龙眼"、"影子"200、"猎人"、"指针"、"先锋"等无人侦察机，快速初始部署浮空器（RAID）的侦察飞艇系统和"阿帕奇"攻击直升机。地面层：部署有特种作战部队人员、无人值守传感系统、车载传感器和单兵用的夜视仪、激光测距仪、GPS 接收机等。这种多层次、全方位和立体化的战场信息体系，实现了近实时的信息保障。在夜间、沙尘暴和烟雾等恶劣气象环境下仍能实施精确作战。

（2）一体化联合作战与体系对抗和网络对抗

现代战争是在基于网络环境的信息化战场环境下，以信息为主导的战争。网络与数据链系统，使信息多路分发和平行共享成为可能，极大地推动了真正意义上的三军联合。作战力量趋向体系化、网络化，强调各种力量要素的有机结合和一体化使用。在阿富汗战争中，美国试验了特种兵＋实时战术信息网＋攻击机的联合作战模式。采用 Link16 数据链技术，把地面的侦察兵、空中的无人机和空中的指挥控制飞机以及空中待命的作战飞机联为一个整体，取得了较好效果。美军特种部队的士兵，骑着马为精确打击系统指示目标，时任美国国防部长拉姆斯菲尔德曾得意地宣称："这是 21 世纪一体化联合作战的典范"。

（3）战场空间趋向多维和扩展

现代战争的战场空间更加立体、多维和扩展，并呈现非线性、非接触、非对称的特征。陆、海、空、天、信息、网络、心理等各种复杂的战场空间相互联结、重叠，形成了全方位、大立体、全领域、多层次的战场空间。战争将在战区的全纵深、宽正面展开，没有明显的战线和前后方之分。战场扩展到无边无际：卫星在天空，潜艇在深海，弹道导弹和远程轰炸机可打击地球任何地方，电子战在电磁空间进行，心理战深入人的内心世界。现代战争中的天战、空战、陆战、海战、信息战（含指挥控制战、情报战、心理战、舆论战、电子战）、特种作战、气象战、核生化战、网络战和网络中心战，都在一体化联合作战理论的指导下，相互支持和增强，协调并行地快速发展。

（4）快速高强度远距离精确作战，使战争时间大大缩短

快速体现在侦察决策指挥快、打击速度快、部队推进速度快、战争持续时间短。侦察决策指挥快，高速数字化网络系统使美军能对战场的瞬间变化作出更快、更灵敏的反应，及时高效地指挥、控制与协调各军兵种的行动，大大提高了快速反应能力。美军完成发现—定位—瞄准—攻击—评估战果这样一个"打击链"所需的时间，海湾战争时是 100min，科索沃战争时为 40min，阿富汗战争时为 19min，而伊拉克战争时只有 10min。在海湾战争期间，特别详细的作战命令只能用飞机送到航母上，而同样详细的作战命令在伊拉克战争中，却可由通信卫星在 1min 之内送达。打击速度快，强度高，1943 年，美国空军在整整一年内仅打击了 50 个战略目标。在海湾战争最初 24h 内，多国部队空中力量打击了 150 个战略目标，与 1943 年相比提高 1095 倍。部队推进速度快，作战间歇时间短，二战时，部队平均日推进速度不过十几千米，海湾战争的地面作战开始不到两天，美军就推进至伊拉克纵深 200km 的幼发拉底河地区，伊拉克战争更达日推进 170km 以上的速度。在信息化条件下作战，由于信息网络的连接，各作战单元的整体联动性大大增强。实时、精确的情报，持续不断的后勤保障，使得作战一旦开始，便少有甚至没有间歇或转换期，而是一鼓作气地将作战行动持续下去。战争持续时间缩短，伊拉克战争于 2003 年 3 月 20 日开始，开战之后的第 21 天，十余万美英联军就快速占领了伊拉克的首都巴格达，战争的第 27 天，美国就宣告战争结束。朝鲜战争中美国动用了 50 万左右的军队，打了 3 年，无功而退；越南战争时美国也动用了 50 万军队，打了 12 年，最后撤出。

（5）物资消耗巨大，后勤任务艰巨

在高技术战争中，物资消耗达到了惊人的地步。海湾战争期间，美军地面部队的人均物资消耗为 200kg 以上，航母编队的人均物资消耗为 1.1 ~ 1.38t，美军共消耗各类物资 1.7 万余种 3000 多万吨。多国部队在战争中总共花掉 611 亿美元，这个数字超过了世界上绝大多数国家一年的国内生产总值，就连美国也无力独自支付这笔费用，而不得不四处化缘，向盟国伸手要钱。至 2008 财年结束，伊拉克战争与阿富汗战争共花掉美国 8450 亿美元。高技术战争的昂贵费用，使任何一个大国都难以承受，这也迫使它们与多国合作。

（6）不断创建作战新理论、新方式和新武器

美国在 4 次战争中试验了 4 种军事理论：1991 年海湾战争中，美国实践了空地一体战理论。1999 年科索沃战争中，美国应用非对称作战理论和平行作战理论。2001

年的阿富汗战争，美国人采用了网络中心战和特种作战理论。2003年的伊拉克战争中，美国人又采取了快速决定性作战理论——震慑理论。美国在每一次新的战争中都试验新研制的武器装备，例如，F–117A隐身攻击机、"战斧"巡航导弹、ATACMS陆军战术导弹系统、"爱国者"PAC–3导弹、B–2隐身战略轰炸机、卫星制导炸弹、GBU–28钻地炸弹、BLU–118B温压炸弹、"捕食者"无人机和电磁脉冲弹等。

8.2.1.2 未来战场环境发展趋势分析

信息化社会的发展速度在不断加快，军事变革和信息化战场环境的变化也在加速。下一场战争的战场环境，肯定不是前一场战争战场环境的重复，而是它的发展。未来战争战场环境的发展趋势可主要归纳为以下几点。

（1）战场信息网络化、智能化、自动化、实时化

未来信息化战争将是信息、网络和火力的战争，网络环境将是信息化作战指挥环境极为重要的因素。对战场目标进行精确侦察、定位、控制并实施全程、全域、全时空的近实时精确打击，将成为未来信息化战争的突出特征。

美国正在构建以网络中心战为核心的多层次、立体的战场侦察体系。这个体系应包括低空无人侦察机、高空侦察机、近太空浮空器和近地轨道战术侦察卫星，而其顶层是目前正在发展的"空间雷达"系统、"天基红外系统"和"转型通信卫星"等系统。未来美、俄和欧洲都将建成新一代的卫星导航系统，为各类用户提供全天候、连续、实时、高精度的天基侦察监视、导航、通信、气象、预警信息。这可提高空战、海战、陆战和天战的作战效能。全球信息管理系统（GIMS）将作为一个"全球信息总管"，形成情报收集、处理、分析和咨询的遍布全球的网络。它收集、存储、分析、综合和管理来自地面、空中、空间传感器的信息及所有来源的情报。

武器装备的信息化是实现以网络为中心的联合作战的核心，美军将进一步在世界上率先建成信息时代的信息化军队。个人数字辅助装置（PDA）使未来士兵与全球信息系统相连，可取代蜂窝式电话、无线电、个人计算机以及几乎全部的个人信息管理装置。

（2）战场空间全球化、多维一体化，并向太空和网络空间扩展

随着各种空间攻防武器装备的部署和天军的建立，空间对抗将越来越激烈，空间将成为未来联合作战的主战场。谋求空间优势的步骤是：对地面作战提供空间支援；控制空间；部署天基武器，实施全球攻击。军事强国正研究能够夺取空间优势的途径和方法，如破坏卫星通信链、用电子或其他方式攻击卫星等。另一种反监视侦察系统（CSRS）是采用非破坏性的、可逆的手段损害侦察卫星的地基系统，用来干扰敌方监视和侦察系统的正常工作。正在研制的微小卫星用作杀伤卫星、卫士卫星、轨道维护。它们具有检查、交会对接、再定位和靠近轨道设施的机动等能力。美国正在部署的三种导弹防御系统都有反卫星能力，这三种导弹防御系统分别是陆基中段导弹防御系统、舰基"宙斯盾"战区导弹防御系统、机载激光反导系统，而且美国还在研发天基导弹防御系统的反卫星能力。美国舰基"宙斯盾"战区导弹防御系统的有效拦截距离为2000km。

美国空军成立的临时"网络司令部"，为备战网络战争、争夺"制网权"迈出重

要一步。在未来的战争中，网络是一个战区，计算机本身就是武器。如果无法在网络空间占据主导地位，就不能在空中和太空占据主导地位。美国空军早已把实施网络战当作与在空中及太空执行使命一样重要的作战任务。针对未来的微波武器、计算机病毒武器等的打击，俄空天军建立了信息战部队，专门负责研究信息攻击和信息防护，使用信息战武器破坏敌指挥控制系统。俄空天军已组建了首支无线电对抗营，该营主要装备电子干扰设备、全球卫星定位系统干扰器等新型电子战装备。

（3）作战武器装备信息化、精确化、束能化、隐身化、智能化

信息化是指通过"武器智能化""战场网络化"和"指挥自动化"，实现超视距作战、远程精确打击和作战过程全程监控，以取得更大的战场优势。信息不对称正成为现代战场上最大的不对称，它给一支军队带来的杀伤，远远超过传统的火力或兵力不对称。进一步信息化是精确制导武器发展的大趋势，例如：采用中段 GPS 制导＋末段光电（或毫米波）制导，导引头趋于复合化和智能化；采用数据链、飞行中瞄准目标技术等。未来战场上布满各种可快速部署的传感器，组成灵巧传感器网络。这些传感器将收集并报告大量的信息，对这些信息进行分析，再利用网络技术把作战环境的可视化图像传送给指战员。

精确化是指为快速攻击时间紧急目标和活动目标，缩短杀伤链，以实现下述指标：在接到命令后，10min 内摧毁目标。新型高超声速巡航导弹是一种速度能达到 $Ma5$ 以上，可从水面舰只、潜艇和飞机上发射的武器。高超声速巡航导弹一旦服役，将给世界军事带来巨大冲击。

束能技术的发展将使激光、粒子束、微波束、电子束成为新一代新概念武器装备。高能激光系统可用于多种作战模式，攻击空中、空间和地面目标。它还有目标跟踪和指示、小空间碎片（10 ～ 100mm）清除以及卫星能源补给等用途。高功率微波武器可产生辐射频率 300MHz ～ 30GHz，峰值功率达吉瓦级以上的电磁脉冲，可通过电子设备的天线和电磁屏蔽"缝隙"，干扰或摧毁敌方电子设备和 C^4ISR 系统。在海湾战争、科索沃战争和伊拉克战争中，美国都曾使用携带高功率微波弹药的"战斧"巡航导弹和制导炸弹，攻击伊拉克和南联盟的指挥、通信和防空体系。目前美国正在研制携带微波弹头的联合直接攻击弹药（JDAM）和 360kg 的 AGM-154C 联合防区外武器（JSOW）。天基高能微波武器（HPM），由部署在低轨道的卫星星群搭载，可把超宽带微波能导向地面、空中和空间目标，在目标区几十米到上百米范围内产生高电场，摧毁或损坏电子部件。

隐身化的背景是在现代战争条件下，精确打击的能力越来越强，被发现往往意味着被摧毁。目前，世界各军事强国都在竞相发展隐身武器装备。其研发重点为：更好的隐身特性、特殊环境下的隐身技术及针对特殊对象的隐身研究等。另外，还包括对各种技术装备设施和人员自身的应用研究，如红外隐身照明弹、隐身通信系统、人体隐身器、隐身军用机场等。等离子体隐身技术的优越性在于：几乎不用改变武器装备的结构和性能，只通过等离子体层对雷达波的吸收和折射，就可达到武器装备隐身的目的。隐身技术除限制外形之外，采用能吸收或透射雷达波的材料是隐身科技发展的重要方向。隐身技术不仅针对电磁波，还可避开各种类型的探测器，

如反红外探测、反电子探测、反可见光探测、反声波探测等。

智能化是指未来高技术战场将主要使用计算机和无人驾驶的飞机、火炮、坦克、导弹等智能武器，各种智能弹药和智能机器人。无人作战飞机、无人作战潜航器、无人作战车辆等无人作战平台和攻击型微型机器人、微型传感器机器人等，具有智能化优势以及全方位、全天候作战能力、生存能力、较低作战费用和绝对服从命令的优势。无人机编队可像"杀人蜂"那样蜂拥至敌阵地上空发射导弹，像螃蟹一样的机器人会爬到敌指挥作战控制中心，突然实施硬摧毁。采用先进的纳米技术研制出的超微型机器人像蚂蚁般大小，能飞、能爬、能潜水，具有很强的破坏能力。到21世纪中叶，与蝴蝶、蜻蜓、苍蝇、蝗虫等昆虫一模一样的机器人可能会大批问世。智能武器的微型化将引发一场军事革命。一支由快速、隐身、无人驾驶的攻击/侦察飞机组成的、可自主实施战斗的机队，可以摧毁敌人的防空系统和弹道导弹发射车或移动指挥控制平台等快速移动目标。美国空军正在致力于发展大型无人驾驶战斗机，使其具有更大的武器装载能力，能够打击更多随时出现的移动目标。

（4）核生化大规模杀伤性武器正从威慑转入实用

传统核武器已难以适应现代战争的要求。冷战时期，美苏双方制造了大量百万吨级当量的核弹。如今美国面临完全不同的任务，那就是试图用小威力核弹实施外科手术式打击，清除诸如生化武器工厂等敌方的战略设施。核大国正在研制新型核武器，期望打破纯威慑的局限，实现由纯威慑向实战威慑的转化。美国未来将主要部署4种新型核弹，包括中子弹、掩体炸弹（增强型核钻地弹）、小型核战场武器以及旨在把炭疽杆菌或神经毒气烧成灰的"战剂失效武器"。爆炸当量根据需要可以调节，这成为新核弹最突出的特点。核炮弹是美军小型战术核武器中数量最多的一种，主要有W33、W48、W54、W75、W79和W79改进型等型号。引人注目的是W54核炮弹的外形与橄榄球相似，可通过迫击炮发射。美国共装备3500多门能发射核炮弹的火炮，约配备5000发核炮弹。核地雷也是美国陆军常备的小型战术核武器，其中特种核地雷爆炸威力为10～1000t梯恩梯（TNT）当量，由特种部队潜入敌后埋设。美国海军的战术核武器主要包括核导弹、核鱼雷、核航弹、核深水炸弹等。比如，1枚万吨TNT当量的核深水炸弹在水下爆炸，可将1000m内的潜艇击沉或造成严重毁坏。美军大约有320枚装备W80核弹头的"战斧"巡航导弹，分别储存于美国海军的6个核武库中。用精确制导技术和可控当量技术改造这些小型核武器，可使其在未来实战中发挥效用。自1991年海湾战争以来，美军已经配备一系列生化武器防护装备。在伊拉克战争中，美军已经装备了对抗芥子气和沙林等化学武器的新装备，可以实现即时报警。士兵在毒剂逼近之前，有足够的时间采取防护措施。

（5）攻防对抗更加激烈

未来战争中的攻防对抗将更全面、更快速、更激烈，达到前所未有的程度。攻防对抗将在全时空、全层次（战略、战术、战役）、全频谱、全体系、全网络、全过程中不间断地、无缝隙地迅速展开。新的因素在不断涌现，不确定因素和未知变数在增多，这更增加了预测未来战场的难度和复杂性，但导弹、空间、信息、网络等攻防对抗，肯定将上升到新的高度。

8.2.2　未来战场信息环境的基本构成

如同战场物质环境有其基本的构成一样，战场信息环境也有其基本的构成。这里主要依照当前一些局部战争战场信息化发展状况和目前信息技术的发展趋势，从支撑或影响战场信息活动的电磁频谱信息空间、计算机网络信息空间、心理信息空间等三个方面，来认识未来战场的信息环境。

8.2.2.1　电磁频谱信息空间

电磁频谱信息空间，是战场信息依存的主要媒介。大部分战场信息的获取、传输都是在该领域内完成。信息作战的主要行动几乎也都在这个领域内进行，包括电子信息侦察与反侦察，电子信息的干扰与反干扰、破坏与反破坏，以及电子信息武器的摧毁与抗摧毁、制导与反制导等所有使用有线电、无线电技术、微电子技术、光电子技术和计算机技术等方面的斗争。因此，战场电磁信息即成为信息环境的基本要素。未来作战，无人机将面临电磁信号密度更大、样式更为复杂的电磁信号空间。美军 E-3T 预警机中就有 30 多部电台，一部指挥车中所装备的通信设备就多达十几种。各类无线电设备的频段几乎包括了全部电磁频谱范围，即从超长波、长波、短波、超短波、微波、毫米波直至光电在内的极宽频段。如此高密度的电磁环境，要求战场上各类电子设备具有良好的抗干扰、信号选择和信号处理等能力。

8.2.2.2　计算机网络信息空间

计算机网络信息空间是指计算机系统及其网络共同组成的虚拟空间，也称赛博空间。未来战场上大量的计算机及其网络被利用，越来越多的战场信息处理和传输都将依赖于赛博空间，它使战场的透明度空前增大，使指挥员和战斗人员能"真实"地看见战场景况，使信息传送更加直接和实时，这样加快了作战节奏和作战方式的转换速度，促使信息、能量、物质三者的有机结合，通过信息网络的互联、互通、互操作使信息流注入到能量流和物质流之中，产生整体作战效能的极大倍增。

信息作战的战场信息环境网络层次结构包括战役综合信息系统、战术信息分发系统、作战单元综合信息系统等。战场信息化网络常具有多种网络功能，按信息及作战的属性可以区分为信息收集、信息传输、信息处理、信息显示等基本功能。战场信息网络的物理结构是由硬件设备、软件系统和各类人员组成。

8.2.2.3　心理信息空间

该空间主要是指对战场指挥员和部队的认识、情绪、意志进行影响的诸多行为主体、机构所构成的信息依存空间，例如，新闻媒体、非政府组织、未授权用户、恐怖分子、外国情报机构等均可认为是该空间的重要组成部分。更好地研究、利用和影响对方心理信息空间，可以在信息对抗中赢得更多的优势和主动。

（1）新闻媒体

新闻媒体除了常规的书面信息外，声音、图像信息传播的递增指数性效应，能对战略决策及其信息作战行动的范围、方向、规模等造成重大影响。

（2）非政府组织

由于信息的广泛性、活跃性、渗透性和信息作战的特殊性，一些诸如社会活动家、思想家等对军事信息变得尤为敏感。在信息环境中就有可能出现形形色色的信息作战敌手，他们除了可直接运用信息进行渗透外，还可充分利用信息网络优势，从远处或者暗处实施特别攻击，并可利用国际新闻媒体以谋求影响全局舆论、左右公众意志等。他们甚至还可以煽风点火，让潜在的矛盾激化而形成冲突，使之成为信息作战新的增长点。

（3）未授权用户

对军事信息网络特别是战场信息网而言，有些自由个人（如黑客），虽然未获准入网，但仍可能通过各种途径进入信息网络对信息系统进行攻击，在信息作战的过程中，这种威胁是存在的。

（4）外国情报机构

外国情报机构是职业信息截获者，他们掌握先进的技术设备和手段，具有长期积累的信息攻击经验，无论战时还是平时，都可有目的、有规模、有影响地进行信息搜集、信息破坏或攻击活动。

8.2.3　未来战场威胁环境

未来战场多维空间中的传感器无处不在，能准确地定位和跟踪战场上的一切移动物体，由传感器/武器系统集成的任务指令系统能够实现战场的自主实时态势感知、决策制定与执行，同时，致命性小型武器系统的发展又将使任何维度中精确、及时、有效的攻击和目标摧毁成为现实。

8.2.3.1　未来战场的基本形态特征

各国的军事专家研究后一致认为：传感器、精确打击以及自主决策方面的发展进步将从根本上改变未来战场的特征。具体体现在以下 5 个方面：

一是时间压缩：作战武器投放速度加快，组合效应优势显著；

二是空间拓展：依托远程精确打击和信息互联性，作战空间可延伸至全球范围；

三是更具杀伤性：无处不在的传感器与可扩散的高动能精确武器及炮弹的集成增强了打击精度、速度和致命性；

四是常规互联：陆、海、空、天及网络等多域信息互联；

五是多维度交互：未来战场将不仅限于物理维度的多领域，还将包括认知维度的信息行动，甚至包括道德维度中的信仰和价值观。

正如美国在提出"第三次抵消战略"时担心的一样，传统军事优势将不再能够适应未来战场的变化，无论是势均力敌的对手还是存在力量差距的对手都将有同等机会建立新优势，而这样的威胁是迫在眉睫的。

8.2.3.2　未来战场的战术特征——侦察/打击集成体

苏联军事理论家早在 20 世纪 70 年代就率先提出了"侦察/打击集成体"的概念，但是最终却是由美军依托传感器、精确打击武器以及指挥与控制系统予以实现。然而，随着使能技术加速先进作战能力的扩散，大部分竞争对手拥有获得先进技术支持的可能，美国开始逐渐丧失了在作战侦察／打击方面的垄断优势，这对未来战场上的战术行动乃至决策指挥带来了新的挑战。主要体现在以下几个方面。

（1）侦察还是隐蔽，攻击还是防御的选择

侦察／打击集成体的集成性在于减少了中间环节的介入。过去的侦察和打击行动依赖于一系列高度协同配合的过程、系统以及专门为特定传感器／射手组配设计和优化的通信架构，而未来战场上侦察／打击集成体的技术颠覆性在于追求中间环节的最简化，并能够在不考虑装备归属、梯次编队和作战区域等外部因素的条件下实现任一传感器／射手的最佳组配，使侦察／打击能力成为未来战术制胜的核心，从而助力战役行动的成功。

目前，多种形式的天基监测系统、网络化先进雷达、多功能无人机以及大量成本远低于过去压制型产品的传感器扩散速度很快，包括智能手机在内的信息产品已经渗入民用领域，商业影像服务、机器人、日益成熟的物联网和近乎无限的处理能力将会形成一个近乎透明的作战空间，全球透明度达到空前水平。通过大幅度降低热量、电磁和光信号实现隐蔽是可行的，伪装、欺骗等传统隐蔽技术必须向网络空间和电磁频谱等"跨域隐蔽"方向发展，精明的隐蔽者因此可能利用实时辐射监控确保在信号战中尽可能避免暴露自身弱点。

侦察与隐蔽之战将会带来精确打击能力的同步成熟与扩散。面对动能武器、高超声速武器、超高速动能弹和网络等多类型精确打击形式，侦察攻击者有能力将打击范围从战术级别扩展至全球区域，将打击效应从单一域延伸至多域。当对手成功实现隐蔽时，攻击者可以依靠温压弹、集束弹药、小型雷区甚至战术核武器实施区域压制或点精度打击，通过拦截导弹、电磁轨道炮、激光武器及定向能武器系统进行干扰使对方的指挥与控制网络失效。而对于防御一方来说，在势均力敌的条件下应以优势部署为重点，选择最优的隐蔽位置、控制范围和目标对靶，使相对效能最大化；在力量有差距的条件下要想有效地阻止敌方进攻，通常不会行动或放出任何形式的频谱，而是通过电磁静默转入地下，对上方的传感器隐蔽，或利用地形杂波以超越侦察／打击周期的速度不断转移布防，保护战场上的重要点位及装备安全。

（2）前所未有的速度与难以捉摸的行动决心之间的抉择

在未来多域战场中，侦察与隐蔽优势、进攻与防御优势将会超越过去的相对静态，进入不断演化的动态反转。如果说在物理域中防御方拥有优势，那么在信息域中进攻方能够通过网络行动充分支配作战信息，使双方力量达到相对平衡。此外，装备有侦察／打击集成体的作战双方均具备快速识别和摧毁目标的能力，大面积战场将成为"无人之境"，要夺取战场主动权，必须采取突然的、极端的、多维融合的行动，在进攻与防御之间实现敏捷、弹性的姿态转换，因此未来战争的艺术就是检验作战双方在持续不断的突发状态中是否具备耐力和有序性。

行动优势来源于及时的信息获取和决策速度，考验的是作战双方的通信、决策和指挥控制能力。多维战争的作战方都会视对方的网络系统为关键突破点，在寻找机会削弱对手通信线路的同时保护己方的通信设施。此类攻击通常采用超远程武器和贯穿战场纵深的网络武器，现有电磁系统的自身矛盾性在于依赖意味着暴露，因此防御方一旦切断通信采取静默，反而在一定程度上保护了作战单元及通信系统免受敌方干扰。对于攻击方，破解这一困境的可能方案包括通信节点的自定义分层和不同层次间的弹性结合。前者的优势在于定义不同节点发挥特定作用，从而不受部分通信中断的影响，但劣势是自定义连接太过脆弱，很容易出现靶向断裂、缺乏灵活性等问题，在通信集群中难以管理和控制。后者采用标准化接口在同一通信层内或在相邻通信层间传递数据和信息，是"去中介化"的具体实现形式，更能适应未来作战速度的要求。

（3）通信优势带来的是更高的决策效率

侦察/打击效能是通过传感器、射手及其之间的通信连接和目标过程驱动决策共同实现的，因此，在同等条件下，集成能力更强、决策准确度更高的一方将占据战场主动权。以联合作战与协同为主要特征的未来战争带来的最大挑战是跨域行动，进攻方综合一切可用的作战能力，从而尽量制造悬殊的实力优势，在给对手造成多域困境的同时提升己方的行动自由度。新型作战系统，特别是激光系统、高超声速武器系统、网络攻击系统等关键作战装备都具备人机交互特性，将在更大程度上增加战场判断和决策的复杂性，传统的"观察—定位—决策—行动"（OODA）缺乏必要的自主性和同步性。一些研究者提出假设，认为在未来"无限发散的指挥和控制环境"中，人工智能将在速度、注意力和工作效率方面弥补人脑的局限，使战场决策最终转变为更高级的算法战争；而另一些研究者坚持认为只有人类的判断与决策可以称为军事艺术，尽管受过良好教育和训练的人可以通过增强认知能力和运用机器学习工具提高决策能力，但其本质仍是人本身。

（4）指挥模式发生革命性变化

战场的动态性、非连续性改变了传统以任务为导向的指挥控制模式，指挥官的最初意图很少能够具有持续性，通信联络的故意切断、非对称的多域进攻等都会迫使指挥官不断调整和更改作战决心，在这种情况下，条件指挥模式能够更好地实时反映战场态势。一般认为，战场上的任意一方都无法做到比另一方更加了解局势变化，特别是战场威胁，因此需要借助出色的不确定性管理，将决策功能分散至可能的最低管理层，在对限定条件的可靠认知基础上用行动部署代替完整计划。在未来战争中，条件指挥最终会取代任务指挥，但是其中的核心在于继续发展地面力量，训练并执行有效的连续控制与行动，这也是增强多域、多层次联合作战协同能力的关键。

8.2.3.3　未来战场的战役特征——多维领域的全球战场

随着战场在物理域和虚拟域的进一步拓展，具备同等能力的双方作战力量能够在全球范围内进行投送，而更多的网络和空间装备又将扩展远程攻击能力，增强全球互联性。

（1）战场全球化与域优势的均势

先进作战模式的更迭使作战双方的相互影响达到了空前程度，而大规模精确制导弹药、智能地雷、机器人群、生化攻击以及大面积的电磁封锁等先进作战装备的发展又将扩大战争的打击范围，各军兵种正在探索更广泛的战场框架来涵盖从海外空间到各自领土的方方面面。

信息 / 认知行动常常受到有限渠道的局限，而道德（信仰和价值观）维度在过去很长时间里则一直是文化和政治 / 意识形态活动的范畴，但是未来战争将很快改变这些传统，随着连通性和人机交互能力的增强，战场事务将会重塑，同时战场也将被全球信息环境重塑。作战双方将会在全球范围内为信息而战，在那些足以改变社会和政治系统的网络 / 电子战、信息行动以及心理战中取得主动权，作战的意图不再只是争夺领土，更在于扰乱对方指挥官、麻痹决策、削弱目标能力以及在战场外影响民众的观念和认知。信息传播速度快、体量大且无处不在，借助网络技术或社交媒体技术，信息能够被武器化，并作为道德维度推动作战行动的公认标准。因此，认知维度的行动不仅可能，而且通常具有首要且决定性的作用，行动指挥官也将会把认知管理作为认知维度军事行动的核心。建立在跨地域意识形态基础上的文化强国会主动在信息和道德领域投放力量，由于强国之间在规模、投送能力、通信和交通基础设施以及固有的国防优势等方面差距不大，这使得在争夺各国切身利益的斗争中，快速的、决定性的冲突消解方式可行性较小。全球化战场的出现，从逻辑上势必导致现有的联合指挥与控制手段不断改进，相对于战区司令首先将注意力放在可用力量的部署上，联合参谋部将越来越多地致力于军事力量及其相关能力的全球同步与集成。

战场全球化的一大重要特征是削弱了某一特定领域的长期优势，先进作战技术带来的速度和作用范围足以发挥跨域效能，制海权、制空权等传统概念将难以在未来战场上实现，因此，指挥官必须实时掌握和利用动态局部优势。随着攻击和防御能力在多域的同时拓展，单一域优势可能限制作战平台和战术行动的选择，要使部队能够根据战场变化重新夺取主动权，就需要实时衡量相对优势，缓解固有弱势，协同部队在作战环境中形成临时优势效能。目前，针对在非线性战场中如何生成作战协同能力，有一种流行的观点是将能力嵌入更低的行动层次，无论其组织模式是有机设计还是特混编组，都必须确保在物理域或虚拟域的独立战场上易于形成协同。但这并不意味着否定更高一级指挥部的存在意义，它们将继续发挥组织和分配联合行动资源的作用，特别是面对具备同等作战能力的对手时，联合作战指挥部将会在未来的行动中越发机动，协调的范围越发广泛。

（2）先进的投送与支援能力

目前的主要投送和支援能力依然是在制海权、制空权和制天权的框架下发挥作用，并形成了鼓励相应技术效能和经济效能最大化的自由环境，基于此，作战单元被分割。但是，随着先进作战模式重构了战场，单一线性的保障方式需要得到改进。

首当其冲的是多路径的力量投送模式。多重模态分配要求主要的力量投送中心充当更为强健的角色，提供分散化和机动化的后勤配置中枢，靠近战场的转运站更为机动和分散，从而在各节点之间通过多种运输方式和供应包的快速转换实现多次、少量、定制的供给投送。这样，基于物资总存量，根据供应存储的多维化、机动化和分散化，供应配置能够随时保证部队的供给需求，高度机动化的部队能够就近从供给系统中获取供应和支援，而不必前往预先指定的供应节点，这种"任何顾客，最佳支持"的理念很接近于"任意传感器，最佳射手"的概念，同样很好地实现了供应系统的"去中介化"。

非连续性的战场结构对力量支援也提出了更大的挑战，在未来作战环境中，支援不再只是一种进行长距离供给与补充的后方职能，未来战争要求支援成为一种联合作战力量，在非连续的战场之间发挥机动的协同功能。一次成功的支援活动能够重置作战单元的有效时间，因此支援部队的机动性和存活能力必须与所要保障的作战单元相匹配，同时支援力量也需增强自身的杀伤力和保护能力，避免被发现或作为敌方的攻击目标。

8.2.3.4　未来战场的战略特征——理论与能力的竞赛

没有有效的理论，即使是最强大的先进作战能力也可能失效。伴随着跨域协同联合作战的普遍化，关于未来战争的作战理论将面对更多域（特别是空间域和网络域）和更多维度，对象将是更复杂的战场，机动作战的价值将进一步提升，条件指挥与任务指挥的配合将更为灵活，联合将成为计划和作战模式，并延伸至更低层次的行动中，但作战目标始终是夺取、维护和拓展主动权。

与之相对应的是对平台能力的重新审视：机动能力、生存能力和致命性。特别是，未来战场对生存能力的挑战极大，移动、分散和减小雷达截面积都不能完全弥补保护措施的缺乏，而要构建无处不在的完全保护又不可能。一些传统的防御平台就此解体，面对侦察/打击集成体中的传感器和攻击武器，有人－无人平台编队的组合有希望在高致命性战场中获得较高的生存率。

（1）失去的稳定性和对称性错觉

获取先进作战能力的门槛很低，因此技术和装备一经扩散，常规或非常规的作战主体就能够通过交替使用各类作战手段改变传统战争形态，冲突范围就可能包含从常规战争到大规模动荡、从内战到国与国之间无穷无尽的斗争，对于大国来说，长期的战略稳定将难以维持。从目前已知的手段来看，各地非常规代理势力通过全球媒体、信息战、法律战和网络攻击等方式势必造成对各利益相关方的连续性颠覆和破坏，而作为传统战略威慑关键力量的移动导弹在强大的感应能力面前，效能也将削弱。相反地，一旦对手意识到了防御性进攻的优势，不顾一切地首先使用战略手段，无论是起效还是失败，都将带来战略性动荡。

但是，如果因为作战双方都可能拥有同等作战能力与手段，就进一步推断对称性将成为未来冲突的主要特征，那么这种假设很有可能是错误的。就多域和多维战争的理论模型而言，冲突双方有足够的自由去选择域或维度的组合方式，甚至是在同一域中都充满了多元组合，因此不太可能存在完全对称的状态。例如，在物理域中，出于政策、原则及应用能力的不同，战术核武器的能力运用存在差异，而很多具备近似核武器效能的化学武器、生物武器、进攻性网络武器、空间对抗体系以及远距离精确打击体系等能够用以应付诸多不同的作战需要。这些能力组合弥合了同等与非同等作战能力之间的沟壑，使得即便是相对弱小的国家也有可能限制对手的作战行动自由。

（2）先进的学习能力与融合能力

从战略角度来看，先进作战模式不只在于确保作战速度更快、作战范围更广和作战效能更具致命性，更重要的挑战是实现"行动的差异"。未来战场需要先进的学习能力，作战双方将会以各种方式去试图克服自身在跨多域联合协同方面的经验缺乏，即使传统军事强国也必须克服认知惯性，重新更好地理解全球战略趋向，了解自身的脆弱性与未来可具备的优势，并设计可行的替代方案。进一步来说，未来战场也需要先进的融合能力，不仅是为了适应航天和网络等新型作战域的优势需求，而且也是为了能够在信息、认知和道德维度占据主动权。特种作战部队、传统军事力量、跨部门甚至跨国的合作伙伴将会在未知环境中共同展开行动，因此需要更强的互操作能力、融合能力和相互信任。同步行动的难点是必须在充分考虑速度和范围的基础上实现跨越多域的联合协同，然而，一旦同步得以实现，效能也将是巨大的，对于任何国家的作战力量而言，这一更加强大的联合协同能力都将使其在未来战场上具备充分优势。

8.2.4 未来战场威胁环境的特点分析

未来 20 年，将是人类社会科技加快发展的飞跃时代，大数据、网络空间、集群无人智能、工程技术制造、气候变化与资源竞争、机器人应用等大趋势将影响人类社会的未来发展，军事大国都将通过发展新科技在多个领域力求取得优势，以应对未来威胁。以信息技术为核心的新军事变革迅猛发展，使传统的作战环境产生了重大变革。未来战场的威胁环境具有以下特点。

8.2.4.1 无缝一体的战场网络左右着指挥效率

在未来战场信息环境中，数字信息流在以数字通信手段为基础构成的战术信息网、战区信息网以及全球信息网中运动。纵横交错的一体化战场信息网络是战场信息环境的硬件支撑，这个网络能把从后方高级指挥机构到空中战机、从近地作战部队到远距离支援机动作战部队、从战术武器平台到战略侦察卫星连接起来，使各功能领域之间和各作战部队之间建立起实时的信息链路，从而能实现快捷方便的横向和纵向的信息交流，构成高度综合的作战指挥系统，可以明显地增强作战部队的态势感知能力，使作战部队可随时掌握战场态势的发展，及时了解指挥员的意图。其也可提供精确的自定位和导航能力，帮助指挥员随时掌握敌、我、友三方的准确位置和战场态势信息，及时制订作战计划，更加迅速、准确地调遣所属部队，实现作战目的，大大提高了作战指挥效能。

8.2.4.2 真伪难辨的信息资源挑战着指挥决心

在信息时代，军用和民用信息技术、信息网络设施互相融合、互相渗透。广播、电视、因特网等各种媒介，其触角深入世界各个角落。这些都是未来战场上信息对抗中可以利用的资源。在无所不在的未来信息环境中，地球上任何一处的局部战争、冲突都显得透明；有关交战各方的军事情报，既可以到达国家首脑机关，也可以深入寻常巷陌；对机要信息网络的入侵、攻击、破坏可以来自对手军事职能机构，也可以来自某一非政府组织甚至莫名黑客。在这样的信息环境下，情况复杂，真伪难

辨，敌我识别和作战保密的问题尤为突出。

8.2.4.3　无形无相的电磁环境影响着指挥方式

与传统的战场环境相比，战场信息环境（除了其硬件设施外）是由空间电磁波和光、电缆中的电磁脉冲构成，我们只能借助电子设备感知它的存在。从这个意义上讲，战场信息环境在存在形式上是无形无相"隐蔽"的，但其影响和作用却是"公开"不容忽视而且随着信息技术的发展，其对作战的影响越来越大。

8.2.4.4　信号密集的战场环境考验着指挥艺术

在信息化战场上，不仅战场信息源增加，而且战场复杂、种类繁多、传递形式多样，单位时间内的流量大，大量高技术武器装备的投入、多维化战场的形成和多军种联合作战，将使得战场信息密度剧增。高密度而复杂的信息环境对传统指挥手段和指挥系统提出了巨大的挑战。为使位于多维战场上分散配置并处于高度机动中的各种不同作战单位、武器平台，能够跨越时空障碍连接成一个有机整体，就必须依托高度智能化、自动化的指挥信息系统，将地面、水下、空中和外层空间联为一体，对探测、情报、跟踪、火控、指挥等方面的信息进行自动化、智能化实时传递和处理，同时提高战场信息收集、传递与处理效率，以适应战场环境复杂多变的需要。

总之，为谋求打赢未来战争，综合先进武器装备的发展速度和联合作战协同指挥的艺术，以及对未来战术、战役和战略行动的多层次构想，其更为深远的意义在于提供了一个关于战场预测、战场设计以及能力构建的未来模式。随着技术在全球范围内的迅速扩散，特别是技术门槛的相对降低，各国都有机会成为未来战场的主体，充分理解和认识全球化的多域未来战场，比较未来战争可能出现的新变化，并结合自身作战特点及优势制定各层次的行动指南，以此提高战术反应速度、适应跨域力量投送、增强军事理论与行动能力。这不仅是当前及未来各国军事研究的前沿领域，也是武器装备发展的指南。

8.3　无人作战飞机作战任务想定

8.3.1　无人作战飞机的任务特点

无人作战飞机作为无人机技术发展和应用范围扩展的合理结果，执行任务时有不同于传统作战飞机的特点。与有人作战飞机相比，无人作战飞机的"无人"使得其可以突破人的生理极限，长时间执行任务；而与常规巡航导弹相比，无人作战飞机则突出它的"飞机"特性，可以重复使用执行任务；航电设备的小型化、智能化和信息化以及无人机装载能力的提高，使得无人作战飞机可以像有人驾驶作战飞机一样携带有效攻击弹药摧毁地面目标，但同时保留无人机机动灵活、反应快捷、费用低廉的特点。无人作战飞机也不同于已有的自杀式无人机和传统的巡航导弹，它是一种新型的可返回、可重复使用的武器平台，采用"人在回路"的控制方式，由地面指挥控制中心、空中指挥控制飞机或常规战斗机上的人员实施控制，用于执行对地攻击任务。

（1）无人作战飞机可以胜任危险的作战任务

无人作战飞机的突出特点是尺寸小、隐身性强、航时长、作战使用灵活、经济性好，具有很大的压制敌方防空系统的作战潜力。无人作战飞机因不载人，其机体比有人作战飞机小得多。再加上采用了隐身措施，这样无人作战飞机就具有很强的隐身性，从而可以大大减少被敌方雷达探测和被防空武器击落的概率。

由于常规作战飞机会受飞行人员生理条件极限的限制，所以留空时间很有限，而无人作战飞机因没有这种限制，故可长时间执行如空中巡逻等任务。例如，在科索沃战争中，面对南联盟在反空袭作战中采取的"雷达静默"（即雷达不开机）这一简单战术，美国空袭南联盟的作战部队一筹莫展，原因是这些部队执行任务的有人作战飞机留空时间有限。美国军界高层官员认为，一旦无人作战飞机投入实战，"雷达静默"战术就不灵了，因为无人机可长时间在空中监视，而雷达不可能总不开机。敌方雷达一旦开机就会被它发现，进而被摧毁。

无人机既小又灵，能够比常规有人驾驶飞机更加接近敌方防空体系，实施突然打击。即使敌方发现无人机来袭，并且发射了导弹，无人作战飞机也能够躲避，原因在于它可以迅速作出剧烈的规避机动甩掉敌方导弹。这种规避机动产生的过载是很大的，如果机上有飞行员，将难以承受如此大的过载。

从设计的角度来看，无人作战飞机属于飞机的范畴，可以应用常规飞机的一些技术，但它并不是传统飞机的简单无人化。无人作战飞机没有驾驶舱及相关的环控救生设备，除了降低飞机的重量和成本外，还大大放宽了飞机设计的一些限制，如飞机发动机的位置可以更加合理，飞机的机动过载可以更高。就目前的飞机设计制造技术来讲，可以制造出过载极限高达 20 的高机动飞机，但由于人的生理极限的限制，在有人驾驶飞机上是无法实现的，这使得无人作战飞机可以执行危险的任务。

（2）无人作战飞机执行任务的效费比高

无人作战飞机的设计制造成本低，无须复杂的机体和种类繁多的各种机载设备，只需一些必要的传感器。它的使用维护成本较低，操纵人员培训相对简单，后勤保障可以采用与巡航导弹相似的方法，不用时放在机库里，作战时拉出使用。与常规飞机相比，使用维护成本可节约达 50% 之多。它的轰炸成本低于远距离发射巡航导弹或超视距空空导弹的费用。在现代战争中，轰炸成本也是一个需要考虑的因素，美国的 B-2 隐身轰炸机在海外没有基地，每次轰炸都是从美国本土起飞，经过长途跋涉，完成轰炸任务后立即返回美国本土，由此造成其轰炸成本很高。在 2001 年底的阿富汗战争中，B-2 轰炸机只使用了 3 天就全部停飞，其中一个原因就是轰炸费用太高。使用无人作战飞机轰炸敌方重点守卫的目标，具有很高的效费比。

无人机尽管是无人驾驶，但它能和常规有人驾驶飞机一样返回基地，并在经过重新装备后，再次起飞执行攻击下一个目标的任务。在全部作战任务执行完毕、整个战斗结束后，无人作战飞机经全面修整还可供今后作战使用。无人作战飞机的经济性，还体现在使用和保障费用低上。与常规有人驾驶飞机相比，这一优点尤其显著。有人驾驶飞机的飞行员必须经常进行飞行训练才能保持驾驶飞机和进行作战操作的熟练程度，这就需要付出大量的飞机使用和维护费用，包括燃油和零备件费用，以及空、地勤人员的培训费用等，而无人作战飞机就不必支付这笔费用。

为了保持控制和操作无人机作战的熟练程度，无人作战飞机的操作人员当然也需要训练，但由于一名操作员可管理多架无人机，而且只需使用专门的训练设施进行训练，在通常情况下不必使用无人机，所以飞机维护和人员培训费用之低是有人驾驶飞机难以比拟的。在训练中，操作员们就像在实战中那样，在飞行操纵台上工作，并使用与实战相同的软件来进行操纵，配合与实战相同的视觉和音响信号，他们就能"身临其境"地进行作战训练。

研制一架无人作战飞机大概需要花多少钱呢？据估计，约为美国 F-35 战斗机的1/3，按照 1999 年的美元币值来计算，造价将是 1100 万美元。也就是说，制造一架常规有人驾驶飞机的资金可以制造 3 架无人作战飞机，这意味着用较少的投资即可采购较大数量的无人作战飞机。

无人作战飞机的一个操作员可同时操纵或管理多架无人机，这无疑会极大节省人力资源。现在美国空军的飞行员与战斗机的编制数量比大约是 1.3∶1，如果装备使用无人作战飞机，这个比例将颠倒过来。美国已经模拟了单人同时操纵 6 架无人作战飞机。由于操作员可从各种传感器平台和其他信息来源获取一些自动提示信号，所以操纵无人驾驶飞机就像使用高智能的自动驾驶仪一样轻松、方便。但是，在无人机进入武器投放阶段时，操作员必须高度专注。在其他飞行阶段，无人作战飞机就像当前使用的无人侦察机一样，可独立完成起飞、沿预定航线飞向目标，并在完成任务后返回基地。

（3）无人作战飞机具有作战使用优势

首先，它可以执行一些对于有人驾驶飞机来说非常危险的任务，可以非常近地接近目标，从而提高攻击的精度。其次，无人作战飞机作战使用灵活，可以在空中、地面、舰船上起飞或发射。攻击目标时，可以由指挥控制中心授命攻击，也可以自行快速攻击。第三，无人作战飞机的突防能力较强。无人作战飞机可以大量使用非金属材料，机体外形尺寸小，发动机功率小，因此，各种信号特征较小，不易被敌方发现，具有较强的突防能力。

8.3.2　无人作战飞机在信息化战场承担的主要任务

在未来的信息化战争中，信息网络覆盖整个战场，情报获取、指挥控制、火力打击以及后勤保障通过网络有机结合，作战双方实施的是"网络中心战"，强调的是体系对抗。空基系统是整个信息网络的主要组成部分，而无人作战飞机又是空基作战体系中信息获取、传输、中继的装备之一。同时，无人作战飞机与有人驾驶飞机将共同组成机动灵活的空中作战网络，快速到达重要地区，实施火力压制和精确打击。由于在军事方面的广泛应用，无人作战飞机已被誉为"空中多面手"，除作战任务外，还可承担侦察、警戒、电子对抗等多种任务。

国内外专家经过研究，认为无人机可以执行对空作战、对地打击、对海突击、航空反潜、警戒探测、侦察监视、目标指示、通信中继、火力校射、电子侦察、电子干扰、电子防御、反辐射、核生化侦测、测绘导航、气象水文、搜索救援、运输投送、反水 / 地雷、布雷等 20 种任务，其中适合无人作战飞机的任务有：对空作战、对地打击、对海突击、侦察监视、电子作战、目标指示、布雷。

无人作战飞机从作战任务分类来看，可分为对空和对地两种。从技术发展的现实途径上看，目前的研究主要还集中在对地 / 对海型上，陆基型的对地攻击无人机已经投入实战，具有一定的技术基础，无人机的对空作战目前还停留在概念及基础技术研究上。所以未来无人作战飞机不仅具有打击能力，还能够执行侦察巡逻、电子作战等多种任务，满足广泛的任务需求。无人机从航程上分为远程（作战半径 >800km）、中程（作战半径 200 ~ 800km）、短程（作战半径 50 ~ 200km）、近程（作战半径 <50km）以及微型无人机；从飞行高度上分为高高空、中高空、中空、低空、超低空。从平台总体上看，一方面，无人机向大型化发展，可以搭载多种任务载荷，进入有人驾驶飞机的传统领域，特别在长时间持续监视领域的优势特别明显；另一方面无人机向小型、微型化发展，出现单兵无人机和微型无人机。分队（单舰）建制内甚至单兵都可以配备、操作航空器，使得以往不具备空中电子 / 信息战能力的作战单元有了空中信息战手段。从任务载荷来看，无人机作为平台和任务载荷综合一体化的新装备，能够搭载光电探测装置、合成孔径雷达、通信 / 雷达干扰机以及信号情报载荷等多种设备，具备广泛的能力，能够满足不同的任务需求。

在信息化战场上，无人机是战场信息获取和信息压制的一种理想任务平台，已成为信息链路中重要的组成部分，作为综合电子信息系统（C⁴ISR）的 ISR 平台发挥了重要作用。在应用上可以执行广泛的作战任务，在组成上可构成远、中、近，低、中、高的无人机体系，是航空装备体系的重要组成部分。

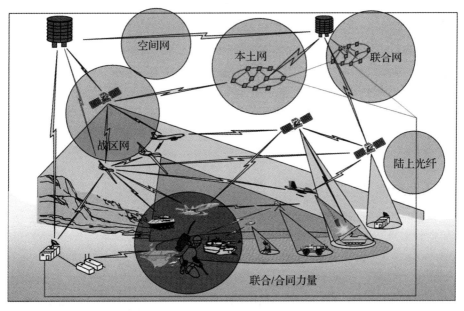

图 8-1　无人作战飞机是 C⁴ISR 系统中的关键因素之一

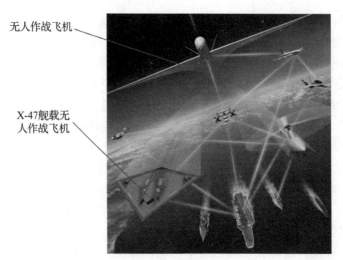

图 8-2　美国海军未来无人作战飞机运用示意图

　　现代无人机对提高战场空间感知能力、高危区域突防能力、通信导航支援能力、电子战能力、压制敌防空系统能力、固定和移动目标攻击能力、联合作战能力与主宰战场空间能力等起着重要作用，是非接触、非线性战争必需的装备。随着各类无人机的迅速发展和广泛应用，无人机已从作战保障装备逐步发展为作战装备。有人认为，未来的海军舰队，很可能将由搭载各种无人机的水面和水下作战平台组成，无人机最终将取代有人飞机，成为未来海战的主角。无人作战将成为未来战争的一个重要样式，必将对未来战争的军事行动产生重大影响。

　　因此，无人作战飞机的主要使命是进入高威胁区对敌地面/海面目标、岛屿上的机场、导弹阵地以及雷达站等高价值目标进行攻击，可单独执行攻击任务，也可配合有人机协同作战，在远程空中力量的引导下，利用武器协同数据链，发射远程空地导弹，对强敌地/海面目标实施有效打击。另外，无人作战飞机也适合执行长时间侦察任务和打击时间敏感目标的任务。无人作战飞机的作战任务可粗分为两大类，即作战支援、对面攻击。其中，作战支援主要包括侦察、监视、战损评估、通信中继、干扰、搜索与救援、空中加油、空运等辅助作战任务。对面攻击主要包括攻击敌方雷达及导弹阵地、指挥控制通信中心等重要军事目标，实现压制敌防空系统、空中遮断、战场遮断、近距空中支援的目的，也可对敌航母、舰艇等海面活动目标实施精确攻击。

8.3.3　无人作战飞机的典型任务想定

　　（1）抵近长时间压制敌方防空系统、进行穿透对面精确打击

　　在人们所熟知的轰炸机、战斗轰炸机等进攻型兵器取得长足进步的同时，以"爱国者"PAC-3、S-300、S-400、"紫菀"等为代表的新一代防空导弹在高低射界、机动发射能力、过载、抗干扰能力和命中概率等方面都有了很大提高。与承担防空任务的战斗机相比，防空导弹的显著特点就是价格便宜，非常适合大量装备。因此，很多无力发展制空型战斗机的国家就试图通过发展防空武器系统来抵消对方的进攻

优势。

利用高隐身性能和较长时间的续航能力，抵近敌地面、海面防空网，在敌有效火力打击范围外隐身游弋，使用硬杀伤武器，对敌对空监视雷达和地空导弹阵地等地面防空武器系统实施有效的电磁压制和火力摧毁，为友军飞机开辟空中走廊。同时可以穿透敌防空体系，攻击敌地面指挥所、通信枢纽，以及交通、能源等战略目标，降低敌体系作战能力，削弱敌方战争潜力。

未来信息化战场的交战网络单元不仅包括传统的空中武器平台、地面作战部队及其武器平台和远程武器平台，还包括无人作战飞机。无人机之所以被纳入作战网络，担负攻击、压制敌防空等打击任务，主要原因是其优势较多：一是无人机本身不必像有人驾驶飞机那样，担心飞行员遭到伤害；二是无人机造价相对便宜，即使被击落，损失也相对较小；三是无人机具有较强的生存能力，能通过平台外观的最佳设计把信号特征降低到最小；四是无人机本身具有侦察、定位系统，可以在发现目标后立即进行攻击，作战的时效性大大提高。对于压制敌防空作战，美军新版《路线图》给出了"先发制人"式和"反应"式两种类型，并提出了具体要求，如具备目标定位、毁伤评估等能力。

在阿富汗战争中，"捕食者"无人机向目标发射"海尔法"导弹，开辟了无人机作为武器发射平台的先河。为了适应发射导弹的需要，美军正在对其部分无人机的武器系统进行改造。"捕食者"无人机每个机翼下只能携带一枚导弹。经过改进的 B 型比之前的型号大得多，飞行高度是以前的 2 倍，载荷是以前的 10 倍。据美国空军官员称，"捕食者"B 无人机可携带 20 枚"海尔法"导弹。据报道，美国空军正在研究能在"捕食者"B 无人机上使用的 250lb 重的 GPS 制导滑翔炸弹，使它能够在长达24h 的巡航时间内，伺机向适当目标发射导弹。

由于未来的无人作战飞机是一种集侦察、监视和攻击等能力于一身的作战平台，而且还具备滞空时间长的特点，因此不仅能充当侦察机和假目标，而且可改变自身雷达信号特征诱使防御方打开雷达。在敌方雷达开机之后，即可将其自行锁定，然后重新隐蔽，抵近攻击。无人作战飞机还可通过机载数据链系统接收来自友机的目标参数，并在友机的引导下发动攻击，这样能大大提高执行作战任务的反应能力，令对手防不胜防。同时，随着无人作战飞机隐身性能的显著改善，敌方雷达很难发现它，即使是来回穿梭于敌防空阵地群中，它仍显得游刃有余，大大提高了无人作战飞机的生存能力。

（2）攻击敌方地面目标

无人作战飞机超凡的能力主要体现在攻击地面移动目标上。在未来高度信息化的战场上，无人作战飞机作为重要节点的地位必将越来越突出。它可以从极远的地方起飞，悄无声息地飞抵战区上空，并在此长时间游弋，将战场上的信息近乎实时地传送到后方的指挥中心。装备有近距机载探测设备的无人作战飞机可搜寻指挥控制车和防御系统中其他重要但又难以发现的装备。一旦有敌方的坦克、装甲车等移动目标出现，在经过目标识别和确认之后，即可对其实施攻击，非常适于实施阻滞作战。同时，无人作战飞机还能在前方空中控制员的指挥下，与己方地面力量密切

配合，执行现由武装直升机和攻击机来完成的近距空中支援任务。

由于部署在某一区域的无人作战飞机机群具有游弋和攻击多个目标的能力，因此可通过设置从不同方向对单个目标协同攻击，这是任何地空导弹系统都难以应付的。

（3）摧毁大规模杀伤性武器

现代空军担负着对大规模杀伤性武器实施定位和摧毁的重任。在未来的作战中，无人作战飞机可以利用自身能在目标上空长时间存在的特点，不间断地对敌方核、生、化武器的制造和储存场所实施侦察，并监控其运输途径等。同时，它还可以作为其他打击力量的补充，完成摧毁大规模杀伤性武器这项艰巨而复杂的战略打击任务。

用来实施摧毁大规模杀伤性武器的无人作战飞机一般同时装有多频段探测器和打击武器，也可由两种功能各有侧重的无人作战飞机来协作完成摧毁敌方目标的任务，其中一种主要负责监视目标；一旦做出实施打击的决定，另一种挂载有对地武器系统的无人作战飞机就发射带有侵彻战斗部的精确制导炸弹（导弹），或者是其他专用武器，实施对目标的摧毁。在打击结束之后，无人作战飞机还能继续在目标上空巡逻，对目标的毁伤状况做出评估，决定是否需要实施下一轮打击。

（4）攻击航母编队

航母编队防御严密，既有护卫舰队，又有警戒飞机、护卫飞机等的严密保护，因此要突破航母的防卫圈对其实施攻击非常困难。另外，航母体积和舰面面积都非常大，常规武器的攻击即使命中航母也很难对其形成较大损伤。

具有高隐身、高机动能力的无人作战飞机可有效突破航母的防御圈，投射高能激光、精确制导炸弹或特效武器对航母上的特定目标（如油库、起飞跑道、着陆拦阻跑道）实施攻击，将大大削弱或瘫痪航母舰队的作战能力。

（5）执行超视距空中打击任务

无人作战飞机可以做得非常隐身，因而能缩短敌方雷达的发现距离，达到规避敌防空火力、先敌攻击的目的，再加上其可挂载远程超声速空地导弹，从而能够实现对敌方目标的超视距有效打击。超视距作战对无人机的机动性要求不高，若采取与有人机协同作战的模式即可放宽无人机目标识别、态势感知、人工智能等方面的要求，因而容易实现。

（6）攻击时间敏感目标

无人机在作战区域内长时间待机，对地面各类具有很短的"时间打击窗口"或攻击机会有限的实效性很强的目标实施搜索、定位、识别、瞄准和攻击。这类目标包括地面的机动目标如战术弹道导弹发射车，也包括攻击时机很敏感的固定设施，如正在进行发射的导弹阵地等。

（7）持久情报、监视和侦察（PISR）

利用长时间的续航能力，采用防区外广域监视方式或近距监视方式，实时掌握敌方导弹发射车、坦克、装甲车、舰船等目标移动情况，以及指挥所、导弹发射阵地、港口等区域军事活动情况。"网络中心战"要求在多维、非线性战场上，实现战场态势的快速感知、传递和高度共享，以信息优势支撑作战目标的达成。良好的PISR能力成为实施"网络中心战"的基础，在这方面，无人机具有得天独厚的优势。无人机能对小型移动目标进行长时间隐蔽实时跟踪侦察，这是别的侦察手段所不能比拟的，因为有人侦察机滞空时间有限，而且受速度太快的制约；卫星同样有其"滞空"问题，而且侦察的侧重点更多地集中在战略战役的动向和态势方面；直升机则声音太大不够隐蔽，而且飞行高度和速度有限，易受地面武器攻击。因此，无人机已被美军纳入了"战场数字化"系统和C⁴ISR系统中的"情报侦察分系统"。美国海军提出了"雷达项目计划"，通过将无人机、有人机、卫星、电子战系统等纳入传感器栅格，形成一个传感器系统大网络。

在阿富汗战争中，美军大量使用了无人机。无人机飞行了大约1300架次，并在其支持下摧毁了700个目标。鉴于无人机在阿富汗战争中的成功应用，美军在伊拉克战争中投入了十几种无人机，数量是阿富汗战争的3倍。除了"捕食者""全球鹰"之外，还首次使用了"龙眼""影子"等新型无人机，用于组成中低空战场感知网络，侦察监测伊军地面目标的机动情况。"全球鹰"无人机在战场上方近两万米的高空可以盘旋数小时，用以捕捉战场移动目标的清晰图像；陆军的"猎人"无人机则向军、师级特遣部队指挥官提供图像情报；海军陆战队的"先锋"无人机主要负责为夜间作战的部队提供实时的情报支援；"龙眼"无人机主要为特种作战部队提供服务。可见，无人机在伊拉克战争中的ISR方面发挥的作用是不可替代的。

（8）网络节点/通信中继

在信息化战场中，分布在各处的部队要达成行动的协调一致，良好的战场信息网络是必不可少的。2000年，美国空军的无人机作战实验室已成功地在"猎人"无人机上演示了态势感知数据传输无线电台的军事用途，目的是把无人机获得的目标位置信息传送给战斗机与地面部队，并通过增强型位置报告系统把己方部队的位置提供给前线空中控制器和无人机载荷操作员。后来，美国空军和国防预先研究计划局发起的"自适应C⁴ISR节点"项目，不仅使无人机起到中继通信作用，而且还起着"空中交换局"的作用，并加进了信号情报、干扰和进攻性信息战功能。

在阿富汗战争和伊拉克战争中，无人机作为空中中继通信站在战场上得到了实战应用。无人机不仅可以把敌方地面目标的信息传送给己方的地面作战部队和空中战机，而且可以通过自身的机载设备，实现地面部队、空中战机和总部之间的相互通信。

（9）电子攻击

作为信息化战争中的一种重要的作战样式，电子攻击就是利用电磁频谱去阻止或者减少敌人有效运用电磁频谱和定向能武器作为其主要的破坏手段。由于无人机能够实施压制敌防空作战，所以同样也能担负电子攻击任务。而且，无人机信号特征的控制由于不用考虑人的因素而变得相对比较容易，其机动性能也可以超越人的忍受限度，使其生存能力得到进一步提高，且无须担心飞行员的安全。

8.4　作战使用展望

　　最近 10 年各国都加快了无人作战飞机的研制步伐，种种迹象表明，21 世纪无人作战飞机很有可能加入空中进攻力量中，未来的空中打击行动也很有可能发展为以无人作战飞机为先导的战术行动。究其原因，"零伤亡"作战思想促进了无人作战飞机的发展，为了满足五角大楼的"零伤亡"作战要求，美军集中精力研究了许多无人作战飞机平台，隐身无人作战飞机是其中之一。同时，一些可内埋于新型无人机武器舱内的小型化精确制导非致命武器也在研究之中，如干扰计算机的高能微波武器和破坏商业电网的碳纤维武器等。

8.4.1　无人机作战运用综述

　　无人作战飞机的发展丰富了无人机概念的内涵，将使无人机的作战使用发生根本性的变化。美国一位军事学家指出，到目前为止，没有比无人作战飞机更具意义的军事技术，这项技术将给美军带来无穷的收益。美国空军也认为，无人作战飞机的发展将是空中力量的一次革命。

　　美国空军对此进行了投石问路。"捕食者"无人作战飞机在阿富汗战场的成功表现和不俗战绩将会坚定美国发展无人作战飞机的决心和信心，并进一步加快在研无人作战飞机型号的发展。美国研究过的无人作战飞机项目有波音公司的 X-45 验证机和诺斯罗普－格鲁门公司的"飞马"验证机。技术验证机是美国有关研究单位进行航空预研的方式，旨在为正式的飞机型号研制探索技术、积累经验。美国许多飞机型号的研制都是以技术验证机的形式开始的，如 F-117A 隐身攻击机的研制以及最近几年 F-35 战斗机的研制都是如此。从美国飞机型号研制的惯例来看，经过验证机的技术验证，在解决了设计中的问题以后，最后都会有正式的飞机型号出现。

　　俄罗斯无人作战飞机的研制也已启动，其过去研制的无人机主要供陆军校射之用，较少注意无人侦察机的发展，更没有留意无人作战飞机。现在，俄罗斯已经开始认识到了无人机的重要作用，认为无人机应当属于军方最优先发展的机种，不仅应当重视无人机的研制，还应当发展无人机的对地攻击能力。

　　俄罗斯（包括苏联）在作战飞机的研制方面与美国是并驾齐驱的，这在第二、第三代战斗机的发展过程中表现得特别明显。这种技术上的对抗在一定程度上激发和推动了作战飞机的技术提升和更新换代。回顾美俄两国作战飞机的发展历史，再反观美国发展无人作战飞机的勃勃雄心和俄罗斯的急起直追，可以预见无人作战飞机的发展前景。

　　（1）在无缝化战场信息网络侦察体系中发挥独特的作用

　　信息战将是未来战争的主要样式，信息的获取、加工、处理、分析、传递、控制、遮断能力将影响战争的进程，夺取和保持制信息权成为信息战的中心和焦点。要建立起一个陆、海、空、天四位一体的多手段、全频域侦察监视系统，对战场上的所有动态目标进行有效的侦察、监视、识别，只有综合使用各种侦察手段、各军兵种密切协同、各种侦察系统优势互补，才能实现对整个战场信息的无缝化侦察。无人机是侦察体系中非常重要的一员，对构建无缝化侦察网络起着重要的作用。

　　首先，无人机可以到危险区域执行侦察任务，敌方重点部位都有着严密的防空体系，其他侦察装备难以执行任务。无人机由于隐蔽性好、造价低廉等优点，适合到危险区域执行侦察任务。其次，无人机可以对突然出现的快速机动目标进行侦察跟踪，现代战场态势瞬息万变，突发事件经常发生，无人机由于机动性好、留空时间长，可以到达其他侦察装备难以到达的地方，对突然出现的战场移动目标进行全程跟踪侦察。最后，战场侦察网络的局部损坏，可由无人机进行及时的补充。现代战争在信息领域的争夺异常激烈，战场上侦察网络体系中某个节点遭到攻击是常见的。如果该节点的侦察装备在短时间内难以修复或无法及时替换，可由无人机进行快速补充，建立该节点的子网络。

　　在伊拉克战争中，美军的无人机获得了其他侦察装备无法获取的情报，高空主要有"全球鹰"等长航时远程无人机，负责战场侦察监视，为美军中央司令部提供大范围战场情报；中空主要有"捕食者"长航时远程无人机，除执行一般性侦察监视任务外，重点搜索、跟踪麦地那师、巴格达师等共和国卫队的部队，此外，中空还有大量的"先锋""猎人"和"影子"等近程无人机，它们主要负责海军、海军陆战队和陆军等军兵种的战术侦察任务；低空主要有"龙眼""指针"等小型以及其他微型无人机，它们主要供海军陆战队、陆军的旅和团级部队以及特种部队等小规模地面兵力的战术使用。在伊拉克战争中，RQ-1"捕食者"、RQ-2"先锋"、RQ-4A"全球鹰"等无人机均装备了电子、红外照相以及合成孔径雷达等先进仪器。"全球鹰"可在空中连续飞行40多小时，监视范围达700km^2，还能对特定目标实施抵近侦察。"捕食者"无人机可向指挥官传递战场的最新图像，以帮助判断其他侦察装备侦察到的情报的真假。总之，无人机在侦察监视体系中常常发挥着其他装备难以替代的作用。

　　（2）提高了打击时间敏感目标的能力

　　在信息战实施的过程中，时间因素起着至关重要的作用，要对侦察识别的目标进行及时打击，就要使传感器从发现目标到打击目标的时间缩短。目前，美军把发现目标到打击目标的时间压缩到了几分钟，发现目标后基本实现作战指挥的实时化。

　　美军实现对时间敏感目标的打击，与大量使用无人机是分不开的。无人侦察机可长时间执行侦察任务，监视目标，一旦发现目标即可直接攻击，或召唤其他作战单元进行攻击。例如，在阿富汗战争中，由"捕食者"和"全球鹰"无人侦察机所获得的有关情报可经过联合空战中心实时地传送给在战场上空的AC-130特种作战飞机的飞行员，AC-130可立即对目标进行攻击。从无人机引导AC-130等飞机作战，可以看出美军打击时间敏感目标的能力开始形成，完成一个杀伤链：发现—定位—瞄准—攻击—评估所需的时间越来越短，实现了实时（或近实时）的发现、跟踪、定位和打击的一体化，整个作战过程一气呵成，连贯有序，就像是一个作战单元完成了作战任务。今后，随着无人作战飞机的大量装备，无人机发现目标后，可直接对其进行实时攻击。

（3）使战场信息更新速度加快

"战场透明"是美军的制胜王牌，其多年来已经建设起了一个陆、海、空、天四位一体的多手段、全频域、全方位的战场"透视"系统。在伊拉克战争中，美军联合作战中心的6块显示屏首次使战场后方的军事指挥官能看到战斗实况，指挥官在作战室就能直接观察战场，监视和指挥对伊作战。在很多情况下，能通过显示器观察到每辆坦克或每一门火炮，如运动中的伊拉克坦克、部署在巴格达的突击队以及处于飞行段的"战斧"巡航导弹。美国中央司令部显示屏上的战场信息几分钟就更新一次，这与无人机获得的大量实时信息是分不开的。

（4）可实现对战场的局部管理

在伊拉克战争中，无人机还扮演了局部战斗空间管理者的角色。其在战区能够协调多种平台遂行作战任务，同时具备对地面移动目标进行监视的能力，通过使用先进的图像系统和夜视红外设备传送实时的视频图像和战场情报，支持或召唤其他兵力及时打击战场目标。

局部战场管理对实现实时的信息传输和打击时间敏感目标至关重要。无人机发现目标后，如果先上报指挥中心，再由指挥中心下命令给作战单元，势必造成有利战机的丧失。作为一名局部战场管理者，无人机发现目标后，即可直接召唤在附近待命的作战飞机，作战飞机可直接接收来自无人机的作战指令，而无人机下达的作战指令也会传到作战指挥中心。如果指挥中心认为命令合适，则不作任何干预，如果命令不合适，指挥中心会通知作战飞机取消攻击。这样一方面可实现对目标的及时打击，同时避免了指挥中心的信息泛滥。

（5）战场资源得到合理调度

在伊拉克战争中，无人机自始至终对所侦察到的目标进行了严密的跟踪，并对发现的目标进行及时攻击，或召唤附近其他兵力进行攻击。这样可根据需要增加或减少某个局部战场的作战单元，在整个战场上作战资源可实现灵活调度。

总之，无人机在阿富汗战争、伊拉克战争中得到了较为广泛的应用，在今后的信息战中，无人机的作用将得到进一步扩展。无人机将在未来的"陆海空天电"的五维一体化战场上大显身手，必定会演变成为一种高效费比、攻防兼备的全新概念武器，并将引起军队作战思想、作战样式和组织编制的一系列变革。

8.4.2　无人作战飞机的使用相关特性

（1）大过载与高机动性

无人作战飞机没有驾驶员，其使用过载不受人的生理限制，可以远高于有人驾驶飞机。因此可以大幅度提高无人作战飞机的机动性，并据此研究出一些独特的战法。无人作战飞机设计成具备高机动能力是为了与敌方的战斗机周旋，回避其攻击。假设无人作战飞机以950km/h的速度飞行，飞机的使用过载为15～20，则在水平面内的稳定盘旋角速度可以达到30～40（°）/s。这样的能力是可以与敌方的有人驾驶战斗机进行近距周旋的。无人作战飞机即便受到敌机的超视距导弹攻击，仍有可能逃避——在远距离时采用置尾机动，在较近距离时采用大过载急剧机动。

（2）隐身性

雷达探测距离与目标雷达截面积（RCS）的 4 次方根成正比。若无人作战飞机的 RCS 能做到小于 $0.003m^2$，那么对于敌方战斗机而言，探测距离将减小到 40km 左右，预警雷达的探测距离则减小到 50～60km。这一指标要求比较高，除需进一步研究改进已有的隐身措施外，还要尽可能把无人作战飞机做得小一些。

如果无人作战飞机再辅以有源干扰，则躲过敌方战斗机的导弹攻击是大有可能的。还可以在无人作战飞机上安装红外被动探测设备，使用反辐射导弹与红外制导导弹对敌方战斗机进行还击，不过这些设备和武器均需在现有基础上提高性能，同时减小体积和重量。

（3）经济可承受性

无人作战飞机具有较好的经济可承受性，主要表现在两个方面：一是降低了采购费用，二是减少了外场使用保障费用。据报道，美国战斗机的平均采购价格是每磅空重 1100～1600 美元。由于无人作战飞机不含机上驾驶员，可省去人机接口及生命保障系统，因而可以做得比有人驾驶飞机更小更轻，有可能使采购价格降下来。有人驾驶作战飞机使用寿命的 70%～90% 是和平时期的训练飞行所消耗的，而无人作战飞机的作战使用培训则是以在虚拟仿真环境中进行为主、少量实物飞行训练为辅；在维修保障上无人作战飞机是以储存为主，外场使用维护时间所占比例明显减小，从而节省大量人力、物力与材料消耗，降低使用保障费用。

（4）系统的复杂性

无人作战飞机系统主要由无人作战飞机、信息综合 / 任务规划 / 指挥控制中心和空—空、空—地（海）信息 / 指令双向传输数据链网组成，本身就是一个复杂的系统。同时，它还必须得到 C^4I 系统的支持，无人作战飞机仅是这个大系统网络中的一个节点。因此，必须针对无人作战飞机系统的作战使用要求，对信息获取、处理和传输体系，多传感器的目标、环境与保障信息的获取与融合技术，数据压缩与目标识别技术，实时、高动态、高速率的抗干扰数据链与组网技术等开展深入研究。

无人作战飞机系统是通过离机的远程控制、管理和决策系统来完成作战任务的高性能武器系统，与现有的通过数据链的遥控无人机不同。这个控制、管理与决策系统将是一个"人在控制回路中"的，依赖于信息环境的高度自动化、智能化和集成化的"系统中的系统"（亦称"大系统"）。必须对无人作战飞机的控制、管理和决策系统的理论与方法、系统的体系结构和功能分配、基于网络和基于情景遥显的实时控制等方面深入研究，才有可能实现自主智能飞行控制、突发事件处置、辅助作战与火力控制以及多机协同作战控制等功能。

无人机向空战、对地攻击和反导型武器的方向发展是 21 世纪无人机发展的一个重要趋势。无人作战飞机将改变空中作战的战略战术。美国空军认为，21 世纪空战将是无人机与无人机作战，谁拥有先进的高智能化的无人作战飞机，谁就将先行掌握战场的主动权。

8.4.3 无人作战飞机的使用设想

无人作战飞机对未来战场的作战模式将产生重大影响，作战样式、指挥组织、训练模式等都会不同，特别是执行空战任务的无人战斗机开始作战使用后更是如此。国外部分军事专家认为，近期无人作战飞机对作战样式不会产生根本性的影响，只是多了一种作战工具，将来的变化可能会在无人空战飞机问世后出现。但也有军事专家乐观地认为，无人作战飞机的出现将彻底改变 21 世纪的作战模式，甚至将有可能把未来某些激烈的空战演变成坐在计算机屏幕前的一场"游戏"，参战人员只需按下鼠标键，就可摧毁千里之外的建筑、设施、装备等，实现作战使用模式的变革。

美国国防部认为，在未来战争中，有人驾驶飞机和无人作战飞机及其他无人支援飞机联合编队作战将成为一种新的作战模式。在这种模式中，多种无人机和有人机优势互补、分工协作，可以将各自的效率发挥到最大。在这种作战模式中，侦察型、作战型、干扰型无人机通过通信和电子设施保持与有人驾驶飞机的信息共享，无人机和有人机形成了局域网，而这个局域网又包括在整个空天地一体化的大网络之中，接受来自各种指挥机构的指挥，并按照战场形势发展的需要，及时出现在最佳位置并执行各自的任务。为了安全高效地协同有人驾驶飞机实施作战行动，无人机必须具有以下能力：一是编队能力。无人机机群要能够编队作战，这样才能够更有效地压制敌方的防御力量，并将自身的损失降到最低。二是具有较高的灵活性，能够随着作战计划的改变实时地调整自身的作战任务。三是要具备战场态势感知能力，要能够及时了解敌我双方的战况，不被假象所蒙蔽。

美国空军认为，无人作战飞机的出现会引起空战理论的变革，以及对地攻击和空中作战方式的改变，今后很可能是一架有人机带领多架无人机作战，无人支援飞机相当于把探测的距离延伸了，无人作战飞机则相当于把攻击距离延长了，同时有人机的安全性也提高了。

美国空军专家预测，无人作战飞机今后将采用机群作战方式，预计无人作战飞机将在有人驾驶攻击机群外圈 10 余千米处飞行，相互间通过视距内数据链通信，并由卫星通信进行控制指令的传送，为了减少攻击机群驾驶员的负荷，无人作战飞机将由地面人员或防区外飞机上的成员控制。当一架无人作战飞机发现了一部敌方的雷达后，它将呼叫另一架无人作战飞机并调用其数据利用三角原理确定发射源的位置，然后拍摄敌方防空系统的合成孔径雷达图像以防敌方雷达关机，接着无人作战飞机飞至目标上空投下精确制导武器，退出攻击后由另一条航路再次飞越目标，以确认该防空系统是否被摧毁。

美军专家设想的一种作战情况是无人作战飞机和有人机进行混合编队实施空战任务，如由一架 F-22 控制 3 架无人作战飞机混合编队飞行，这些无人作战飞机将飞行在 F-22 前面 150 ~ 200km 处打头阵，F-22 则保持电子静默，只接收由无人作战飞机、高空侦察机，甚至卫星传送的数据。而 F-22 只需 2 个短脉冲即可控制无人战斗机的武器发射。

另一种作战方法是使用像 KC-10 这类加油机带着一群无人作战飞机进行远程突防。由于无人作战飞机尺寸小且相对速度慢，由 KC-10 给它们在中途加油是很容易的，所以可一直飞抵到很远的指定区域。当到达目的地后，加油机就可把这群无人作战飞机放出去执行指定战术任务。

另外，随着无人作战飞机机体设计技术和小型高性能机载武器技术的成熟，及其战场环境感知能力和实时作战能力的提高，无人机将会直接用于空战。由于无人战斗机的高隐身性能和高机动性，它们能够较容易地迅速接近敌机并突然地出现在作战攻击区，等敌机发现时可能已在它们的包围圈中。所以军事专家把无人战斗机的这种空战战术称为"群狼"战术。

今后，根据无人机执行任务的不同，可能会出现两种模式的无人机，即空中中心模式（基于数据处理）和地面中心模式（基于通信）。空中中心模式的无人机对平台的自动化和智能化要求很高，在这种模式下，无人机与地面相关系统的联系很少。地面中心模式的无人机，其机载数据处理要求不高，但是通信能力必须非常强，大量的作战数据互相传递。这两种模式各有优缺点，在将来都有发展前途。

8.4.4　无人作战飞机未来使用展望

单一无人作战飞机的作战能力是有限的，在复杂环境尤其是现代高技术战场下，其弱点将会暴露无遗，随着人工智能、大数据、云作战等技术的发展应用，今后无人作战飞机的工作模式将必然由单平台逐步向多平台协同、有人 / 无人协同方向发展，而互操作、自组网等技术的发展以及无人系统智能化程度的不断提高，也为此提供了现实可行性。从长远看，今后随着水下、海面、陆上、空中、太空通信实时性等关键技术问题的解决，各类无人作战平台之间必将实现互联、互通、互操作和工作协同，即完成水下无人平台、水面无人平台、陆上无人平台、空中无人平台和太空无人平台的配合，实现各系统之间的信息数据共享、充分发挥各自优势、相互取长补短，从而进一步提高无人作战平台的工作效能。因此，无人作战平台协同能力的发展将会基本遵循"无人作战平台与有人作战平台协同（有人作战平台主导）→有人作战平台与无人作战平台协同（无人作战平台主导）→无人作战平台与无人作战平台协同→无人作战平台跨域协同"的进程和步骤。无人作战飞机不仅可以像有人战斗机一样执行对空作战、对地打击、对海突击、侦察监视、目标指示、布雷等任务，还可以利用机群进行协同作战、集群攻击和高危环境下单机自主作战。

8.4.4.1　执行协同作战任务

无人协同作战系统要求多架有人机 / 无人机、无人机 / 无人机之间协同分享、分配、分组控制信息资源，然后迅速、准确地做出侦察、协同目标跟踪、协同攻击、协同空中拦截、毁伤评估或者退出攻击等决策。通过多架飞机之间的协同配合，最后通过控制系统实现协同，共同完成较为复杂的任务。

在未来战场上，有人机与无人机及其他无人支援飞机的联合编队作战将成为一种全新且主要的作战模式。无人机直接接受有人机平台的指挥控制，实施联合目标确定、协同指挥控制、一体化作战、快速打击等决策及动态评估，从而实现传感器—控制器—射手的一体化作战模式。根据美军的一项针对有人/无人协同的试验分析，有人机/无人机协同作战可使任务成功率提升35%，作战效率提升25%，生存力提升25%，作战时间缩短50%。

对于无人机而言，其可利用人的智慧和综合判断能力，弥补无人机在智能决策方面的不足；依托有人机在态势感知、指挥控制等方面的优势，拓展任务类型，增强复杂对抗环境下的作战能力，摆脱对地面站及卫通链路的依赖，使得作战半径提高，抗干扰、反欺骗能力增强。

对于有人机而言，可拓展有人机的态势感知能力与打击范围，丰富有人机的任务域；降低有人机遂行高危作战任务的风险，提高生存力；有人机在空战中的角色由单机"战斗员"作战变为集群"指挥员"作战，可实现效能的提升。无人机与无人机协同作战将是未来作战的主要模式，其发展的最终目的是在无人干预或极少有人干预的条件下，协同自主完成作战任务。

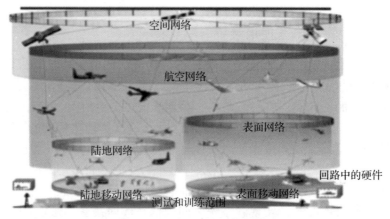

图8-3 协同态势感知的示意图

8.4.4.2 无人机集群作战

无人机集群系统（unmanned aerial swarm systems，UASS）是由众多自主控制的无人机组成，被广泛应用在各个领域。由小型廉价的无人机构成的大规模无人机集群系统，能够执行更为复杂的任务，逐渐成为主流应用。将一定数量的低成本无人作战飞机以集群方式执行任务，可在局部区域迅速集结形成大规模装备优势，具有集群替代机动、数量提升能力、成本创造优势等特点，从而极大地提升无人系统的任务效能。

"集群智能"作为一种颠覆性技术，一直被各国视作无人系统人工智能的核心，是未来智能无人系统的突破口。大规模、低成本、多功能的无人机集群通过空中组网、自主控制、群智决策，可以应用于多种探测感知、应急通信等任务。智能无人集群再一次成为"改变游戏规则"的颠覆性力量，以集群替代机动、数量提升能力、成本创造优势的方式，重新定义未来力量运用的形态。据介绍，随着人工智能、网络信息、微纳电子、先进平台、增材制造五大新兴技术的迅猛发展，智能无人集群将呈现系统智能化、网络极大化、节点极小化、平台多样化、成本低廉化五大特点，并加速推进智能无人集群向装备系列化、应用多样化、覆盖全域化快速发展。

全自主集群作为无人作战系统自主性的最高等级，既是无人作战系统协同控制的一种重要形式，也是其发展的深化。近年来，随着环境感知与认识、多机协同任务规划与决策、信息交互与自主控制、人机智能融合与自适应学习等相关技术的日益成熟，无人作战系统集群作为一种具有"改变游戏规则"能力的颠覆性技术，已经成为无人作战系统领域的一个重要发展方向，备受世界各国重视，目前正处于飞速发展阶段。无人作战系统集群通过单体之间的紧密协作，以集群替代机动、数量提升能力、成本创造优势的方式，具有复杂/恶劣环境适应性强、系统间协同工作能力强、智能化程度高等特点，能有效增强无人系统在复杂险恶环境中执行任务的能力，完成很多单台无人系统难以完成的任务，无论在军用还是在民用领域，均具有广阔的发展前景。

目前美国军方正通过"小精灵"、"拒止环境中协同作战项目"（CODE）、"山鹑"微型无人机、"低成本无人机集群技术项目"（LOCUST）等一系列研究项目，全力探究无人机集群的最新技术，应用于军事发展，以保证其全球军事技术领先。

8.4.4.3　单机自主作战

无人机平台与人的空间上的分离使得其可以突破人的生理极限，长时间执行枯燥、危险、肮脏的任务，而其"人的智能"将被网络、大数据、人工智能等技术替代，因此，未来无人作战飞机单机自主作战仍是一种重要模式。

（1）持久压制防空

利用高隐身性能和较长时间的续航能力，抵近敌地面防空网，在敌有效火力打击范围外隐身游弋，通过实时无源探测与定位，采用坐标攻击、直接瞄准攻击或反辐射攻击方式，对敌地空/舰空等防空武器系统实施有效的压制和摧毁，能够有力掩护己方有人机和无人机的作战行动。

（2）远程ISR

凭借高隐身能力和长时间续航能力，无人作战飞机可执行远程ISR任务，该任务又可具体分为两种类型。

第一种类型是针对固定、运动目标的持续性监视。无人作战飞机携带任务载荷，在目标附近保持持续侦察监视，监视的目标既包括水面舰船，也包括地面的固定或移动目标，能够为己方提供海上巡逻警戒及目标搜索、地面目标搜索与监视的能力，并可为己方的防区外攻击的导弹提供目标末端导引。在该任务模式下，无人作战飞机主要使用SAR/对海搜索雷达、多通道光电传感器、电子侦察设备等，弹舱内可改挂任务设备，也可加挂弹舱油箱以提升续航时间。

第二种类型主要是针对地面固定重要目标实施的突防式侦察，无人作战飞机携带任务载荷依靠隐身能力穿透敌方空域，对敌方重要目标如军事基地、后勤设施、

指挥通信机构、重要城市等实施侦察后脱离。主要携带载荷为 SAR、可见光 / 红外侦察照相设备等，弹舱内可改装挂载任务设备，也可加挂弹舱油箱。

（3）反舰作战

无人作战飞机在有人战斗机的掩护下，对敌方舰艇编队中执行舰队防空任务的舰船实施攻击，撕开敌方防御体系的缺口。无人作战飞机编队跟随有人制空战斗机之后，与对方的防空机群发生电磁接触后，电子战飞机开始对敌方预警机实施远距干扰，制空战斗机前出驱逐敌方执行防空任务的战斗机，并实施战术佯动吸引对方注意。位于后方的无人作战飞机编队避免与敌方接触，在电子战飞机和有人战斗机的掩护下自低空穿透敌方外围空中防线。目标舰只进入射程后，无人作战飞机编队爬升并发射中远程反舰导弹，随后转向脱离。在必要的情况下，无人作战飞机也可使用空空导弹对敌方预警机实施攻击。通过无人作战飞机对敌方编队外围护航舰船的打击，使得敌方编队的防空能力逐渐被削弱，为攻击敌方编队创造机会。

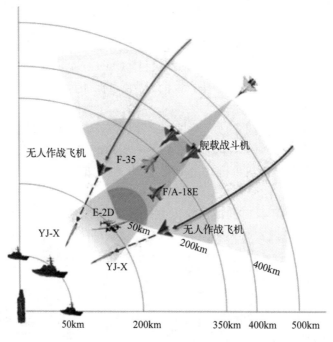

图 8-4　反舰作战示意图

（4）远程穿透打击

无人作战飞机在电子战飞机掩护下，对敌方重要地面目标，包括军事基地、机场、港口、通信指挥设施及其附属防空系统等实施空中打击，削弱对方作战能力，打击敌方的战斗意志。作战采用高—高—高作战剖面，携带 2 枚 500kg 级别卫星制导炸弹，作战半径可以达到 2500km。整个作战过程由无人机控制站通过卫星通信链路指挥控制，无人机编队除定期通信和突发情况之外只收不发，保持静默状态突防。

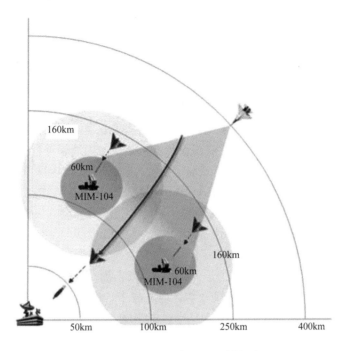

图 8-5　穿透打击与防空压制行动

8.5　无人作战飞机作战使用模式

8.5.1　无人机在局部战争中的作战使用

（1）越南战争中初露峥嵘的无人机

无人机投入实战使用始于 20 世纪 60 年代的越南战争，当时，由于美国的战斗机被越南民主共和国（简称北越）的地空导弹和高炮击落太多，为了减少飞机损失和飞行人员的伤亡，美军开始使用装有跟踪与控制系统以及航空照相机的 BQM-34 "火蜂" 无人侦察机对北越上空进行战略侦察，同时还要执行摧毁敌方各种目标的武装攻击任务。BQM-34 本来是为美国、加拿大空军和海军航空兵战斗飞行培训用的喷气式靶标，在研制过程中不断改进，最后发展成为一个庞大的、能执行各种任务的无人机家族，共有 28 种改型，其中就包括能执行武装攻击任务的改进型 AQM-34Q 无人机。

20 世纪 50 年代，BQM-34 无人机开始执行搜集苏联军事基础设施情况的侦察任务，经过改进，装配了新型摄像设备，增大了机翼面积，研制出了能在高空执行情报侦察任务及武装攻击任务的 AQM-34Q 无人机，先是在古巴上空积极执行情报搜集任务，之后前往越南战场执行侦察和攻击任务。越南战争期间，数次完成压制敌方防空高射炮兵、向陆军部队提供目标指示数据、运送武器弹药等战斗任务，同时还用于空对空作战。特别值得一提的是，AQM-34Q 无人机在对地面目标攻击上取得了较大的进展，越南战争期间成功完成了投掷重达 500lb（约 226kg）炸弹及"幼畜"导弹的任务，顺利完成了实战条件下的战斗使用试验。不过，战争结束后，美军旨在扩大无人机在战斗行动中使用范围的研究和试验基本中止，从而延缓了无人作战飞机的研制进程。

越南战争期间，作为空中情报侦察设备，AQM-34 高效完成了以下任务：获取了北越境内苏制 SA-2 防空导弹的部署情报；及时证实了北越空军装备苏制米格-21 战斗机的情报并进行了侦察摄像；对 B-52 战略轰炸机战斗使用结果进行了评估；掌握了苏联向北越提供直升机的情况；近距离获取了苏制 SA-2 导弹被摧毁时的影像情报。战斗使用期间，AQM-34 共完成了 3435 架次飞行，战损率仅为 16%。按当时有人驾驶飞机的损失率来计算，有 1500 多名飞行员幸免于难，而且还有大量的飞机免于损失。

（2）中东战争中的无人机

在中东战争中，以色列于 1973 年曾用美国生产的廉价无人机佯装成大型轰炸机飞入埃及领空，埃及部署在苏伊士运河的萨姆导弹连误认为是轰炸机入侵，盲目发射了数十发导弹。在 1982 年的以叙贝卡谷地之战中，以色列先派出美制"火蜂"无人机飞往叙利亚导弹阵地上空，用装有导弹诱饵的无人机作假目标诱骗叙军雷达开机。以色列轻易地获得了叙军阵地雷达的工作频率和信号特征。无人机在这次战争中的成功应用，引起了世界各国的高度关注和重视。

（3）海湾战争中的无人机

在 1991 年的海湾战争中，以美国为首的多国部队使用了"先锋"、TALD 和 BQM-74 等多种无人机，在执行侦察、监视、目标捕获、战斗毁伤评估、海上拦截、战场管理、火炮瞄准射击等任务中为飞机和炮火攻击伊拉克军队的坦克、地空导弹阵地、火箭发射阵地、飞机机库、仓库和掩体等目标提供了精确的目标指示，为战区和各部队指挥官收集和提供了大量的信息。部署在美国海军战舰上的"先锋"无人机承担近岸监视与侦察任务，整个战争期间共出动 151 架次，飞行 520h，在执行侦察、监视、目标捕获、战斗毁伤评估、海上拦截、战场管理以及海军炮火直接瞄准和间接瞄准射击任务中，收集和提供了大量的信息。美国第 7 军所属的无人机排共出动 46 架次，为该军探明了伊军坦克、指挥所、炮兵群、火箭发射阵地等许多目标。美国海军陆战队出动 185 架次无人机，为海军陆战队侦察、监视、搜索、辨认和识别了大量伊军目标。

此外，美军还利用无人机作诱饵，以各种编队形式在目标上空飞行，模拟盟军各种轰炸机的信号，诱使伊拉克防空系统的雷达开机并发射导弹，致使伊军防空阵地在短短的两天之内就全部瘫痪。

（4）无人机在波黑、南联盟作战中的使用

美军在 1995 年空袭波黑塞族前曾派出 80 架次"捕食者"无人机，对战场进行了实地侦察。空袭时，该型无人机向战斗机提供准确的目标信息，致使塞军 70% 的防空设施和作战指挥系统被摧毁，40% 的弹药库被炸毁。在 1999 年的科索沃战争中，以美国为首的北约使用了"捕食者""猎犬"等大量的无人机，飞行了 1400 多小时，对南联盟境内进行了大范围侦察，获取了南军大量的情报。美、英、法、德、意等 5 个国家纷纷选用了性能各异的无人机参战。参战的各国无人机共有 7 种，估计有 200 ~ 300 架。这是历次局部战争中使用无人机数量最多的一次，也是发挥作用最大的一次。

科索沃战争期间，无人机得到了更广泛的使用，主要执行战场的侦察和监视任务，同时也遭受了不小的损失，据媒体透露，在持续 3 个月的科索沃战争期间，北约军队司令部认可的损失情况是 48 架各种类型和用途的无人机，其中，美国损失了 17 架无人机（3 架"捕食者"、9 架"猎人"、4 架"先锋"、1 架未透露型号），德国损失了 7 架 CL-289 无人机，法国损失了 3 架无人机（1 架执行侦察任务的"红隼"、2 架 CL-289），英国损失了 14 架"不死鸟"无人机。

在科索沃战争中，无人机执行的战斗任务主要是侦察和核实南联盟军队部署地点、战场监视、控制阿尔巴尼亚族人占领区的局势、评估北约航空兵对南联盟基础设施的攻击效果。实战局势下无人航空系统广泛使用的结果充分表明，无人机能够保障对战事地区敌方广阔地带进行不间断的侦察和监视。不过，由于无人侦察机在敌方阵地上空的出现经常伴随着损失危险，因而在很大程度上降低了无人机的侦察飞行效果，也使对方获得了重新部署或伪装的时间。从整体上讲，在科索沃战争中，无人机的战斗使用达到了预期的效果。

无人机在科索沃战争中的战斗使用，同时也揭示了这种飞机的发展特点和前景。现代化的无人机已经成为防空系统地面设备的重点打击目标，据非正式统计，在北约军队损失的无人机中，约 60% 是被南联盟军队使用的"箭"-1M 移动式防空导弹系统和高射炮兵火力摧毁的，表明现代化无人机的技术可靠程度还不够高，需要进一步加强，约 40% 是由于各种各样的技术故障造成的，这是无人航空设备计算方法和制造水平不完善的直接后果。由于无人机机载设备的复杂化和现代化，飞行器造价急剧增加，从而使因各种故障而造成的损失更为敏感。另外，军事冲突性质的变化，敌方采取的小部队游击战的对抗方法，使得能多次（20 次以上）使用的、反应能力较强的多功能侦察攻击型无人机的发展成为今后无人机发展的优先方向。

（5）车臣战争中无人机的使用

在两次车臣战争中，俄军无人机战斗使用能力相对较弱，效果不是很理想。俄军主要使用"蜜蜂"无人机，同时图 -243 无人机在第二次车臣战争中也得到了充分的使用，不过，俄军无人机战斗使用的可靠性相对较低，特别是在冬季。"蜜蜂"无人机在恶劣气候条件下的可靠性较低，主要原因是技术性能不高，特别是其声音较大，容易被发现，不具备隐身能力，这也是其战斗使用效率较低的一个主要原因。尽管如此，两次车臣战争中无人机的战斗使用还是有成效的，与科索沃战争中无人机战斗使用的经验也是一致的。

（6）阿富汗反恐战争中的无人机

在针对"塔利班"武装的阿富汗反恐战争中，无人航空系统再次展现了其战斗使用效果。主要参战机型是"捕食者"，"全球鹰"的战斗使用比较有限，仅完成了几次战斗飞行试验，以检验该型无人机战斗使用中的技术问题和与地面部队的协同问题。在战争中，无人机主要用于战场侦察和监视，同时验证"捕食者"无人机作为无人侦察/攻击机的战斗使用能力。事实上，早在阿富汗战争前，"捕食者"无人机已经开始为无人侦察/攻击机的战斗使用进行长时间的训练，2001年2月，RQ-1"捕食者"无人机完成了一系列"海尔法"C反坦克导弹发射的任务，攻击视距外的固定和移动的坦克，在地面指挥站或空中预警指挥机上的战斗指挥员决定是否向目标发射导弹。

以阿富汗战争中美军成功地用"捕食者"无人机发射"海尔法"导弹袭击正在开会的"塔利班"高层这一事件为标志，无人机在战场上的地位和作用发生了从辅助作战手段向基本作战手段的重要改变。在之后的伊拉克战争中，"捕食者"无人机发射了数十枚"海尔法"导弹，战斗表现十分出色。攻击型无人机的进一步发展，包括其攻击能力、生存能力的强化和在战斗中的大量使用，必将继现代坦克在二战以来大量使用、攻击直升机在越南战争以来大量使用之后，极大地改变战争的图景。事实上，当我们说这个话时，美军正有数百架次的攻击型无人机在伊拉克上空飞行，以随时向地面目标倾泻弹药。

从整体上看，无人机在阿富汗战争中的使用是相当成功的，但得失经验也与科索沃战争中的结论大致相同。"全球鹰"作为无人侦察机的战斗使用效率较低，不是很成功，"捕食者"B无人侦察/攻击机只能在敌方完全缺乏防空能力的条件下使用。在两个月的战事中，美军至少损失了2架"捕食者"、1架"全球鹰"（2001年12月，技术故障），其中1架"捕食者"可能是被"塔利班"防空系统击落的，降落到阿富汗北部沙曼甘地区，第2架的损失极有可能是由于动力装置故障造成的。到2002年2月，无人机的总损失数达到了4架。

通过对以上几次武装冲突中无人机战斗使用情况的分析，可以认为，各种类型的、高可靠性的现代化无人机，特别是能远距离遥控的、类似有人驾驶战斗机的无人战斗机的研制非常有必要，是无人机发展的优先方向。

8.5.2 无人机的作战使用经验

无人机在以往几次局部战争中均有出色表现，用途也逐步扩展，从早期越南战争、中东战争、海湾战争和科索沃战争执行战场监视和侦察、电子干扰和欺骗发展到在阿富汗战争和伊拉克战争中又增加了对地攻击的能力，其功能得到进一步拓展。在伊拉克战争中，形成了各种无人机的配套使用，承担了侦察、干扰、欺骗（诱饵）、战场评估、信息中继、对地支援和攻击等多种任务，在整个作战过程中起到了重要作用。此外，无人机在空地协同作战中的作用，充分显示了它在未来战争中的作战潜力。无人机在战争中的使用可分为以下几方面。

（1）侦察与监视

无人机续航时间长，体积小，不易被敌方发现与攻击，可对战场进行长时间的实时侦察与监控。越南战争期间美军为了减少有人驾驶侦察机的损失，在北越上空投放了大量的用BQM-34"火蜂"无人靶机改装的无人侦察机，共计出动3435架次，获得了美军战场侦察情报总数的 80%。在科索沃战争中，北约利用"捕食者""狩猎者""不死鸟"等无人机对南联盟境内的重要设施和目标进行了侦察，并向指挥中心传送图像等信息。在阿富汗战争中，美军使用了"全球鹰""指针"和"捕食者"三种无人机，主要执行战场侦察和监视任务。对阿富汗境内的"塔利班"武装进行了广泛的侦察，获取了大量的情报，为美国实施精确打击提供了准确的信息。在伊拉克战争中，美军使用无人机对伊军机动部队和移动目标进行了实时跟踪，为精确打击武器提供情报支持，如"指针"近距离手提无人机，主要用于近距离侦察和目标捕获；"猎犬"短程长航时无人机，主要用于执行大范围的昼夜监视和侦察任务；"全球鹰"高空长航时无人机装备了先进的侦察探测设备，能穿云透雾，在夜间和阴雨天气照常执行任务，对远距离目标实施连续不断、全天候的动态监视，如对伊拉克部队的军事部署与部队的调集情况进行监视，并将图像实时地传回到联合作战指挥控制中心，供决策指挥。

（2）目标指示平台

在伊拉克战争中，美军利用无人机在空中与有人作战飞机进行实时数据传输，缩短传感器到射手的杀伤链周期，作为对敏感目标瞄准的指示平台。美军首次使用"全球鹰"高空长航时无人机作为情报、监视和侦察平台与有人作战飞机联合作战，为 F/A-18C 战斗机传递数据，攻击伊拉克导弹系统，取得了显著战果。

（3）精确对地打击

从阿富汗战争开始，无人机开始具备对地攻击能力，在这场战争中"捕食者"无人机利用"海尔法"导弹击毙了一些"基地"组织成员，使无人机开始执行以前主战飞机执行的任务。在伊拉克战争中，美军的"捕食者"无人机携带"海尔法"反坦克导弹，对伊军的自行高炮实施了精确打击。同时，美军的反辐射无人机在伊军地面雷达上空巡航待机，一旦伊军地面雷达开机即可实施自杀式攻击。

（4）战场毁伤评估

美军在伊拉克战争中利用无人机实施作战信息反馈，对目标的毁伤进行评估，及时的信息反馈有力地支持了作战部队对目标的再次打击。如"影子"200 小型战术无人机和"猎犬"短程长航时无人机都曾用于遂行战场毁伤评估任务。"全球鹰""捕食者"等无人机装备有多频段目标指示系统和合成孔径雷达，能够为其他作战单元提供目标位置等信息，并对攻击效果进行评估。例如，"捕食者"无人机多次引导 AC-130、F/A-18 和 AV-8B 执行了攻击任务，并对战果进行评估。

（5）充当诱饵

在第四次中东战争中，以色列利用"猛犬"无人机诱骗叙利亚导弹阵地暴露目标后，迅速测定其位置，仅用短短的 6min 就成功摧毁了叙利亚的 19 个 SA-6 导弹阵地。在科索沃战争中，美军使用诱饵无人机引诱南联盟的雷达开机，高炮、导弹开火，从而准确测算出其位置及性能参数，为摧毁这些目标提供了情报。美军在伊拉克战争中利用无人机诱使伊军雷达及其他电子设备开机，获取有关电子信息，或模拟真实目标，引诱伊军防空部队开火，使其暴露目标。有人作战飞机紧随其后对这些目标实施重点精确打击，使伊军防空体系遭受重创。

（6）与其他平台结合使用

在海湾战争、科索沃战争中，美军的无人机经常与E-8C"联合星"飞机结合使用。E-8C探测到潜在的高等级目标后，再由无人机进入目标区实施近距离侦察。通过与其他空中平台结合使用来发挥无人机的效能。在伊拉克战争中这一特点表现得更为突出，比如，对于巴士拉、巴格达等城市目标以及伊拉克共和国卫队的阵地等防空能力较强的目标，有人驾驶飞机难以抵近侦察，而且由于这些地区受燃烧石油产生的浓烟的影响，卫星和有人驾驶飞机的高空侦察和远距离侦察的效果较差，因此在这种情况下，美军通常在利用卫星和侦察机在高空、远距离确定目标的概略位置后，操纵无人机穿过浓烟对目标实施抵近侦察，以获取目标连续影像，并引导攻击。这样既减少了飞机和人员损伤，又保证了对一些浓烟掩盖下的重要目标的攻击。另外，"捕食者"无人机还与EC-130"罗盘呼叫"电子干扰机结合对伊军的通信指挥系统进行了电子攻击。由于执行通信干扰任务的EC-130飞机体积大、速度慢、易于受到攻击，因此需要在远离战区的空域对敌进行电子干扰，而这样干扰效果会非常有限。为了解决这个问题，美军在EC-130飞机上安装了"捕食者"无人机的操纵台，将挂载干扰和攻击设备的"捕食者"无人机与EC-130相组合，形成远近结合的电子攻击新模式。无人机与其他侦察平台、电子干扰机和攻击飞机结合使用，可充分发挥各种平台的优点，减少损伤、提高效果。海湾战争中共有63架盟军飞机被击落或者坠毁，而伊拉克战争中美英联军只损失了包括2架无人机在内的18架飞机，这样少的伤亡数字应该说与无人机的大量使用有一定的关系。

今后无人机将更多地担负进攻任务，成为未来战场上不可或缺的重要装备。可以预见，在未来作战中无人机将会发挥重要作用。

8.5.3 无人作战飞机的使命任务

无人机在二战后的局部战争和地区冲突中，发挥了愈来愈重要的作用。根据作战任务的划分，有执行作战支援任务的和执行攻击任务的无人机。无人机一般定义为机上无人驾驶、自行推进、利用空气动力承载飞行、并可重复使用的飞行器。无人作战飞机是无人机的进一步发展，是一种新的武器系统概念。无人作战飞机是无人在机上驾驶、可自主控制和地面遥控的飞机武器系统，它执行空对空、空对地（海）作战任务，由地面操作员参与武器的投放决策，并且有可回收、可重复使用的特征。

无人机在海湾战争和科索沃战争中的广泛使用与优异表现，为无人机计划注入了强心剂，无人作战飞机的研究工作随即掀起热潮。美、俄、英、法、德等国都先后抛出其无人作战飞机研究方案，并开展研制，其中尤以美国的力度最大，进展也最快。目前，美国的无人作战飞机计划已进入研制阶段，将执行"压制敌方防空系统"（SEAD）任务，无人作战飞机将成为实现美国国家安全战略的重要技术途径。由于作战任务的不同，使得无人机和无人作战飞机在技术上有着质的区别。无人机主要执行的是作战支援任务，如：侦察、监视、目标指示、战损评估、通信中继、搜索与救援等。而无人作战飞机则主要执行空对地（海）攻击任务（如对敌方防空系统进行压制、战场遮断、近距空中支援、反大规模杀伤性武器等）和执行空对空作战任务（如攻击空中非机动目标、拦截巡航导弹、与空中机动目标空战等）。

美国认为，为保持当今世界霸主的地位，必须研制高质量、大威力，但又成本不高、不会造成己方人员伤亡的先进武器。这无疑是美国加强无人作战飞机研制的需求背景。早在 1993 年美国空军就委托空军大学和空军科学顾问委员会组织专门的研究班子，对无人作战飞机在美国空军力量结构中的地位、使命和任务，开发的必要性与可行性，以及所需技术的成熟程度等进行了分析研究与论证。他们组织了"平台""任务系统""武器""人机工程"和"作战使用"5 个研究组，经过多轮深化研究提出了研究报告，对上述问题提出了看法、主张和建议。报告认为，美国空军应具有 5 种作战能力，包括 22 项使命。

一是保持核与常规威慑（战略打击、控制空间）；

二是投入远程、可持续杀伤的作战力量（攻击固定目标、基地防空、压制敌防空系统、战区导弹防御与巡航导弹防御、攻击运动目标、特种作战、禁飞区压制与区域压制、消毒与投洒脱叶剂、空对空作战、反大规模杀伤性武器、战斗搜索与救援、跨战区统一作战）；

三是保障快速全球机动（加油机、运输机）；

四是提供全球态势感知（情报、监视与侦察、人道主义援助）；

五是控制信息频谱（UAV 通信节点、干扰、信息战、GPS 增强器）。

在这些作战能力和使命中，无人作战飞机都占有一定的地位和作用，尤其是攻击固定目标、压制敌防空系统、战区导弹防御与巡航导弹防御、攻击运动目标、空对空作战、反大规模杀伤性武器、情报、通信节点、干扰等 9 项任务，更是适合无人作战飞机执行的典型任务。其中，压制敌防空系统任务是无人作战飞机的首选任务。承担压制敌防空系统任务的无人作战飞机的研制计划已应运而生。无人作战飞机是有人驾驶飞机的补充，但也不排除在远期完全自主执行任务的可能。

8.5.4　无人作战飞机的使用特点

无人作战飞机的使用是需求推动和技术发展的产物，一经投入使用，将深刻改变空中力量未来进行战争的方式，使战争效益大为提高，其使用特点体现在以下几方面。

第一，无人作战飞机的使用，可解脱巡航导弹和隐身飞机突击敌方防空设施的任务，成为战争的先期打击力量，战争效益大为提高。20 世纪 90 年代以来，无论是在海湾战争、科索沃战争，还是阿富汗战争中，美军在战争开始时，都首先大量使用"战斧"和 AGM-86C 巡航导弹以及 F-117A 和 B-2A 隐身飞机对敌方的导弹阵地、防空雷达和指挥中心等防空设施进行突击，以夺取绝对的空中优势。在科索沃战争中，首轮空袭美军就发射了 100 枚巡航导弹，整个战争共发射了 1300 枚，其中，有相当数量的导弹是用于攻击敌方防空设施的。待 X-45A/B 无人作战飞机投入使用后，攻击敌方防空体系的任务将主要由无人作战飞机承担，这样，"战斧"和 AGM-86C 巡航导弹和隐身飞机等高技术作战手段可执行其他更为重要的战略打击任务，取得

更高的战争效益。

第二，无人作战飞机是专门用于打击敌方防空设施的，作战效果好。由于X-45B装有 AGM-88 反辐射导弹和雷达探测设备，因此与 F-4G "野鼬鼠"一样，是专门用于打击敌方的防空设施的，不仅能攻击预定的雷达目标，而且还能攻击临时开机的雷达，作战效能自然比非专业武器高。

第三，无人作战飞机可在目标上空长时间滞留，击毁敌防空雷达的概率高。根据局部战争经验，美国的对手为确保雷达的生存，一般在空袭高峰时将雷达关机。而美军的有人驾驶飞机为避免人员伤亡，又不可能在目标上空长时间停留，这样，敌方的一些防空雷达就能躲过美军的空袭而生存下来。而无人作战飞机不存在人员伤亡问题，可在目标区上空作长时间停留搜寻，一旦敌方雷达重新开机，就可立即予以攻击，从而提高了对敌方雷达的击毁率。

第四，作战行动将在全天候、全时间进行，战争进程加快。目前，美军虽拥有B-2A 和 F-117A 隐身飞机，能躲过敌方雷达的探测，但由于这些飞机均为亚声速飞机，速度慢，白天容易被目视发现，因此，被击落的概率还是比较高，在科索沃战争中，F-117A 就被击落击伤各一架。因此，在战争中，尤其是在战争初期，为确保生存，美机的空袭行动一般在夜间实施，待敌方防空体系完全瘫痪后，才转入白天攻击。而无人作战飞机体积小，只是 F-16 的 40%，而且机动性强，X-45B 的过载高达 20，能做各种高难度的动作，不易被防空火力击中，即便被击中了，也没有人员伤亡。"全球鹰"的飞行高度达 20000m 以上，一般的防空火力是够不到的。由于这些新武器装备的生存能力非常强，因此未来战争将在全天候、全时域进行，战争进程明显加快。

8.5.5　无人作战飞机的使用模式

无人作战飞机因自身在人工智能、态势感知、目标辨识、数据链、自主高机动飞行等方面在近期很难成熟，因此可采取与有人机协同作战的模式以弥补这些不足，在作战中，无人机前出，通过有人机或其他传感器平台发现和定位打击目标，通过有人机发射指令控制无人机上武器的发射，并通过有人机或其他传感器平台对导弹进行初始段制导，无人机完成武器发射即可脱离。

（1）协同作战模式

无人作战飞机由于技术的制约，主要作战模式为协同作战，其可与有人作战飞机、预警指挥机、无人传感器平台等协同作战，以达到作战目的。

①体系协同作战模式

在战役之初，为夺取制空权并对敌海面防空系统进行有效压制，无人作战飞机与预警指挥机、其他飞机共同编队，组成打击作战体系，用于制空作战，夺取制空权；无人传感器平台则作为信息节点，利用高空长航时隐身特性，在威胁区边缘或前出提供战场的态势信息，并对攻击目标进行打击效果评估；而无人作战飞机主要用于防空压制及对威胁目标实施精确打击；预警指挥机则利用自身强大的传感器以及信息处理能力，综合战场态势信息，并接受地面指挥部命令，分配混合编队各成员的具体任务。在基本取得制空权的前提下，编队中的有人机比例减少，仅用于监视空域，待机歼灭来袭敌战斗机。而无人作战飞机则保持不间断的警戒，对随时可能出现的海面威胁实施致命打击，以维持对敌方综合防空力量的压制。

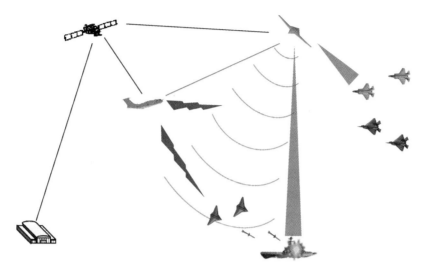

图 8-6　体系协同作战模式

②与有人作战飞机协同作战模式

该协同模式主要用于利用有人作战飞机与无人作战飞机的高隐身性，实施隐蔽前突。在该作战模式中，通过数据链将有人作战飞机和无人作战飞机直接组合。无人机由有人机控制，采取雷达静默的隐蔽突击方式编队飞行，无人作战飞机站位靠前，通过高隐身性将武器发射平台进一步前推，利用编队的低可探测性这一特点，深入敌方威胁区，实现更深范围的先敌发射，无人机接收有人作战飞机的指令对目标进行攻击。在这种作战模式下利用有人作战飞机的指挥功能以及功率强大的机载雷达，通过有人作战飞机发现和锁定目标，并指挥和控制无人作战飞机上导弹的发射。根据不同的攻击方式，又可分为以下几种模式。

a. 火力投射

在隐蔽突击对敌地面／海面目标攻击的任务中，无人作战飞机可承担前出火力投射任务，单纯作为武器发射平台发射导弹，由有人作战飞机实施他机制导，实现对敌的先敌摧毁。这种武器发射方式有利于我方导弹更快进入主动段，从而留给有人作战飞机足够的时间关闭雷达并脱离。

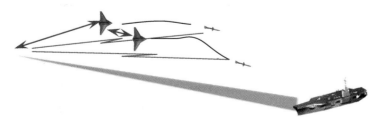

图 8-7　火力投射模式

b. 接力制导

通过无人作战飞机承担接力制导任务，有人作战飞机发射导弹后可迅速脱离，由无人作战飞机继续进行导弹制导，从而提高有人作战飞机的生存力。

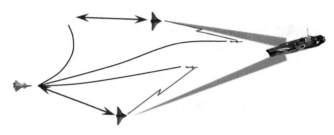

图 8-8　接力制导模式

c. 二次攻击

在实际过程中，导弹第一次发射可能未能命中目标或打击效果并不够理想需再次对目标实施打击。在第一次导弹发射之后，由于发射点距离目标较近，属于高威胁区，有人作战飞机应立即脱离该区域，而无人作战飞机则可在目标区附近待机，并对目标进行打击效果评估，然后根据有人作战飞机指令可选择再次攻击目标或者随有人作战飞机返航。无人作战飞机在此既作为诱饵掩护有人作战飞机脱离，又是对目标再次打击的补充手段。

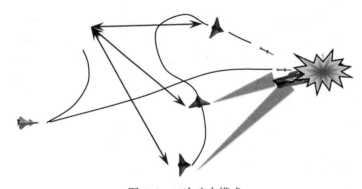

图 8-9　二次攻击模式

③与预警指挥机协同作战模式

在该作战模式中，通过集指挥、控制和通信等多功能为一体的组合方式，将预警指挥机和无人作战飞机直接组合。无人机由预警机控制领先飞行，将空中警戒线和武器发射平台前推，利用无人机更低的可探测性这一特点，实现更深范围的目标侦察/监视和先敌发射，无人机接收预警机的指令对目标进行攻击，同时无人机又可以保护预警机。具体过程如下：

将有人作战飞机的指挥功能与无人传感器平台的发现和锁定功能都集成到了预警指挥机上，通过预警机发现和锁定目标，并指挥和控制无人作战飞机上导弹的发射，预警机在指挥无人作战飞机发射导弹前先控制无人机打开雷达，并根据预警机提供的态势信息锁定目标，导弹发射后则由无人机进行中继制导，而预警机关闭雷达脱离危险区域。由于预警机在作战使用过程中不可能过分前突，因此该模式通常在我防御圈内执行拦截敌地面／海面目标时使用。

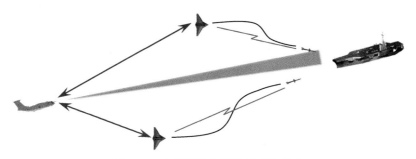

图 8-10　与预警指挥机协同作战模式

（2）单机种作战模式

①对地／海面单独攻击模式

在该模式下无人作战飞机可携带多种对面攻击武器，飞往前线或渗入敌占区纵深，对敌空防进行打击和压制，对敌地／海面重要军事目标进行打击。尤其是可以搜索对方雷达辐射电磁波信号来跟踪雷达，从而摧毁雷达及其装载平台。

此外，无人作战飞机还可以装载激光照射器，用来指示地面目标，引导编队内的其他作战飞机用激光制导炸弹进行精确攻击。武器舱可装载对地／海精确攻击武器，可对地／海面高价值固定目标进行精确打击。执行对地／海攻击多采用与有人机和其他平台协同作战模式，通过本机发射、他机制导方式进行作战。

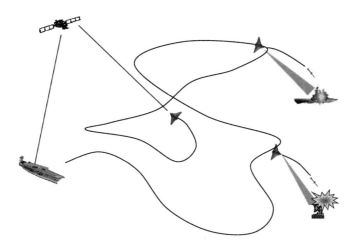

图 8-11　单独攻击模式

②以加油机率领狼群式巡逻远程奔袭作战模式

用加油机带领一群无人作战飞机进行巡逻，在靠近作战区域巡逻待战，大大扩展了威慑范围和威慑力。该种方式也可以用于远程奔袭，可以一直飞抵战区，当接近目标时，加油机即将无人机机群放出去执行指定作战任务。由于无人机具有较好的隐身性能和高机动能力，可以突然出现在敌机或地面目标周围，并将其包围，发

射小型高精度制导武器,从而获得很高的命中率,然后再由加油机带领返航。

③自杀式多方向饱和围攻模式

无人作战飞机与有人机相比,结构部件减少,一方面降低了工艺难度,另一方面减少了全机重量,这两方面都使飞机的生产成本降低。因此,在需要打击敌方高价值目标时,可以采取不回收的单程出击攻击模式,以大于敌防御系统能力的无人作战飞机对目标从各个方向围攻,以取得良好的攻击效果。

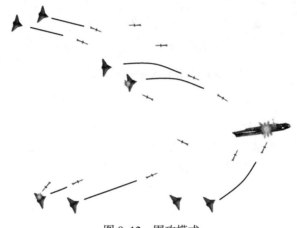

图 8-12　围攻模式

④信息侦察模式

无人作战飞机的内埋武器舱也是一个模块化的任务舱,可根据不同任务需要,换装不同的任务模块或武器载荷。

在执行信息侦察任务时,任务舱中可以装载可见光照相机、电视摄像机、侧视雷达、合成孔径雷达、红外传感器等标准模块,利用飞机的高隐身能力,在和平时期或战时均可对敌方或热点地区执行电子侦察和监视,侦察信号可通过高空长航时无人机信息中继平台或其他中继平台实时传回地面,也可以飞回地面后进行处理。

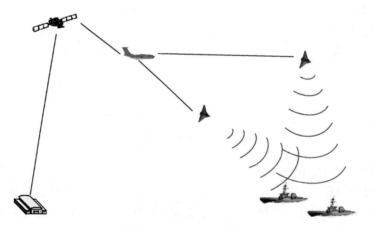

图 8-13　信息侦察模式

无人作战飞机一经用于战场，就显示出了许多独特的优势。侦察仍是它的基本功能，其对小型移动目标的长时间隐蔽实时跟踪侦察，是别的侦察手段所不能比拟的。有人侦察机滞空时间有限，而且受速度太快的制约；卫星同样有其"滞空"问题，而且侦察的侧重点更多地集中在战略战役的动向和态势方面；直升机则声音太大不够隐蔽，而且飞行高度和速度有限，易受地面武器攻击。

在战斗功能方面，如果和直升机相比，其攻击的隐蔽性当然更佳。如果再考虑到人员损失的因素，攻击型无人机的天然优势就是无可替代的了。即便只从物质的角度考虑，损失一架无人机也要比损失一架战斗机或先进直升机合算得多。今后，随着攻击型无人机载弹量的增多，它的优势也就更为突出，以至于会成为战场上最常见的基本突击武器。特别需要提到的是，攻击型无人机是一种非常适合用于反恐战争的利器，其一是因为它自身的隐蔽性，其二是因为它的经济性，其三是因为对手的高度隐蔽性、机动性和分散性。

当然也应看到，在较大规模的现代化对抗作战中，无人作战飞机是要配置在完整的军队武器装备系统内才能充分发挥自身作用的。例如，它需要航空兵为其提供制空权保障，否则就会被对方战斗机击落。换言之，如果不能充分或部分掌握制空权，它的作用就要大打折扣。又如，对于较为系统的地面防空火力，无人机是相对脆弱的，攻击型无人机的打击力量毕竟有限，因此需要空中和地面火力加以压制、摧毁敌方相关目标后它才能活动自如。

8.6　技术发展展望

尽管在 20 世纪由于技术的限制，无人机的发展相对缓慢，然而，凭借对多个军事项目的集中攻关，许多基本的技术难题（如自稳定技术、远程控制技术和自主导航技术等）到 20 世纪 50 年代已经得到了解决。最近几十年，无人机技术有了进一步发展，包括无人机系统上的微处理器、指挥系统等。到 20 世纪 90 年代，技术的发展已经使无人机从起飞到着陆完全实现了自主飞行，无须人工干预。从几十年来无人机的发展轨迹看，无人机正在呈现加速发展的趋势，与航空相关的技术作为一种巨大的动力，推动了无人机许多关键的技术革新，如自动驾驶技术、惯导技术、数据链技术、网络技术、微处理器技术。未来随着大数据技术、人工智能技术、5G 网络技术、先进动力技术的发展，无人作战飞机实现空战并进入太空将成为现实，未来将深刻影响人类的发展。

目前，自主飞行（以"全球鹰"为代表）和遥控飞行（以"捕食者"为代表）是实现无人飞行的两种基本途径，分别依赖微处理器技术和通信技术（数据链技术）。这两项技术替代了飞行员，实现了无人飞行。商业开发也促进了它们的发展，如 PC 业的发展促进了无人机微处理器技术的进步，金融和无线电通信业的发展促进了数据加密与压缩技术的发展。

美国将无人机的自主控制，从单机的远程遥控和预编程控制飞行到集群自主飞行共分为 10 个级别。图 8-14 具体描述了自主控制的 10 个级别及相对应的无人机类型。

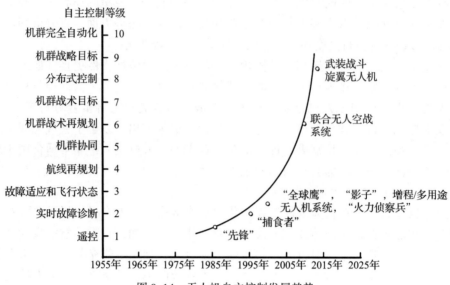

图 8-14　无人机自主控制发展趋势

　　无人作战飞机的技术很多都是和无人机甚至有人机技术紧密相关的，因此无人作战飞机的技术发展与有人作战飞机和其他无人机技术是相辅相成的。根据无人作战飞机必须在网络化环境里执行任务的特点，下面对处理器技术（包括运算速度、人工智能）、通信技术（包括数据链、网络中心通信）、平台技术（包括机身材料、隐身能力、控制装置、动力、可靠性、生存能力）、载荷技术（包括传感器、通信中继、武器）进行分析。

8.6.1　处理器技术

（1）运算速度

　　虽然当前的处理器技术已经允许无人机在较少的人为干预甚至不干预的情况下执行任务，但是，如果最终目标是用一个机械复制品来取代飞行员，并使其具备与人相同或更优的思考速度、记忆能力和反应能力，那么就必须拥有一个能够与人脑具备相似反应速度、记忆能力和适应性的处理器。而人的运算能力是每秒 100 万亿次指令，记忆能力是 1 亿兆字节。20 世纪 80 年代，美国空军研究实验室在"飞行员"项目中试图开发一个辅助战斗机飞行员的遥控设备，但由于处理器技术不过关而未能成功。

　　图 8-15 和图 8-16 给出了处理器技术模拟人脑已经取得的成就，以及未来的发展情况。从图中可以看出，今天的超级计算机在处理速度和存储容量方面已经达到与人类同等水平。但是，与人员训练费用相比，超级计算机成本极低。到 2030 年，一个每秒 100 万亿次指令的处理器成本只有 1 万美元。一名战斗机飞行员在海军学校学到的全部知识和经验可在片刻间下载，并存储到未来联合无人空战系统的处理器中。

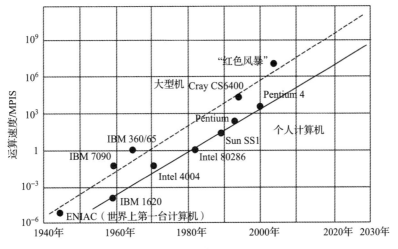

图 8-15　处理器运算速度的发展趋势

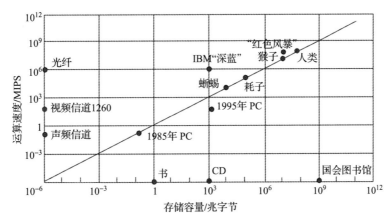

图 8-16　处理器运算速度和存储容量的关系

目前，以硅为基础的半导体处理器限定在大小为 0.1 μm 的尺寸，也就是达到当前制造工艺技术上所提的"负载点"（POL）这一极限。未来将选择何种方案开发更先进的处理器呢？正如在过去 60 年里，计算机从最初使用真空管到使用晶体管，再到使用半导体集成电路而不断发展那样，将来，计算机可能会更多地采用光学、生物化学、量子干涉交换处理器（QIS）和分子（电子）处理器，或综合运用上述技术形成的某种处理器，进而获得更快的处理速度和更大的存储容量。QIS 较之现在的处理器在速度上提高了 1000 倍，分子处理器的速度则会有 10 亿倍的增长。最终，量子运算可能取代传统的以 0 和 1 为基础的运算。

（2）人工智能

无人作战飞机的发展方向之一是智能化，这依赖于人工智能芯片的发展，人工智能芯片将对其性能有重大影响，未来 10 年仍将是人工智能芯片（AI 芯片）发展的重要时期，面对不断增长的无人作战飞机的军事需求，各类专门针对人工智能应用的新颖设计理念和创新架构将不断涌现。在当前人工智能各领域的算法和应用还处在高速发展和快速迭代的阶段，考虑到芯片的研发成本和生产周期，针对特定应用、算法或场景的定制化设计很难适应变化。针对特定领域而不针对特定应用的设计，将是 AI 芯片设计的一个指导原则，具有可重构能力的 AI 芯片可以在更多应用中广泛使用，并且可以通过重新配置适应新的 AI 算法、架构和任务。

当今类脑仿生芯片的主流理念是采用神经拟态工程设计的神经拟态芯片。神经拟态芯片采用电子技术模拟已经被证明的生物脑的运行方式，从而构建类似于生物脑的电子芯片，即"仿生电子脑"。神经拟态主要指用包括模拟、数字或模数混合超大规模集成电路 VLSI（也包括神经元或者神经突触模型的新型材料或者电子元器件）和软件系统实现神经网络模型，并在此之上构建智能系统的研究。神经拟态工程发展成为一个囊括神经生物学、物理学、数学、计算机科学和电子工程的交叉学科。神经拟态研究陆续在全世界范围内开展，并且受到了各国政府的重视和支持，如美国的脑计划、欧洲的人脑项目，以及中国的类脑计算计划等。受到脑结构研究的成果启发，复杂神经网络在计算上具有低功耗、低延迟、高速处理、时空联合等特点。

现今的 AI 芯片在某些具体任务上可以大幅超越人的能力，但究其通用性与适应性，与人类智能相比差距甚远，大多处于对特定算法的加速阶段。而 AI 芯片的最终成果将是通用 AI 芯片，并且最好是淡化人工干预的自学习、自适应芯片，因此未来 AI 芯片将深刻影响无人作战飞机的发展。

8.6.2 通信技术

通信技术的主要问题是灵活性、适应性及对频段、频率、信息 / 数据（如区分不同服务，根据优先顺序和等待时间区分数据路由）流的可控性。这就意味着通信系统将以网络为中心，而诸如指挥控制、数据管理和信息流控制等网络服务必须集成到作战系统和作战概念中。采用空中娱乐和金融系统的解决方案并不能处理好这些问题的军事应用。个人信息服务可能提供解决此类问题的技术途径。解决频段和频谱限制的一个途径就是以新的方式（如战术无线电通信用作定向数据链指令、耦合的备用数据链用于自由空间光学通信（激光通信）等）。通信技术可能需要重新进行调整，主要解决孔径、射频前端、软件描述的调制解调器 / 带宽有效波形、空间多路信号、交叉频段、数字接口、新型通信方法（如自由空间光学通信）以及综合通信方法等问题。

（1）数据链

机载数据链传输速率和处理器运算速度的急速增加，使得未来的无人机功能更加强大。目前或在不远的将来，无人机需要将全部数据传到地面进行处理并做出决策。最终，机载处理能力将超过数据链的容量，无人机能够将处理后的数据传到地面进行决策。届时，在某些应用领域，特别是在图像收集上，对数据链速度的要求应该大大降低。与此同时，只要通信时存在带宽受限问题，就仍然要进行数据压缩。但是，单靠压缩运算法则也不可能在近期内解决先进传感器对吞吐量的要求，所以，故意丢弃信息的技术并不是首选方法。目前，数据压缩是在通信带宽不足的情况下采取的一种妥协手段。

就无线电频率数据链来说，有限的频谱以及机载系统的尺寸、重量及功率最小化的需求，都严重限制了数据的传输速率。在当前的带宽条件下，通过运用高效的调制方法，实现 10Gb/s（40 倍于当前的传输速率）的传输速率完全是可能的。然而，在千兆赫的频段上，无线电通信会因为频率阻塞而受到限制，在覆盖 L、S、C 三个频段的 1 ~ 8 千兆赫范围内尤为如此。目前使用的数据链传输效率是 0.92 ~ 1.5（b/s）/Hz，而理论上的最大值是 1.92（b/s）/Hz。

如果采用机载光学数据链或激光通信，其数据传输速率较未来最好的无线电系统要大 2 ~ 5 个数量级。但是，激光通信的传输速率已经有 20 年没有变化了，因为它所面临的关键技术挑战是需要有适当的指向、捕获与跟踪技术，以确保激光链的形成和稳定。尽管成熟的无线电通信风险低，易于吸引投资，但是，20 世纪 90 年代美国导弹防御局设立的基金进行了一系列数据传输率为 Gb/s 级的复杂验证。许多孔径小（仅有 3 ~ 5in）、应用广泛的低能耗半导体激光元件解释了为什么重量仅有无线电通信系统 30% ~ 50% 的激光通信系统能耗低的原因。而且，孔径小的元件信号特征小，安全保密性好，数据阻塞少。

尽管激光通信在机载数据传输速率上优于无线电通信，但是，由于无线电通信可实现全天候工作，所以，未来一段时间内无线电通信仍然会在低海拔地区占统治地位。因此，2025 年以前，无线电通信和光学通信将会共同发展。

（2）网络中心通信

网络技术在许多领域的发展对无人机系统的发展及其网络服务能力的提高至关重要。高空无人机系统，如"全球鹰"，能够把信息传递到网络中枢并进行网络应用。为了提供这些服务，就需要移植网络通信能力以提供容量、稳定性、可靠性和连通性 / 互操作性方面的选择方案。为此，下列技术是必需的：

①高容量定向数据链；

②处理速度快的大型路由器 – 强化网际协议激活多种频率路由器；

③可编程的模块化路由器体系结构；

④广泛应用的标准化协议和接口；

⑤特设的类似稳态的机动网络 – 管理拓扑；

⑥下列相互依赖的技术：

a. 转换 / 路由技术；

b. 拓扑管理技术；

c. 信息包的网络服务质量；

d. 等级管理；

⑦多接口多型号单平台技术；

⑧平台网关技术；

⑨信息 / 网络安全技术；

⑩性能优越的代理服务器技术。

稳定的大型无人机系统平台是提供战区中枢服务的理想工具，而小型无人机系统则可以在小范围内提供类似的网络功能。此外，这些功能还可以使无人机系统平

台为部队提供网络中心服务，并且能够使无人机系统利用网络扩展功能。

对于无人机系统和网络而言，自主控制，团队协作、协调和合作概念，辅助决策，大气层分层和管制等都是需要进一步发展的概念。

8.6.3 平台技术

（1）机身材料

对机身更轻更坚固的需求使得机身从最初的木制和帆布材料，发展到铝材料、钛材料、合成材料，下一步可能采用生物材料。生物材料的强度是钢的两倍，而重量仅是纸的1/4，而且其柔韧性非常好。未来的机身一旦采用了生物材料，则飞机上的伺服系统、作动装置、电动机和控制杆可以用弯曲的机翼取代，稳定器也可由弯曲的外壳替代，一切恰恰应验了莱特兄弟最初的设想。由于生物材料的自身特性，以及能够减小信号发射的外形，使得飞机的信号控制能力大大增强。

合成材料重量较轻，但是一旦某部分受损，则修复后的性能要比原来差很多。最近，研究人员发明了一种加工合成材料的方法，在材料中置入微型"胶水"胶囊，材料受损后这些胶囊将开启，并在破损面扩大前将其密封，这就是材料自我修复功能。还有一种具备再生能力的材料（异构体）正在研制，它能在破损处自我修复，恢复原样。这种材料对于长航时和无人战斗机是非常有价值的。

（2）隐身能力

隐身能力是无人作战飞机首要强调的能力，只有隐身能力高于对手才能实现前文所述的作战模式，达到先敌发现、先敌开火，突破纵深、压制防空，提高生存能力和作战效能。

通过雷达距离方程式分析得出，飞机前向RCS每减小10dB可使雷达作用距离减少约44%，RCS减小40dB可使雷达作用距离减少约90%。如表8-1、图8-17所示。

表8-1 RCS缩减量与雷达发现距离缩减量的关系

RCS缩减比 （σ_1/σ_0）	雷达最大作用距离减小 /%	雷达最大搜索面积减小 /%	雷达最大搜索体积减小 /%
0.1（−10dB）	44	68	82
0.01（−20dB）	68	90	97
0.001（−30dB）	82	97	99.4

图8-18为美军对地攻击模拟示意图。该图表示用卫星制导炸弹JDAM攻击先进防空导弹综合系统保护的目标。使用没有隐身能力的F-15进行投放，则要进入防空导弹的杀伤区；使用隐身飞机F-22投放，因其隐身性能好，可以逼近到JDAM的发射区而不被发现，能实现有效攻击并安全脱离，提高生存力。

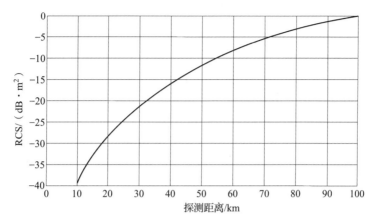

图 8-17　雷达探测距离与飞行器的 RCS 之间的关系

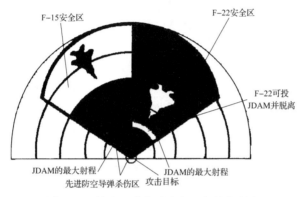

图 8-18　战斗机隐身对攻击生存性的影响

因此，未来无人作战飞机将要求隐身特性比 F-22 更进一步提高，在前向重点角度内 L、S、C、X、Ku 波段的 RCS 均值不大于 $0.005m^2$，并有效降低红外特征、紫外特征及光学特征。

（3）控制装置

无人机所必备的通信天线由原来的盘状或鞭状，发展到现在的薄膜状或完全附在机身上，甚至用机翼充当天线。相比老式天线，它们既减小了重量和功率，又增大了天线增益。民航飞机的娱乐系统就采用了这种技术。

未来的无人机将逐渐从遥控发展到独立控制，最终能够自主执行预定任务。这种自主能力有多种水平，但最终的目标是无人机机载任务管理计算机能够提供与人脑差不多的能力。为了达到这种水平，计算机的处理能力必须与人脑在运算速度、存储容量、运算质量和思维模式等方面达到类似的水平。按照摩尔定律推测，微处理器应在 2015 年可达到与人脑相似的能力。另外，有人预测个人计算机的存储容量将在 2030 年获得与人的大脑类似的记忆水平。至于什么时间、多少行代码的软件才能具备"思考"的能力，仍然是一个未知的问题，但有一点可以确信，目前软件的认知能力都不如人类。

基于互操作的标准是无人机在控制环境方面的又一重要发展领域。美国国防部正在采取措施实现互操作（如达成 4586 号北约标准化协议等），以形成一种支撑环境，使各种无人机系统不论主承包商、机型或地面控制站是怎样的，都能对作战部队提供 C⁴ISR 支援。

对于那些仍需要人工控制的无人机而言，控制人员最终将通过自己的神经系统进行远程操控。现在，地面工作站的控制车早已被操控员套服取代，套服上有操纵杆和面罩，使得操控员无论面向何方都能通过无人机传感器进行感知。不久这种套服将使操控人员感受到无人机在翻转、俯冲或遭遇气流时的变化。最终，无人机操控人员将接通电线，以便将他们发送给肌肉的电信号瞬时转变为控制信号输入无人机。通俗地讲，未来的无人机控制人员将从无人机的观察者转变为无人机本身。

（4）动力

相对于有人机，无人机采用的动力系统类型更多，从传统的燃气涡轮发动机到往复式内燃机，再到电能和太阳能推进装置，目前还在试验超声速冲压喷射装置（X–43 无人机）、燃料电池（"太阳神"和"大黄蜂"无人机）、往复式化学推进装置、定向能推进装置以及核燃料推进装置等。过去的动力系统推进技术主要是由军方研究，现在则主要由商业利益来驱动，如汽车行业开发的燃料电池技术、计算机和细胞学行业的电池技术、商业卫星行业的太阳能电池技术等。因此，无人机系统比有人机更依赖商用成品及由此派生出的动力装置，"全球鹰"和"暗星"在设计时均选用了商用喷气发动机。因为与有人机相比，续航力被视作无人机的一项主要性能指标，其主要由动力系统的功率来决定。同处理器技术一样，动力技术是无人机的两项关键技术之一。

动力系统的两个重要度量标准分别是衡量功效的燃料消耗率和衡量性能的比功率。美国空军研究实验室曾启动经济型通用高级涡轮发动机（VAATE）项目，目标是到 2020 年使其燃料消耗率降低 10%，同时提高 50% 的推重比，并且降低发动机的生产和维护费用。飞机上的往复式发动机通常是发动机每磅重量能产生 1hp 能量（即约 746W/lb），而目前的燃料电池已经达到同等水平，锂离子电池的比功率仅是其一半。特别是随着燃料电池在汽车行业的广泛应用，其性能将会在未来十年大大提高。最近几十年，由于重燃油发动机技术的发展，用其取代战术无人机上的内燃机成为可能。然而，要实现重燃油发动机在小型无人机上的应用还需要技术的进一步发展。由于联合无人空战系统的发动机需要更高的推重比和更低的燃料消耗率，因此在涡轮技术方面还需要更多的投资。图 8–19 预测了比功率的发展趋势。

（5）可靠性

飞机的可靠性和成本是密切相关的。人们普遍希望无人机成本比有人机更低，这就造成与用户的预期有一种潜在冲突。由于系统可靠性较差，磨损率较高，因此低成本的优点可能就显得微不足道了。图 8–20 给出了经过相同飞行时间以后无人机与有人机的失事率对比曲线。因为无人机数量通常少于有人机，所以其累积飞行时数的速度较慢，导致图中曲线较为平缓。

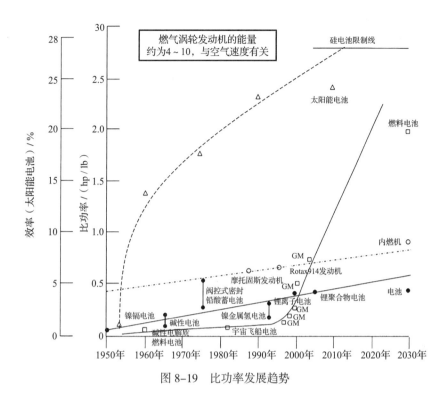

图 8-19   比功率发展趋势

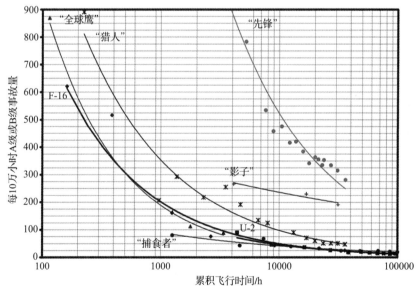

图 8-20   失事率对比图

（6）生存能力

飞机的生存能力是指在特定的危险环境下，作战方案、战术、技术（包括采取主动和被动措施）和成本之间的一种平衡折中。对于有人机来说，其生存能力等同于机组人员的生存能力。对于无人机来说，情况发生了变化，并据此引发了对于执行相同任务的无人机来说，强调生存力有何优点及缺陷的讨论。仔细研究"全球鹰"和"暗星"项目有助于弄清这个问题。这两种无人机有着相同的任务（长时间高空侦察）和目标成本（都没有达到新无人机 1000 万美元的价格目标）；"暗星"隐身性能好，生存能力较强，而"全球鹰"只有适度的生存能力。由于无人机的性能与制造成本息息相关，因此最终的设计牺牲了性能以满足生存能力要求。"暗星"的重量仅是"全球鹰"的 1/3（两机分别重 8600lb 和 25600lb），性能也只及"全球鹰"的 1/3（续航力分别为 500n mile/9h，1200n mile/24h）。因种种原因，如"暗星"的性能缺陷超出了高生存力所带来的好处，因此，该项目被取消了。此外，为节约成本，在设计阶段就大大简化了计划提高"全球鹰"生存能力而采取的有效措施。

在无人机的设计过程中，对生存能力的重视程度随着任务的不同而变化，但是在未来设计中应当适当地再次考虑"暗星"的教训。在一定程度上，无人机天生具有不易被发现的特性，如拥有无缝复合蒙皮机身、较少的窗口与舱口以及较小的尺寸，它们经过优化能够达到某种高水平的生存能力。但是，牺牲性能和/或成本来换取超水平的生存能力，并不符合当前流行的观念，即无人机应当比有人机成本低、更耐磨损，这样采购无人机才是正确的选择。例如，美国空军和海军的无人作战飞机计划（现为 J-UCAS 项目的一部分）最初的目标是，采购成本为性能接近的有人机，即具有相同航程的 F-35 战斗机的 1/3，尽管后来除信号特征要求有所降低外，航程和载荷的要求都翻倍，但是仍然期望其成本低于有人机。

无人机在用于部队保护、国土防御和特种作战时，作为降低其被发现概率的一个关键因素，无人机的噪声信号往往被忽视。通过使用不易被探测到的安静型无人机，有助于更好地履行上述使命。电推进系统，如燃料电池，为小型无人机提供相同能量时产生的噪声要低于内燃机。

无人机的生存能力需要在全系统中综合考虑。敌人能够利用各种技术，如通信和导航干扰，使得无人机失效，因此，防止无人机在威胁区被击落是当前面临的最大挑战。

8.6.4　载荷技术

无人机现有和计划使用的有效载荷主要分为 4 类，包括传感器（光电传感器、雷达、气象传感器、生化探测传感器等）、通信中继设备（通信、导航信号）、武备和货物（传单、补给品），或上述载荷混合搭载。由于许多无人机对续航力要求较高，因此需要较大的燃料比例，导致载荷所占的比例较小，大约占总重的10% ～ 20%。

（1）传感器

无人机对传感器的要求不仅仅限于为作战提供情报收集、侦察、监视和目标探测，而且应能够辅助武器进行火力打击，这主要是因为它们能对目标进行可靠的探测和识别，且符合交战规则的相关要求，并能提高打击精度。传感器最主要的功能是成像（可见光、红外和雷达）；其次是信号探测（支援情报和对敌防空压制作战），包括探测化学、生物、放射性等大规模杀伤性武器，气象海洋学的气象信息，反潜战和反水雷战中的磁信号等。图 8-21 ~ 图 8-25 给出了未来 20 年成像传感器、信号传感器和特征信号情报传感器在技术和体系方面的发展预测，以及传感器发展的体系、能力提高的必要性和可完成的任务。

体系：适用于相对高级的传感器，能进行中高度侦察，但不能成像
能力：宽波段数据链，焦平面阵列，轻型光学，轻型刚体，轻型大容量阵列，机载处理系统，自动目标识别
任务：广域侦察，高分辨率成像，远距离侦察，战场情报支援，主动目标识别，战损评估

图 8-21　未来成像传感器在技术和体系方面发展的预测

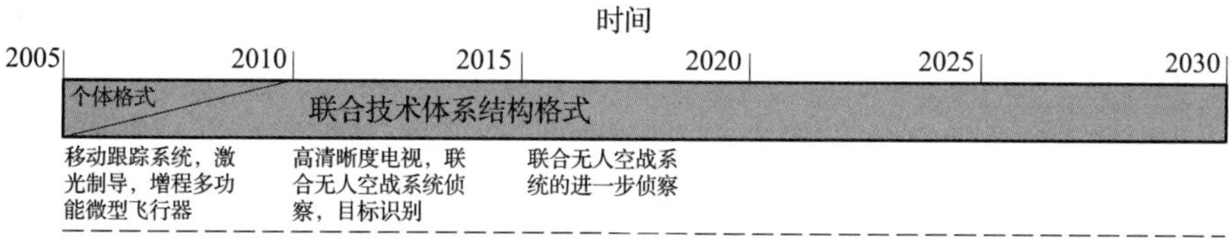

个体格式　联合技术体系结构格式

移动跟踪系统，激光制导，增程多功能微型飞行器／高清晰度电视，联合无人空战系统侦察，目标识别／联合无人空战系统的进一步侦察

体系：适用于所有高度、除了微型飞行器之外的所有机型
能力：小型焦平面阵列，战术视距数据链，近实时"传感器—射手"链，自主探测传感器，战场互联网
任务：低空战区监视，俯视或建筑物后成像、确认及监视，兵力保护及警戒，精确打击，轰炸损伤评估，目标指示

图 8-22　未来信号传感器在技术和体系方面发展的预测

机械扫描阵列　二维机械电子扫描　主动电子扫描阵列

多平台雷达技术嵌入计划／单通道数字地形高度数据／特高频/甚高频叶丛穿透

地面动目标显示器／机载动目标显示器／地面动目标跟踪显示器／机载动目标跟踪显示器／地面动目标识别显示器／机载动目标识别显示器

体系：适用于所有高度、除了微型无人机之外的所有机型
能力：可升级电子扫描阵列，叶丛穿透传感器运算，图像画质改善，飞机发电机性能改进
任务：广域监视，地面或空中移动目标成像，精确制导目标数据，近实时"传感器—射手"或"传感器—武器"数据传递、绘图、提示

图 8-23　未来特征信号情报传感器在技术和体系方面发展的预测

特定任务传感器　综合信号情报体系结构

通过高度、飞机特征（隐身、尺寸、重量和功率）进行分层／基于有人无人飞机、太空等的需求分配

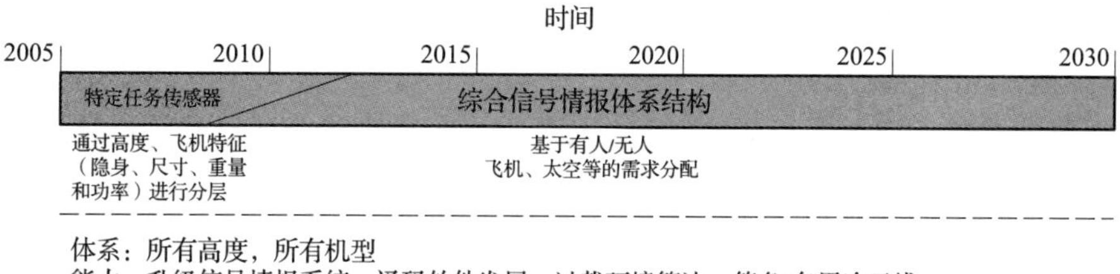

体系：所有高度，所有机型
能力：升级信号情报系统，译码软件发展，过载环境算法，等角/多用途天线
任务：战区警戒，对电子战、态势感知、威胁数据库、电子情报分类并进行成像

图 8-24　未来传感器发展的体系

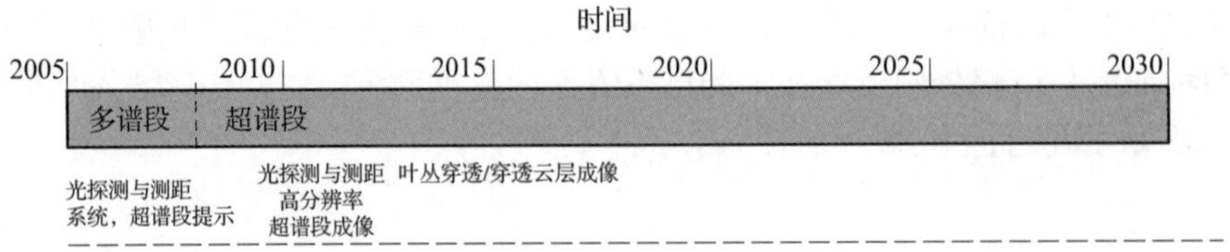

时间

| 2005 | 2010 | 2015 | 2020 | 2025 | 2030 |

| 多谱段 | 超谱段 |

光探测与测距
系统，超谱段提示

光探测与测距 叶丛穿透/穿透云层成像
高分辨率
超谱段成像

体系：所有高度的小型、轻型传感器系统
能力：超谱段成像系统集成，飞机焦平面技术，生化烟雾现象学，材料现象学，自主目标提示/识别，
　　　发展飞机外系统集成，超宽带通信，改进高效激光雷达，测距算法
任务：超光谱提示（低分辨率），烟雾检测识别，材料数据库，无线电频率特征，作战手段（动目标
　　　指示）反伪装隐蔽、欺骗成像，穿透墙壁/树林成像，地下成像，规范化图像情报，3D成像/作
　　　战空间模拟，特种装置/目标识别，合成孔径诱骗侦察

图 8-25　未来传感器可完成的任务

（2）通信中继

美国曾评估，到2020年，无人机现有的和计划发展的能力仅能满足"2020联合构想"中确保信息优势这一目标要求的51%。把无人飞行器用作通信平台，是国防部长办公厅进行的一项独立研究。在此项研究中，将无人机用作空中通信节点，所得出的主要结论有：

①空中通信节点能够比卫星更容易响应和高效地满足战术通信需求；

②空中通信节点能够通过弥补通信容量和连通性的不足以更加高效地增强战区卫星的通信能力；

③卫星比无人机更容易满足高容量、全球性的通信要求。

空中通信节点能够提高战区内部通信和战术通信的容量和连通性，主要方法是：①更加高效地利用带宽；②扩展现有陆上视距通信系统的范围；③扩大通信范围至卫星通信盲区；④与卫星通信相比，进一步提高信号接收密度，增强通信接收能力，减少受干扰的概率。

国防预先研究计划局的"高级联合 C^4ISR 节点计划"正在发展一种模块化、可升级的通信中继载荷，它可以装备在 RQ-4 "全球鹰"无人机上，用以提供大范围（直径300n mile 的地区）的通信支持，也可装备在 RQ-7 "影子"无人机上，以满足各种战术需求（直径60n mile 的地区）。除了通信中继，无人机的使命还包括信号情报探测、电子战和信息战等。

（3）武器

如果无人作战飞机能够符合设计思想，尺寸比有人战斗机更小，实现隐身方面的优势，那么从逻辑上讲，它具有较小的武器舱，因此需要装备小型武器。当无人机执行任务时携带的武器较小或较少，就意味着完成相同任务时必须增加武器的威力。要使用小型武器达到致命效果，就必须在战斗中使用精确制导武器（在大多数情况下）和／或杀伤力更强的战斗部。目前许多正在发展的技术项目提供了大量的精确制导技术选择，有的已进入实用阶段。随着先进的大面积杀伤性战斗部的出现，提高武器制导系统的抗干扰能力（如抗 GPS 干扰）成为最迫切的技术需求。小型精确制导武器和突防发射平台（如联合无人空战系统）一个重大的潜在优势是减少了附带损伤。在多数情况下，这些平台和武器系统的结合能够提高在非作战区域对敌掩蔽所的打击能力。美国空军航空装备中心的"小直径炸弹"的重量只有现役炸弹（如重达 500lb 的 Mk82）的一半，但这种 250lb 级炸弹的弹头已被证实可以穿透位于地下 1m 且厚度达到 1m 的钢筋混凝土工事。

8.6.5　人机交互技术

目前战争形态正由信息化战争向智能化战争悄然演进，无人机、无人地面车辆、无人水面艇、无人潜航器等多种类型无人作战平台正在走向战场，通过自主或半自主的方式遂行作战任务。无人化作战作为智能化战争的显著标志，将逐渐成为现代战争的新常态。

无人化作战中的信息交互机制应更加自主高效，它有别于传统的有人作战中"人—人""人—机器"指挥控制指令，必须直面"机器—机器"互操作军事技术需求，切实打通机器与机器交流的语言通道，形成高于原来机器语言只涵盖机器指令的新的信息交互形态。因此，需聚焦无人作战系统任务规划机器智能与处置战场情况机器智能两大能力，探索数字化、结构化、规范化的"智能机器语言"及其信息交互体系框架，以应对无人作战系统使命任务和不同作战样式下的信息交互需求。

无人作战飞机是以飞机平台、智能弹药、任务载荷、指挥控制以及信息网络等子系统为主体构建的能够代替战斗人员遂行作战任务的综合性交战系统。在现代战争中，无人作战飞机的使命任务已不局限于预警探测、侦察监视、打击引导、通信中继和毁伤评估等常规支援型任务，而是作为夺取信息优势、实施精确打击、完成特殊任务的重要手段主导作战。在"非接触""零伤亡"战略目标驱动下，无人作战系统凭借自主控制功能，能够自主理解、自主决策、自主执行，替代作战人员执行诸如边境巡逻、收集放射性样本、排雷清障等"枯燥、危险、肮脏"的任务，高效灵活地应对战场突发情况。

从空间维度看，陆、海、空、潜等多域异构无人作战系统，可以根据任务需要灵活构建不同的作战样式，如空中作战与空地协同作战、地面作战与防空作战、水下水上协同作战等，呈现立体分布网络、跨域多集群、自主协同等诸多特征的无人体系联合作战和有人 / 无人协同作战将成为未来战场上的典型作战样式。

随着无人作战系统装备体系的不断发展和自主等级的不断提高，考虑未来战场的作战样式与对抗程度，对群体无人系统协同作战提出了更高的信息交互要求。一是高效执行作战方案。应保证基于计算机辅助决策的任务规划系统，能够快速将作战方案转化为数字化的任务规划结果，分发匹配至无人作战系统，通过系统自主解析并驱动作战信息按需流转，提升遂行作战任务的效率。二是自主感知共享态势。应能够对传感器、数据链获取的情报、监视、侦察、指控等信息自动处理，形成机器可理解的态势感知数据，并能够在无人作战系统群体中分发共享。三是实时智能推理决策。应在信息链路拒止或"人不在回路"的情况下，具备机上在线智能推理决策能力，激发群体智能涌现，产生应对临时突发威胁事件的信息，引导无人作战系统做出相应行动。四是精确自主协同控制。应在实时信息交互基础上，具备群体无人作战系统编队保形、协同探测与火力打击、跨域无人协同作战以及无人 / 有人协

同作战的联合控制能力，实现武器系统、传感器系统要素级互操作。

8.6.6　网络安全技术

2012 年，美国的一架 MQ–170 无人机被伊朗军方捕获，该机仅仅轻度受损就被成功迫降。伊朗捕获美军 MQ–170 无人机时所使用的电子战设备为俄制"汽车场"电子干扰系统。这套电子战设备可以覆盖 100km × 100km 范围的空域。除了中央指挥系统外，该系统共包含 27 个 SPN–2/4 型大型干扰机，每台能同时压制来自任意方向、飞行高度在 30 ~ 30000m 之间的大部分飞机和直升机的侧视雷达、引导雷达和空对地火控雷达。理论上，一套"汽车场"可以同时压制 50 架航空器的雷达，压制有效性在 80% 左右。伊朗的"汽车场"当时成功干扰了 MQ–170 的数据传输，使得美军地面操作人员彻底失去了对无人机的控制。随后，伊朗军队还将新的数据输送给无人机，启动了无人机的紧急迫降程序，并为其规划了迫降路线。可见，成功俘获无人机不仅需要屏蔽原有的数据通信，还需要接入新的数据信息，而这些伊朗已经均能通过"汽车场"联网其他设备做到。

无人机通信链路的安全性问题是一个亟待解决的问题，其本质是网络安全问题。尽管美军具备全面先进的无人机技术和研发能力，并在不少无人机上使用了加密级别很高的 Link16，但数据链的安全性问题仍未解决。目前美军的大部分无人机都需要依靠 GPS 设备导航定位，而 GPS 本身是很容易被干扰切断的。此外，RQ–170 事件也暴露了美军无人机可以被屏蔽并接入其他的信息接口。总之，未来保障网络安全将成为无人机的一个急需解决的问题。

（1）无人机网络的特点

在特定场景下，无人机可能需要多机协同执行任务，这就需要搭建无人机之间的信息连接通道，形成一个无人机移动网络。无人机和地面站是这种网络中的节点。处于网络中的无人机通过这一移动网络实现信息的实时共享，不再需要经过地面站的转发，从而有效提高了无人机群的生存能力和作战能力。

和传统的移动网络相比，无人机网络具有一些独有的特点：一是高速移动性，无人机自组网在实际应用中面临节点高速移动的问题，因此如何处理高速率节点移动与自组网稳定性之间的关系十分重要。二是面临强干扰环境，由于无人机执行任务时常处于敌对空间，电磁环境十分复杂且恶劣，因此无人机自组网对于强干扰应有一定的抵抗能力。三是工作时间要求，无人机有一项重要的指标——空中停留时间，所以如何通过减小无人机自组网的功率以及减小通信终端的载荷来节省无人机能源，是设计无人机自组网时需要考虑的重要因素。四是网络连通性，由于无人机的移动性，无人机之间的通信质量会降低，甚至导致通信的中断，另外，一架无人机的故障也会导致网络拓扑结构的变化。五是实时性要求强，通常，无人机网络都是基于实时性的任务应用，如航空拍照、视频监控和环境监测等。由此可见，设计出具有高度可适性、强抗干扰性并且高效节能的无人机网络具有重要的意义。

（2）无人机网络面临的威胁

由于无人机网络是移动网络的　个子类，因此移动网络中常见的攻击同样会威胁到无人机网络，如虫洞攻击、饱和攻击、联合攻击、拒绝服务攻击和窃听攻击等。首先，网络中所有的信号都通过不断变化的无线链路传播，正处于工作状态而没有足够保护的移动节点（即无人机本身）很容易被劫持和捕捉，因此无人机网络比固定的网络连接更容易受到攻击。攻击者可以监听所有无线通信信道甚至修改其中的信息，也可以伪装成为一个通信参与者直接使用信道。

但由于无人机网络没有任何中央支持基础设施，因此基于公钥密码体制的认证机制很难在其中实施。移动节点独立漫游，并且能够在任何方向上进行移动，因此，任何静态配置的安全解决方案对于动态变化的网络拓扑结构都是不适用的。路由可以在源节点和目标节点之间建立，而网络拓扑结构中节点之间的信息交换大多是由路由协议完成的。所以，任何攻击者都可以出于恶意使用格式正确的伪装路由来合法更新网络节点存储的路由表，如可以很容易地启动拒绝服务。

如果一个恶意节点向网络中发布虚假的路由信息，其他节点就可能会在不知不觉中传播虚假消息。无人机网络的决策依赖于所有节点的参与和协作，恶意节点可以简单地阻止或者修改遍历它的流量，通过拒绝合作来打破合作算法。某些入侵检测机制对这种行为束手无策。

综上所述，无线自组的无人机网络是非常脆弱的。由于其节点基本处于开放环境及特有的动态拓扑结构，无人机网络并不具有很强的约束能力。现有的有线网络的安全解决方案也不能直接应用于无人机网络。

（3）无人机网络的安全防护

基于无人机无线自组网多跳方法和节点分布方式这两个显著特点，总的来说有两种安全防护手段：主动防护和被动防护。主动防护是一种积极的防护方式，目的是消除安全威胁，通常是使用各种信息加密技术。而被动防护旨在检测到安全威胁后做出恰当的反应。这两种方法各有优劣，适用于整个领域中的不同类型问题，在实际使用中应针对不同环境进行选择。

例如，主动防护可以应用于路由协议，以确保移动节点之间的路由交换；而被动防护则广泛应用于保护数据包的转发操作。完整的无人机无线自组网的安全解决方案应该结合主动和被动两种防护方式，包括三个组成部分：预防、检测和反应。

预防将显著提高攻击者入侵系统的难度，但是无数历史实践已经表明，无论设计预防机制时如何仔细，系统也不可能完全抵御入侵。因此，有效的入侵检测和反应措施对避免持续的不利影响是必不可少的。无人机无线自组网的网络层安全所关注的是网络功能的保护，以确保移动节点之间交换的路由消息符合一致的协议规范。

8.6.7 人工智能技术

随着人工智能技术的迅猛发展，无人作战飞机智能化是未来发展的必然趋势。1956 年，"人工智能"这一术语首次被提出。此后，人工智能技术经历了初步发展、沉寂、高速发展等多个阶段。特别是在 2006 年深度学习方法提出后，人工智能技术领域出现了爆发式的发展，在搜索技术、数据挖掘、机器翻译、自然语言处理、多媒体学习、语音等相关领域都取得了丰硕的成果。毫不夸张地说，人工智能技术是21世纪最重要、最尖端的技术之一，将会对众多传统或新型的行业带来深远的影响。无人作战飞机的智能化主要体现在单机飞行智能化、多机协同智能化和任务自主智能化三个层面。

（1）单机飞行智能化是基础

单机飞行智能是指面向高动态、实时、不透明的任务环境，无人作战飞机应该能够做到感知周边环境并规避障碍物、机动灵活并容错飞行、按照任务要求自主规划飞行路径、自主识别目标属性、能够用自然语言与人交流等。也就是说，实现单机飞行智能的无人机应当具备环境感知与规避、自动目标识别、鲁棒控制、自主决策、路径规划、语义交互等能力。为实现这些能力，需要在以下关键技术方面取得突破。

一是智能感知与规避技术，具体包括：侦察、干扰、探测、通信一体化设计，多源/多模信息融合处理技术，位置信息共享技术，环境自适应技术，新型传感器技术。例如，侦察、干扰、探测、通信一体化设计技术是利用电子侦察、信息对抗、微波遥感和通信传输这4个技术领域相近的特点，通过解决侦干探通一体化机理、可重构宽频带天线、超宽带低噪复用信道技术等技术问题，实现侦察、干扰、探测、通信4种功能在系统架构、天线设计、信道复用、数据处理、信息融合等层面的一体化。二是智能路径规划技术，具体可以应用的算法包括：蚁群算法、神经网络算法、粒子群算法、遗传算法、混合算法。三是智能飞行控制技术，具体包括鲁棒飞控技术，重点关注容错、可重构飞行控制方法。对于开放性飞控技术，重点关注飞控技术的兼容性、可扩展性、自主决策、融合技术，自学习和进化技术。四是智能空域整合技术，具体包括智能地基感知与规避、智能无人机适航认证、智能空域管理规则。例如，智能地基感知与规避是利用布置在地面的各种传感器，对空中无人机的飞行状态进行探测，并提供空域使用建议，避免发生空中危险接近或碰撞。五是智能飞行器技术，具体包括仿生飞行器（鸟、昆虫等）、旋翼—固定翼复合式飞行器、变体飞行器、跨介质飞行器。例如，跨介质飞行器就是通过飞行器的外形设计和动力系统自适应，使飞行器能够在多种不同介质中飞行，如水下、空中或太空。

（2）多机协同智能化是途径

多机协同智能具体以无人机系统"蜂群"作战运用为目标，重点突破协同指挥控制技术、协同态势感知生成与评估技术、协同路径规划技术、协同语义交互技术等技术，实现无人机系统之间、无人机系统与有人作战系统之间的高度协同，达到自动控制"蜂群"中各无人机系统的平台状态、交战状态、任务进度、各编队之间的协同状态的目的。多机协同智能的具体含义包括执行任务时协同行动的能力，利用和共享跨领域无人机系统传感器的信息来无缝地指挥、控制和通信的能力，能够接收不同系统的数据、信息和功能服务并使它们有效协作的能力，以及能够提供数据、信息和功能服务给其他有人/无人系统的能力。

多机协同智能在发展过程中需解决以下关键技术：一是协同指挥控制技术，主要有大动态、自组网通信技术，编队飞行控制技术，控制权限分级、切换、交接技术，任务规划与目标分配技术。例如，任务规划与目标分配技术是根据任务信息，为需要协同的不同无人机分别进行任务规划和分配不同的任务。二是协同态势生成与评估技术，主要有协同态势感知技术、协同态势处理技术、协同态势评估技术、协同态势分发技术。例如，协同态势感知就是利用分布在不同飞行器上的不同传感器或相同传感器进行环境感知，形成周边态势信息。三是协同路径规划技术，指在单机智能路径规划的基础上，要根据协同内容实时调整，以保证协同的成功。四是协同语义交互技术，其核心是人类与无人机之间以及无人机与无人机之间的自然语言的机器理解。

（3）任务自主智能化是发展目标

随着无人机系统数量的快速增长，无人机系统扮演角色的扩展，以及有人机系统和无人机系统的同步操作，这些都对使用者造成了巨大的人力资源负担。正如美国参谋长联席会议副主席詹姆斯·卡特赖特上将所说："如今，无人机操作手坐在那里，连续几个小时盯着屏幕，试图寻找目标或看到某些东西在动或做某些事情，以确定它是一个目标，这是低效方法。"因此，如何在有限的人力资源条件下，寻求方法来提高操作效能是无人机系统使用者要努力解决的问题。提高处理能力和信息存储能力，尤其是机上预处理能力，这是可能改变无人机系统运作方式的一种解决途径。

自主技术减少了人在操作系统中的工作量，优化了人在系统中的作用，使人的决策集中在最需要的地方。因此，任务自主智能的发展包括了以下几种关键技术的发展和应用。

一是语音、文字和图像的模式识别技术。模式识别是指对表征事物或现象的各种形式的信息（语音、文字和图像等）进行处理和分析，以对事物或现象进行描述、辨认、分类和解释的过程。模式识别是人类的一项基本技能，以人类识别苹果这一简单问题为例。人类大脑可以直接抽象出"苹果"的特征，无论是一个完整的苹果，切开一部分的苹果，还是切碎的苹果，人类都可以根据特征，迅速地做出正确的判断。如何将人脑判定"苹果"的思维模式转化为计算机可执行的可靠算法，是模式识别技术的终极目标。

二是人工神经网络技术。以卷积神经网络、循环神经网络、递归神经网络、长短时记忆神经网络及其训练算法等为代表的深度学习技术突飞猛进，在各种领域得到了初步应用。2015 年，微软的 ResNet 系统夺得了图像识别大赛的冠军，这是一个152 层的深度神经网络，目标错误率低至 3.57%，已经低于人类 6% 的错误率。这些成果的取得是依靠高速计算平台、大数据，经过长时间训练学习得到的，在一些固定领域有应用前景。但更需要关注与人类认知过程类似的少数据、计算能力有限条件下实现的人工神经网络及其训练算法，以提高人工神经网络的适应能力，拓展应用范围。

三是专家系统技术。专家系统是一个智能计算机程序，内部包含有大量的某个领域专家水平的知识与经验，从而在某一专门领域解决需要专业人才才能求解的复杂问题。它利用一个或多个专家提供的经验和知识进行推理和判断，模拟人类解决问题的决策过程。目前无人机的发展速度、普及速度不及有人机迅速，主要是受限于智能控制技术的落后，但是随着以人工智能为代表的新一轮信息技术革命的突破性进展，无人机必将迎来高速发展应用的历史时刻。

8.6.8 互操作技术

互联、互通、互操作是体系化作战的必然要求，面对异构的体系，互操作是必须要解决的关键技术。无人作战飞机要成功地应对现在和将来的各种威胁，必须在战场进行快速、灵活和机动的作战。要达到这种所要求的快速反应水平，关键就是要提供高质量的共享态势感知，以便做出合理的个体和集体判断。实现该目标需要互操作性，也就是各系统、作战单元或部队提供数据、信息、物资和服务到其他系统、作战单元或部队，或从其他系统、作战单元或部队接收数据、信息、物资和服务，通过对数据、信息、物资和服务的交换使用实现有效的协同作战。相互协同包括两层含义，一是指信息的技术交换，另一层含义是指根据完成任务的需要进行信息交换以实现端到端的有效作战。通过为美国国防部的指挥、控制、通信、计算机、情报、监视和侦察（C^4ISR）系统提供企业范围的信息服务，全球信息栅格（一个无缝、通用用户的信息基础设施）将成为信息优势的基础。

由于具有连接到全球信息栅格末端的潜能，所以无人机系统必须具备联网能力。将无人机集成到全球信息栅格将要求无人机遵循利于互操作性的开放式标准。尽管联网能力被视为特定无人机系统的作战集成功能，实际上是通过标准、协议和外部方法应用到数据链本身（例如，在第三层上通过 7 个"开放系统互连"（OSI）联网建模）。该协议提供了传输协议级别 0（TP0）和"开放系统互连"基于 IP 网络作战必需的 TCP 传输服务的相互作用。未来的工作将优先实现无人机互操作性的不断发展，同时改进无人机和主力部队间的互操作性。

目前无人机操作标准包括任务计划和传感器控制。该体制包含了任务计划和空中飞机 / 传感器控制适当的标准化成果。在不同的无人机系统中，互操作性具有多个层次是可行的。在标准化协定 4586 定义下，如果无人机系统适合不同的互操作层次，将可以达到经过改进的操作灵活性。

表 8-2　标准化协定 4586 定义的互操作层次

第一层	间接接收 / 发射与无人机相关的有效载荷数据（NIIA 中除了标准化协定 4586 之外的其他标准）
第二层	当与无人机直接通信时，可以在无人机有效载荷数据接收的覆盖区通过无人控制系统（UCS）直接接收 ISR/ 其他数据（UIIA 中除了标准化协定 4586 之外的其他标准）
第三层	无人机有效载荷的控制与监视，除了 ISR/ 其他数据的直接接收（传感器控制的移交，如标准化协定 4586 所定义的）
第四层	无人机的控制与监视，不包括其发射与回收功能（空中飞行器的移交，如标准化协定 4586 所定义的）
第五层	无人机的控制与监视（第四层），还包括其发射与回收功能

以上定义的互操作层通过下列接口的标准化可以实现：无人机机载组件和 UCS、飞机组件和外部 C⁴I 组件、UCS 和外部 C⁴I 系统。为了实现互操作性，UCS 体系结构和接口必须支持原有的适当的通信协议和电文格式以及新的无人机系统。互操作性第二层及以上各层需要使用地面数据终端（GDT），该终端可以与空中数据终端（ADT）进行互操作，在 CDL/ 标准化协定 7085（如 GDT 和 ADT 之间的连接是第二层以上各层互操作性的先决条件）中定义。在所有各层上，数据格式和数据传输协议都必须符合 NIIA 标准。对于第一层和第二层，关于数据格式和数据传输的 NIIA 标准提供了所需的接口需求。对于第三层及以上各层，标准化协定 4586 提供了传感器和机载平台高层控制功能。

综合目前的现状和发展趋势，无人作战飞机将改变未来的战争形态，美军军事顾问、机器人战争专家彼得辛格曾说"以无人机为代表的机器战争将改变五千年来的战争形式，是一场堪比坦克发明的军事革命"。

一是将拉开智能机器战争的序幕。传统的机器战争是以坦克战为代表的战争，坦克战中敌对双方较量的是火力、钢铁。例如，在第二次世界大战的东线战场上爆发的库尔斯克战役，在这一人类历史上最大规模的坦克会战和单日空战中，交战的德国方面损失坦克 2348 辆、飞机 2100 架、火炮约 3000 门，苏联方面损失坦克 3064 辆、飞机 1716 架、火炮约 5000 门。以无人机为代表的智能机器战争将完全改变传统机器战争的形式。在智能机器战争中，交战双方打的是智能，拼的是信息。例如，在美国空军研究实验室开展的无人机模拟对抗试验中，装备了人工智能的无人机多次轻松击败人类飞行员；在与智能无人机的超视距导弹对抗模拟试验中，智能无人机似乎能察觉人的意图，不仅能立即对飞行和导弹部署的变化做出反应，还可根据需要在防守与进攻之间快速切换。

二是将影响精确打击作战模式。在未来的智能机器战争中，蜂群作战系统和超高速作战系统将占据一定的作战地位。智能化蜂群攻击是指智能地面机器人或无人机组成蜂群系统，系统内部互协作，实现多点、多次、快速打击，并自主选择目标、攻击形式、编队形式等。美国国防部认为，"蜂群"作战系统是一种能克敌制胜、渗透敌方防线的低成本机器人系统。在战场上无间协作的"蜂群"系统比人工系统具备更卓越的协调性、智能性和速度。更重要的是，"蜂群"系统有助于降低成本，能大规模投入战场，从总体上保持美国武器的优势。总之，军用无人机是高性能信息化武器，是现代信息技术发展成果在军事方面的重要体现。自 20 世纪 70 年代以来，军用无人机越来越频繁地出现在局部战争中，无人机的发展也被越来越多的国家置于重要地位。在世界范围内，美国与以色列的无人机发展相对领先，西欧发达国家和其他地区的一些发展中国家也有各自的进展。目前全球军用无人机已经有 200 多种型号。军用无人机可以用来执行各种任务，如侦察、监视、攻击、拦截等。在未来战争中，军用无人机的使用将会非常广泛。与有人驾驶飞机相比，军用无人机具有体积小、重量轻、造价低、使用方便、零伤亡、使用限制少、隐蔽性好、效费比高等突出特点。这使得现代军用无人机的任务范围已由传统的空中侦察、战场观察和毁伤评估等扩大到战场压制、对地攻击、拦截巡航导弹、空中格斗等领域，应用前景十分广泛。

无人作战飞机导论

8.7　技术路线图

8.7.1　技术体系概览

　　军事大国在大力发展陆基无人作战飞机的同时，还在发展舰载无人作战飞机，以进一步提升海军的作战能力。无人作战飞机技术体系如图 8-26 所示，包括总体综合设计、机体结构、航电系统、机电系统、推进系统、飞控与管理系统、着舰导引系统、测控系统及综合保障等十大类关键技术。其中，舰载起降控制、着舰导引、舰机适配、机翼折叠等是舰载无人作战飞机特有的关键技术，其他则是通用的关键技术。

　　在无人作战飞机研发所涉及的关键技术中，平台的飞行性能与隐身特征、智能化的飞控系统、高精度的导航系统、可靠隐蔽的通信链路是无人作战飞机支撑性的核心关键技术。目前军事大国对于无人作战飞机所涉及的各种技术可以说都已有研究成果或成熟经验，最关键的问题是如何以系统工程的观点综合优化设计，即如何巧妙地、高水平地将各种技术综合成一个高效可靠的无人作战飞机系统。

8.7.2　飞机设计技术

8.7.2.1　总体综合设计技术

　　无人作战飞机系统复杂，技术含量高，研制部门需根据军方战技指标开展初步总体技术方案研究，包括确定飞机总体、气动布局、重量特性、隐身、机体结构、动力装置、机载系统等方案，并经多轮方案评估、优化，方能形成满足作战使用要求的初步总体技术方案。

　　（1）气动优化设计技术

　　随着技术水平的提高，现代战争对飞机的隐身性能提出了越来越高的要求，不具备隐身性能的飞机在作战中的生存力大大下降，进而影响飞机的作战效能。无人机不论是执行侦察监视任务还是打击任务，都需要具备一定的隐身性能。因此，无人机的气动布局应综合考虑气动效率和隐身特性的要求。无人机需通过气动/隐身一体化设计来兼顾气动效率和隐身性能的要求。机载预警雷达天线的安装形式对无人机的气动性能和隐身性能都有较大的影响，因此在气动/隐身一体化设计中需要着重考虑。

　　无人机要求续航时间长，使用升限高，巡航速度快。续航时间长，则只需要较少的架次就可以实现全天不间断巡逻，同时具有较远的航程和较大的作战半径。使用升限高，可扩大预警探测范围。巡航速度快，可缩短反应时间，在执行作战任务时具有较强的灵活性。为了延长续航时间，需要提高无人机的巡航升阻比。现有的长航时无人机一般通过采用大展弦比机翼来获得高升阻比，机翼翼展普遍较大。无人机应尽可能减小翼展、机长和机高，因此需要探索具有较高气动效率同时又满足尺寸约束的新型气动布局。

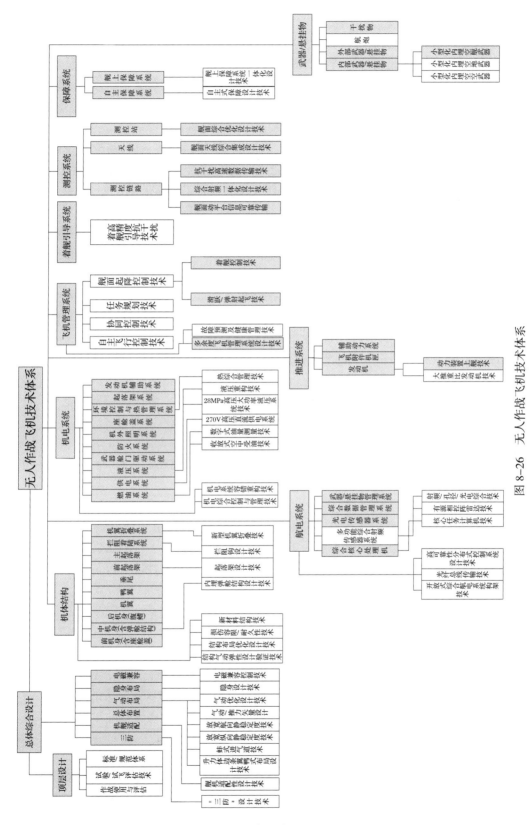

图 8-26　无人作战飞机技术体系

（2）隐身设计技术

采用隐身技术可提高无人机的生存力，扩大其作战应用范围、增强其作战能力。对无人机比较重要的是雷达隐身和红外隐身。缩减雷达截面积的主要措施是外形设计，如采用飞翼布局、S形进气道等，还可以通过涂覆吸波材料来进一步提高隐身性能。通过在关键部位采用隔热材料和热保护层，用机身或发动机短舱遮蔽红外辐射，以及采用矩形喷口降低排气温度等措施可提高红外隐身性能。

气动效率与隐身性能对飞机外形设计提出了不同的要求，有时甚至是互相矛盾的要求，这就需要在气动效率与隐身性能之间进行综合权衡。为了达到设计目标，需要探索能够同时满足气动与隐身要求的新型气动布局，开展有效的气动/隐身的综合优化设计。

目前，国外正在研制的无人作战飞机普遍采用无尾飞翼的布局形式，主要目的就是为了提高飞机的隐身性能。X-47B采用的双后掠外形并不是单纯按照隐身原则优化的结果，而是综合考虑了气动和隐身的结果。这是因为舰载无人机对气动性能有较高的要求，需要无人机具备良好的低速特性，同时航母作战的特殊性需要舰载机具有较远的航程，升阻比应较大。X-47B采用双后掠设计，牺牲了一定的隐身性能，但提高了气动性能。这说明在舰载无人机设计的过程中应当综合考虑气动、隐身的要求，单纯按照某一方面的要求都难以获得满意的结果。

无人作战飞机由于没有乘员座舱，既去掉了一个大的雷达反射体，又减小了体积和重量，故无人作战飞机具有固有的低目标特征。为进一步提高隐身性能，除着重研究新颖的隐身气动布局外，还在研究其他一些隐身措施。主要有：

①隐身材料

国外正在研究既具有隐身功能又耐温变的高强度结构材料和涂料，称为结构/功能一体化材料。

②电离隐身涂层

这是一项正在研究的新技术，机体蒙皮上的这种涂层，由24V电流充电，表面可产生一层能吸收雷达波的保护层。美国已利用军机进行了飞行测试试验，据称可使雷达探测距离减少40%～50%，并且这种涂层还具有变色性能，可与背景颜色融为一体，同时也降低了光学可探测性。

③燃料中加注红外抑制成分。

④单边隐身技术

采用这种隐身技术的无人作战飞机只在起降与实施攻击时采用正飞状态，而在巡航和突防时均呈倒飞状态，这就要从机体结构、动力布局、飞控/导航（硬、软件）等各分系统进行合理组合与优化综合设计，才能保证这种隐身方案的实现。

通过这一系列隐身措施，无人作战飞机的目标特征可望比现在的隐身无人机再降低一个数量级（"捕食者"长航时无人侦察机的RCS为 $0.1m^2$）。

（3）特殊结构与机构设计技术

舰载无人作战飞机的机翼折叠机构、前/主起落架、拦阻钩等直接影响初步总体方案设计，折叠机翼不但要保证舰载多用途无人作战飞机的正常使用飞行，还要保证外形、隐身、强度、刚度、可靠性以及重量等要求，尤其是无人作战飞机上舰后想要比有人隐身作战飞机的隐身性能高一个数量级，次级散射源的缩减尤为重要，这对折叠系统、拦阻钩的设计提出了新的挑战，即在满足基本功能的同时，还要满足高隐身需求。

8.7.2.2　发动机技术

针对无人作战飞机的大航程、高隐身等要求，需要攻克发动机相关技术，以降低耗油率，有效降低喷流的红外特征。如有高机动的需求，还需要提高发动机的推重比，并要求发动机安装推力矢量喷管。

（1）有关技术要求

无人作战飞机一方面有与现代高性能军用飞机基本相同的技术要求，另一方面它又有与过去所有类型飞行器不同的独特的任务要求。

①低成本

低成本是无人作战飞机发展的一个极为重要的方向，未来无人作战飞机的单机采购成本要求在 600 万 ~ 1000 万美元之间。要达到这一目标，必须减小飞机的尺寸（重量），小的尺寸也有助于提高飞机的隐身性能。同时，还必须减少无人作战飞机的使用成本。

②长期储存

无人作战飞机的一个特别要求是在其寿命期内的多数时间里是储存的，而不是经常用于执行训练任务。要求在 10 年以上的储存期内无须维护，同时能够快速部署（2 人在 1h 内完成）。

③机动性

无人作战飞机的另一个任务要求是要能承受更高的过载。无人作战飞机由于无人驾驶，因此可以不考虑人对过载的承受能力，可以将飞机的机动性设计得更好。未来的无人作战飞机需要搭载能在过载超过 9 的条件下工作的发动机。当要求发动机承受的过载达到很高时，就需要新的设计概念，并需要进行大量的工程发展而不是基础研究。在很高的过载条件下，发动机的结构特别是转子支承将必须重新设计。

④高的功率提取

未来的无人作战飞机将携带大量的机载电子设备，对电力的需求大大超过目前的有人驾驶飞机，因此要求发动机在提供飞机推进动力的同时，还能提取更多的功率，为机载电子设备供电。

无人作战飞机的上述特定任务要求决定了其发动机的研发将面临许多新的挑战，表 8-3 给出了执行压制敌防空火力（SEAD）任务的无人作战飞机对发动机的要求。

表 8-3　执行 SEAD 任务的无人作战飞机对发动机的要求

指标	要求
低成本	66.75 美元 /10N
推力	17.80 ~ 44.50kN
长耐久性的巡逻	巡航状态耗油率低

表 8-3（续）

指标	要求
高单位推力	体积和前部面积小
持续全高度作战	高空性能好
储存能力	大于 10 年
寿命要求	使用寿命 500～1000h
所有运行模式下（起动、失速恢复、瞬态等）	自主控制

（2）技术特点及关键技术

无人作战飞机先进推进系统的技术发展主要有三个方向：一是采用推力矢量喷管，以提高机动性；二是采用先进的传热技术，以提高无人作战飞机的速度和效率；三是出于安全性和后勤保障的要求，采用重油燃料（目前美国 JP-900 燃油可以在 480℃的温度下使用）。

围绕以上三个技术方向，无人作战飞机动力的发展面临以下几项关键技术：

①大功率整体起动发电机

无人作战飞机大大增加的电力需求需要从高压和低压转子上提取更多的功率，因此，无人作战飞机发动机需要采用全新的综合低压—发电机系统，发电机将直接安装在低压转子轴上，高压转子的功率提取通过普通的方法或通过安装在高压转子上的新型整体起动发电机提取。在过渡状态下，从高压转子上提取功率实质上是有巨大的机械损失的，可能使压气机发生喘振。因此，高压压气机需要重新匹配，以达到更高的喘振裕度。

②少润滑/无润滑的轴承技术

为了满足无人作战飞机长期储存的要求，其发动机的润滑系统需要改进，目前可以通过改善滑油的消耗和采用长寿命的润滑剂获得。但从长远来看，无人作战飞机发动机应考虑采用无须润滑的主动磁浮轴承，或需要较少润滑的陶瓷轴承。

③飞机/发动机的高度综合

为达到飞机的低可探测性要求，需要发动机与飞机高度综合，发动机必须埋入飞机机身内。飞机通过 S 形进气道与发动机相连，发动机的风扇必须具有高度的抗进气畸变特性。另外，扁矩形推力矢量喷管也有助于降低飞机的可探测性。

④综合热管理和飞机发电机综合控制

发动机和飞机高度综合的热管理系统能带来巨大的好处。此外，飞机和发动机控制设备的综合也可减少总控制系统的复杂性、重量和成本。

⑤先进的燃料技术

燃油兼有吸热用途，在进入发动机燃烧室之前从飞机系统中吸取热量。这样，飞机系统无须采用热交换装置进行独立的热管理，从而减小了附加阻力和重量。

（3）发展途径分析

无人作战飞机动力的发展选取什么途径，主要取决于飞机所要求发动机的性能和用户的经济性要求。无人作战飞机动力可能的发展途径有三个：采用现成发动机、衍生改型发动机和全新研制发动机。目前，国外的无人作战飞机动力大都选用现有的成熟发动机，最根本的原因还是经济方面的考虑。但是，采用现成的发动机难以提供无人作战飞机所需要的全部能力，衍生型发动机可改善能力和经济可承受性，但也不是最理想的方案，只有采用全新的设计，才能使飞机 / 动力系统性能达到最佳。发动机的性能和用户的经济可承受性作为对立的统一体，只有达到相对的平衡才是最佳的解决方案。

①采用现成的发动机

采用的发动机可能最初是为民用或军用发展的发动机。这种途径的目的是使整个发动机研制项目有关的前期成本达到最小。根据需要，发动机也要做一些有限的改进，并进行相应的试验。例如，为满足更长的储存时间要求，转子轴承需要用不同的材料替代，润滑系统可能需要重新设计；发动机控制系统也将需要改进，以与新的飞行器进行控制结合；需要进行一些发动机试验，以确定与低可探测进气系统和排气系统结合时发动机的性能。

由于现有的发动机是为不同任务类型的飞机设计的，用这种发动机的无人作战飞机的性能可能大打折扣，因为发动机的循环远不是最佳的循环，飞行器的尺寸和重量也受到发动机推力的限制。

②衍生改型的发动机

可以通过衍生改型得到无人作战飞机的发动机，一般做法是利用现成的核心机，配以新设计的低压转子。通过衍生发动机的途径可获得更优化的发动机循环，但是发动机总的性能还是受到现有核心机的限制。

MTU 公司利用现有发动机衍生发展出无人作战飞机动力装置。其现有的核心机来自其他民用或军用发动机。为满足低的耗油率（SFC）和飞行航程的要求，重新设计了低压系统，最终的发动机涵道比为 2 ~ 3，总压比达到 30。

表 8-4　三种发动机的特性比较

项目	现有发动机	衍生发动机	新发动机
设计条件	海平面，静态	海平面，静态	$Ma0.8/12km$
发动机涵道比	0.5	1.0	2.5
风扇压比	3.0	2.6	3.8
总增压比	17.9	16.4	38
最大涡轮进口温度 /℃	1354	1282	1732
巡航状态下的排气温度 /℃	508	317	372
进口直径 /mm	591.8	614.7	584.2
长度 /mm	1955.8	2047.2	1473.2

表 8-4（续）

项目	现有发动机	衍生发动机	新发动机
重量 /kg	596.1	586.1	301.5
净推力 /kN	6.99	5.58	6.04
研制成本 / 百万美元	20	74	160
单台生产成本 / 百万美元	1.5	1.2	0.6

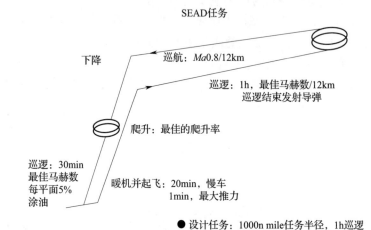

图 8-27　无人作战飞机的基本任务包线

新的无人作战飞机可能有更高的性能要求，例如，飞行包线扩大、飞行高度更高、低空达到更高的马赫数、过载加大等。对于这些要求，衍生发动机的发展途径受到一定的局限，最终可能需要修改核心机。

对于无人作战飞机来说，低空时的马赫数从民用发动机典型的 $Ma0.5 \sim 0.7$ 增加到 $Ma0.8$，这将导致高压压气机出口温度增加，因此，压气机后面级采用的材料是非常关键的。另外，高压压气机的出口压力增加 10% 以上，这可能导致压气机后面级和燃烧室的机匣载荷成为关键问题。

③发展全新的发动机

第三种无人作战飞机动力的发展途径是利用已经在先进研究计划下验证的先进技术，通过完整的发动机工程、制造和发展计划获得全新的发动机。

这种途径增加了发动机研制的成本，但是使无人作战飞机的能力达到了最佳，可以改进性能、减小飞机尺寸、降低燃油消耗、具有更低的综合可探测性。

（4）不同发展途径对性能及成本的影响

表 8-4 是美国空军经过理论研究得出的无人作战飞机采用的现成发动机、衍生发动机和全新发动机的非安装特性。所有三种发动机都是不带加力的混合流涡扇发动机。衍生型发动机假定采用与现成发动机相同的核心机，采用新的低压转子。新发动机采用先进技术增加了涡轮进口温度和总增压比。

未来UCAV发动机的结构示意图

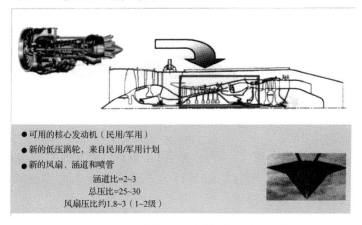

- 可用的核心发动机（民用/军用）
- 新的低压涡轮，来自民用/军用计划
- 新的风扇、涵道和喷管
  涵道比=2~3
  总压比=25~30
  风扇压比约1.8~3（1~2级）

图 8-28　无人作战飞机动力的衍生发展途径

当新发动机的进口直径与现有发动机大致相同时，发动机核心机的尺寸大大减小，涵道比更大。更大的涵道比减小了单位燃油消耗率，增加了任务航程。增大涵道比的另一个结果是降低了发动机的排气温度。当排气面积相同时，衍生型发动机和全新发动机的排气温度都大大低于现有发动机的排气温度。更低的排气温度减小了发动机的红外信号，改善了隐身能力。新发动机的排气温度比衍生型发动机高100°F[1]，因为新发动机的涡轮进口温度比衍生型发动机有较大的提高，燃油效率也有明显的提高。

表 8-4 中比较了每种发动机的研制成本和生产成本。研制成本和生产成本是基于一定的成本模型计算的。

（5）不同发展途径对无人作战飞机的影响

三种发动机发展途径对飞机系统性能带来不同影响。采用新发动机的无人作战飞机性能比采用衍生型或现成发动机要好得多。

在设计耐久性为1h时，新发动机的任务半径可比现有发动机大84%。对于400n mile 的固定任务半径来说，新发动机的耐久时间可提高 160%。

（6）不同发展途径对重量和尺寸的影响

任务（1h 巡航和 1000n mile 任务半径）相同时，三种不同途径获得的发动机对于无人作战飞机尺寸和重量有很大影响。与采用新发动机的基本型无人作战飞机相比，采用现有发动机使无人作战飞机的尺寸和重量大大增加，例如，采用现有发动机时，无人作战飞机的毛重增加了 34%，净重增加了 26%，尺寸也增加了 10.6%。

假定 1000n mile 的任务半径和 1h 的巡逻时间不变，发动机的耗油率（SFC）和重量直接影响飞机的毛重。飞机毛重对发动机 SFC 的变化比对发动机重量的变化更敏感。要完成相同的任务，新发动机的 SFC 增加 15%，可导致无人作战飞机的毛重增加 9%。新发动机的重量增加 15%，只引起飞行器的毛重增加 1.4%。这是由于飞行

---

[1]　t_F（°F）=32+1.8t（℃）。

器的燃油重量所占比例（32%）大大高于发动机的重量所占比例（5%）。

目前，无人作战飞机还处于早期发展阶段，还不能完全确定飞机的载荷、航程、机动性等方面的能力要求，因此发动机的研究不可能全面展开。未来无人作战飞机动力的发展需要在性能和成本之间找到最佳的平衡点。开展关键技术研究则是非常有必要的。国外普遍认为，无人作战飞机最好采用现成的发动机或发展衍生型的发动机，因为无人作战飞机的市场不足以支持全新的发动机设计。

8.7.2.3　飞行控制与管理技术

（1）起降控制技术

起飞与降落是影响无人机安全的重要环节，据统计，无人机的损毁事故80%发生在起降阶段，对贵重的无人作战飞机而言，安全可靠地起降则更加重要。主要需要解决的问题有：

①可靠的自动起降技术，不依靠导航设备，可载弹、载油转场降落，紧急迫降，夜间和恶劣气候中安全起降技术；

②短距或垂直起降技术，直接力控制、舰上起降、弹射、拦阻、着陆缓冲技术；

③蒸气/液压/电动/内燃机驱动的短冲程大功率弹射起飞，旋转发动机垂直起降技术；

④增强型着陆系统（ELS），采用GPS、高分辨率地形跟踪与对地光学传感技术，研究解决仪表着陆的多路径传播和微波着陆的地物影响技术；

⑤出现故障、损伤、信息中断、遭遇强干扰，能自行觉察判断，在无法修复和应变的情况下，自动返航着陆技术。

（2）自主控制技术

无人作战飞机将采用自主飞行控制，操纵员不像遥控飞机那样直接操纵舵面控制飞机飞行，而是通过点击鼠标的方式给无人机下指令，无人机飞行控制系统按预定程序或重构程序操纵舵面及发动机，控制飞机飞向目标区，执行任务。因此，飞行控制系统的全自主性、可靠性是无人作战飞机的关键技术之一。另一方面，无人作战飞机一般采用新型气动布局和非常规操纵面，因此，各操纵面的组合偏转规律设计、飞机正倒飞时飞控规律的调整等都是实现无人作战飞机有效姿态控制的关键技术。要求飞控系统能根据飞行状态变化，以及出现故障或部件受损时，能快速做出诊断、调整和重构，以实现对飞机的控制；采用光/电传操纵或直接电驱动技术，可提高可靠性与抗干扰性。

（3）人－机交互问题

尽管无人作战飞机具有很高的智能与自动化程度，但处于回路中的人仍是作战的主导者，人－机完善的交互是无人作战飞机发挥作战潜力的重要环节。操控者必须能在紧急时刻，快速、正确地发出操控指令，稍微延误就会丧失战机或引发事故。因此，操控人员的素质与技能水平也是一个关键问题。无人作战飞机操控人员的培训无法像有人军机那样通过飞行训练和实弹演习完成，而需要依靠一系列仿真技术来进行，其中重点要研究解决的仿真技术项目有：

①虚拟座舱及操控设备，重点要解决的是虚拟现实环境的构成、系统建模仿真

技术和数字传输的快捷、准确、可靠和畅通，操控人员使用类似有人机的仪表设备（包括按钮、手柄、开关等）和软件，以体验同样的感官效果；

②人为仿真故障和误差的设置、建模与注入技术；

③创立实时逼真飞行动画技术，全息显示技术；

④人－机权限与功能分配，任务规划和任务管理方法的研究与训练；

⑤实时评价技术包括对飞行性能、导航定位、飞行品质、作战效果，以及电磁信号等，明确评估标准，操控人员要熟练掌握，以判定操控是否实时、准确。

（4）协同控制技术

①有人／无人机交互控制技术

有人机和无人机在执行任务的过程中承担不同职责，通过相互之间的数据、信息交互，实现任务的协同。在整个协同的过程中，有人机操作人员不仅要接收来自地面的指挥控制信息、执行本机作战任务，还要根据战场情况指挥控制无人机，这大大增加了有人机操作人员的工作负担。设计简单有效的有人／无人机协同交互控制方式，将为任务的完成提供有力保障。这类交互可采用不同的手段来实现，如语音、文本、图形等。然而，无论采用何种方式，都必须定义一套完整的指令集，以便于交互信息在无人机端的识别、理解、执行以及在机间数据链中的传输。协同任务指令集包含以下三个方面：有人机任务命令集、无人机指令集以及指令编码。指令集的设计应该满足完备、简约、规范的要求，从而为实现有人／无人机之间方便快捷的交互奠定基础。

②有人／无人机协同态势感知

有人／无人机协同态势感知是对时间与空间纵深内各元素的感知领悟，以及对它们的企图、即将发展的状态趋势的理解。协同态势感知通过以下步骤完成：利用各种传感器获取所有可以得到的信息，理解获得信息中对我态势有利的信息，估计态势可能发展的方向，假定它不受外力影响，并评价外来因素对预测的影响。有人／无人机编队通过态势感知中获得的信息优势，利用战场的绝对知识从而采取正确的决策和行动。态势感知的方法有基于性能的方法、主观性方法以及问卷或询问性方法。在复杂的环境中，性能的方法缺乏敏感性和诊断价值，主观法没有意识到它们所获得的信息可能丢失从而缺乏精确性，而问卷方法由于某些未曾考虑事件的发生导致调查的有效性下降。恩兹利（Endsley）提出了一种直接的基于态势感知全球评估技术的询问式方法，在问讯中随机冻结仿真，询问的结果与冻结仿真的态势进行比较，比较结果使得态势感知的自我评价和观察评估更趋客观。

③协同目标分配技术

协同目标分配是指为有人／无人机协同一致完成任务，考虑各种约束条件，对飞机分配攻击目标，确定打击目标的武器，进行武器配置和编队配置，确定目标的打击点／方向以及有人机与无人机协同的武器投放区域等。有人／无人机协同目标分配是组合优化问题，是一类 NP 难题，这类问题的求解主要有两种思路，一是精确搜索，如穷举法；另一种是启发式搜索，在搜索过程中加入一定启发因子，指导搜索向一个比较小的范围进行，如模拟退火、禁忌搜索、神经网络和遗传算法等。无论哪一种思路，巨大的计算代价始终是 NP 问题的一个难以克服的难点。目前，一些新

的方法和理论也被用来解决此类目标分配问题，如 Hopfield 神经网络、满意决策理论、蚁群算法、拍卖理论、市场调配理论等，并且显示出一定的有效性。

④有人 / 无人机协同航路规划技术

有人 / 无人机协同航路规划是在有人 / 无人机协同目标分配方案的基础上规划出各飞机可行的有效的协同航路。数学规划是一类多阶段决策过程的最优化方法。数学规划方法最近的应用是解决了 ROSAT 卫星的观测任务规划问题。登顿（Denton）等人在用数学规划计算三维最优路径时，把三维最优路径分解成水平方向和垂直方向分别进行计算，较好地解决了维数灾难问题。混合整数线性规划（MILP）法通过分解任务分配和路径规划问题，同时将飞行器动力模型在允许范围内进行线性化处理，构造一个整数线性规划模型来处理规划问题。算法生成飞机的飞行航路，通过使包含危险和航路长度的代价函数最小，得到简单的二维航路。优化算法在不断的知识学习中，应用图论技术持续地修正路径和有效地生成一条新的优化路径，可以实现实时的动态路径重规划。Voronoi 图表由于构造算法简练、几何意义明确而广泛应用于求解机器人和飞行器路径规划问题。在人工智能方法求解任务规划问题中，除了启发式搜索法和专家系统法以外，还有神经网络法、模糊控制法、遗传算法等。

（5）空中管理问题

空中交通管制和军事空间管制要求日益扩大的无人机机群，特别是携载武器的无人作战飞机，在与有人军机协同行动时，必须制定严格的规则与可靠性标准，以建立一种安全有序的飞行环境。当前，国际上还没有关于无人机系统及其系统软件、操控指挥和信道频率等可接受的适航性标准。自 1998 年以来，北约和欧美学术团体召开过多次关于无人机空域管理和防撞措施方面的专题会议，但尚未制定公认的关于空中管理方面的规则，目前，这是一个亟待研究解决的问题。据说，以色列自行制定并正在试行一些适航性标准和可靠性标准，对飞行性能、关键机载设备、机体结构、地面站、配套设备等制定了安全与可靠性标准。有人认为，对无人作战飞机更关键的挑战不是技术问题，而是有效地管理与使用问题。

8.7.2.4　高精度全自主着舰引导技术

无人机与有人机在着舰方面存在着两个显著的区别。有人机的着舰控制是飞行员和舰面指挥人员共同完成的，而无人机的着舰由舰面指挥员和无人机操作员共同完成；无人机的翼展比有人机更大，对引导精度的要求更高。此外，我国在自动着舰方面的研究尚处于起步阶段，离型号应用尚有很大的距离。

与有人机相比，无人机全自主着舰引导要求具备以下特点：

（1）具备更高的安全性和可靠性；

（2）支持全自主飞行；

（3）可以通过数字数据进行空中交通管制（ATC）控制；

（4）对有人飞机具备"看见—躲避"能力。

因此需将高精度全自主着舰引导技术列为关键技术。

1996 年，美国国防部及陆、海、空三军共同参与建设基于 GPS 的高精度导航系统——JPALS，该系统具有良好的抗干扰性能，以确保在敌对环境下的任务连续性。

其应用模式分为 4 类：固定机场应用、战术应用、特殊任务应用和着舰应用，其中战术应用是指机动式、快速部署和临时跑道构建等应用，特殊任务是指灾难搜救、直升机起降等应用。

应空军和海军的不同需求，JPALS 发展了陆基和海基两个不同的系统，分别称为 LDGPS（local differential GPS，本地差分 GPS）和 SRGPS（shipboard relative GPS，舰载相对 GPS）。SRGPS 主要为航空母舰平台的自主着舰提供高精确度和完好性的 GPS 导航，同时支持军舰所需的全部通信导航监视 / 空中交通管理（CNS/ATM）功能。

海基 JPALS 系统的舰载设备包括抗干扰天线、GPS 接收机、处理器硬件、海基相对差分 GPS 软件、数据链发射机 / 接收机、舰船接口（如惯导系统）、操作和管理接口等。

海基 JPALS 使用舰载相对 GPS 来满足在海军舰艇周围导航以及在舰面上着舰的要求：使用动态载波相位技术来满足严格的精度要求；使用相对惯性导航来补偿舰船运动的影响；

通过双向数据链支持载舰的操作要求：通过上行广播发送 GPS 和 INS 数据、空中交通管理信息；通过下行数据传输用于载舰监视的飞行数据；对通信和数据传输采取加密措施以保护操作安全、防止舰船位置泄露；

技术基础：具有抗多径、抗干扰能力的 GPS；采用动态的相对 GPS-INS 定位技术；使用低截获概率超高频（UHF）数据链技术。

8.7.3　作战体系装备运用技术

8.7.3.1　作战攻击技术

作战攻击包括对地 / 海面目标攻击和制空作战两大类，下面分 6 种攻击技术分别阐述。

（1）对地 / 海面固定目标攻击技术

无人作战飞机可携带多种对面攻击武器，飞往前线或渗入敌占区纵深，对敌空防进行打击和压制，对敌地 / 海面重要军事目标进行打击。尤其是可以搜索对方雷达辐射的电磁波信号来跟踪雷达，从而摧毁雷达及其装载平台。此外，无人作战飞机还可以装载激光照射器，用来指示地面目标，引导编队内的其他作战飞机用激光制导炸弹进行精确攻击。武器舱可装载对地 / 海精确攻击武器，可对地 / 海面高价值固定目标进行精确打击。执行对地 / 海攻击多采用与有人机和其他平台协同作战模式，通过本机发射、它机制导方式进行作战。无人作战飞机对地 / 海面固定目标攻击技术主要包括目标识别技术、抗干扰技术、海杂波处理技术、战后评估技术。

（2）对地 / 海面移动目标攻击技术

无人作战飞机攻击地 / 海面移动目标的作战过程同攻击地 / 海面固定目标类似，主要区别是需根据移动目标的性质，建立目标轨迹。其技术主要包括目标识别技术、抗干扰技术、海杂波处理技术、目标轨迹预测技术、战后评估技术。

（3）对地随机自主攻击技术

无人作战飞机对地随机自主攻击时，其在功能上相当于察打一体无人机，这样可使传感器从发现目标到打击目标的时间缩短到秒级，目前美军把发现目标到打击目标的时间压缩到了几分钟，发现目标后基本实现作战指挥的实时化。无人作战飞机在战区执行任务时，一旦发现目标即可直接攻击，或召唤其他作战单元进行攻击。无人作战飞机随机自主攻击完成一个杀伤链，即发现—定位—瞄准—攻击—评估所需的时间越来越短，实现了实时（或近实时）的发现、跟踪、定位和打击的一体化，整个作战过程一气呵成，连贯有序。与无人作战飞机对地 / 海面固定目标攻击一样，其关键技术主要包括目标识别技术、抗干扰技术、海杂波处理技术、战后评估技术。

（4）低空小目标攻击技术

低空小目标是指飞行高度在 100m 以下的直升机和小型、微型无人机，这类目标由于（雷达、红外）特征不明显，飞行速度慢又处于地杂波干扰的"掩护下"，因此用雷达制导、红外制导的空空导弹打击的效果不佳、效费比低。其关键技术主要包括微弱红外检测技术、低 RCS 目标探测技术、小目标识别技术、地杂波干扰下的目标提取技术等。

（5）制空作战技术

无人机制空作战是指在未来复杂的战场环境下，人在地面作战回路中指挥、操纵无人机同有人战斗机或无人作战飞机进行作战的过程，无人机制空作战需要突破以下 5 个方面的关键技术。

一是多源传感器数据融合技术。信息化条件下空战环境日趋复杂，高强度的电子对抗和大量隐身目标的存在，使得单个传感器或单架战斗机上的传感器已显得力不从心，必须采用多种传感器相互协同，实现数据融合，及时指挥、操纵无人机制定最优对抗策略。

二是大容量高速数据链技术。利用强大的数据链技术实现多机间的信息资源共享和战术协同，提高信息化条件下的空战效能。通过强大的数据链，实现情报资源共享，在指挥控制单元和飞机之间分发综合态势信息，传送作战指挥控制命令；实现武器资源共享和互操作，在飞机之间传输武器协同信息，使空战态势尽可能地"透明化"。

三是目标识别。信息化条件下的空战目标识别包括敌我识别和目标模式识别。敌我识别是导弹攻击的前提条件，其能力的不足成为超视距空战发展的主要障碍。目标模式识别是判断目标的类型属性（如 F-16、苏 -27 或导弹等），它直接影响战术决策和作战效能。目标识别技术需要有较大的发展，那样才能满足信息化条件下空战的要求。

四是信息融合和信息决策技术。在信息化条件下的空战中，信息爆炸正在危及飞行员的承受能力。信息融合技术可以弥补飞行员信息处理能力的不足，使飞行员从繁忙的操作中解脱出来，集中精力完成关键任务，同时掌握全局。信息融合以多源传感器数据融合和数据链技术为前提，综合来自不同信息源在时间和空间上的数据信息，得出被测对象或目标统一的最佳估计或描述。它主要有以下功能：信息的转换、信息的相关、信息的组合和信息的推理。

五是人工智能（AI）技术。信息化条件下空战的对抗性、主动性、不确定性和不确知性，使得传统的模型化方法（如矩阵对策法、微分对策法和优化指向矢量法等）日益不能适应空战的要求。因此，出现了 AI 技术在信息化条件下空战中的应用热潮，如空战专家系统（ES）、人工神经网络（ANN）和模糊空战系统等。可以预见，随着能推理、善学习的智能型计算机研究和应用的进一步深入，AI 技术在信息化条件下空战中的应用将会更加深入。

（6）智能空战技术

无人机空战智能化是有人机空战辅助系统与无人作战飞机的发展趋势，根据"观察—判断—决策—行动"空战环节的特征，一个完整空战智能化系统需要解决 5 个方面的关键技术。

一是智能感知技术。无人机态势感知是空战战术决策与机动控制的前提。未来空战要求智能感知系统能够在信息复杂、高度对抗、任务多变的战场环境中发挥重要的前端作用。智能感知技术包括多源信息采集、融合与处理技术，非结构化环境感知技术以及复杂环境认知学习和推理技术。多源信息采集、融合与处理技术主要是无人机作战系统通过多传感器获得信息，依据某种准则进行组合，实现对所获数据的结构化表示，获得目标和环境信息。对于无人作战飞机来说，首先通过高度传感器（大气数据计算机、无线电高度表、GPS）与角度传感器（垂直陀螺、航姿参考系统）分别获得原始的高度数据与俯仰角数据，再通过数据融合算法对两者的原始数据进行处理。

二是态势评估与目标意图识别技术。空战态势评估与目标意图识别是智能空战决策的前提，也是不可缺少的一个环节。目标意图识别是战场态势评估的一个重要部分，并且直接关系到无人作战飞机作战系统的决策。目标意图识别系统由空战行动特征提取、任务推理和意图识别三级结构组成，这三级结构逐级推理，每级都以前级为基础，形成意图识别系统。判定目标的意图之后，无人作战飞机作战系统需要分析自己的胜算，其本质就是态势评估。依据敌我双方武器、电子设备性能、敌作战企图，以定量或定性的形式对敌方威胁程度做出估计和分析，确定敌方的威胁等级，实现敌我态势评估。

三是智能协同技术。智能协同主要解决多无人机之间分布式协同和有人机之间的交互协作行为，实现有人 / 无人机协同作战、多无人机协同作战，以增强无人机集群的任务能力。协同智能技术包括多无人机任务分配与协调技术、多无人机编队协同航路规划技术、分布式态势共享技术、人机功能动态分配与人机接口技术。

四是自主空战战术机动决策技术。将空战决策作为一个系统，系统的输入是与空战态势相关的各种参数，如我机的平台参数、武器参数、敌我构成的态势参数等，决策过程便是系统内部的信息处理机制，系统输出的即为决策结果：战术方案或者某种机动动作。空战决策是一个复杂的动态过程，空战决策的结果必须能被下一级执行层识别并执行，如此循环往复，直至任务结束。在空战决策问题中，对决策结果影响较大的是空战态势函数、空战决策模型。合理的空战态势函数不仅能直观地表示当前空战态势，而且在决策推理过程中也不会过于冗长复杂，空战态势函数的设计重点在于态势子函数权重的自适应调整，即在不同的态势情况下，子函数的权重自动调整以突出当前态势下，哪种因素对整个态势的影响更大；空战决策模型的设计决定了决策结果的优劣，因此构建一个稳定的、精度较高的、实时性强的决策模型是研究空战决策问题的核心。空战决策和控制技术与"观察—判断—决策—行动"（OODA）循环结构相结合，运用大数据和机器学习方法提取有人机飞行员的空战经验并结合推理决策算法，实现实时空战决策。自主空战机动决策的传统方法主要包括微分对策法、矩阵对策法、近似动态规划法、影像图法。人工智能就是构造一个人工系统使其能让机器来替代需要人类智力才能完成的工作。随着人工智能的发展，基于人工智能的空战决策方法包括专家系统、遗传模糊树和强化学习。

五是自主空战机动轨迹生成技术。自主空战机动轨迹生成是无人作战飞机将战术决策、机动决策产生的结果转化为飞行控制系统能够识别的轨迹指令或者引导指令，是决策层与执行层之间的接口。机动轨迹生成的目标是基于某一目标函数，为无人作战飞机规划参考轨迹或者规划操纵控制系统的期望输入量，使无人作战飞机按照该参考量执行，从而实现决策目的。自主空战机动轨迹生成技术包括确定型算法、随机搜索算法和后来的群智能算法以及近几年比较热门的数值解法。针对空战态势快速变化的特点，首先设计了无人作战飞机行为规划模块一般框架，分别针对攻击占位机动行为和规避敌机威胁的机动行为设计了目标函数，使无人作战飞机在空战过程中根据当前态势结合战术决策、机动决策结果自动在目标函数之间进行切换，并通过轨迹规划模块将机动行为转换为机动飞行参考轨迹，送入执行层实施。

8.7.3.2 武器、任务系统技术

任务载荷分两大类，一类是监侦设备，即智能型感官系统，另一类是武器装备。

监侦设备应是模块化的装置，可按任务要求选装，目前，主要的组成和需研究解决的关键技术有：光电侦察设备（可见光、前视红外、激光指示与测距等），合成孔径雷达，核、生化、声波、电磁等探测技术。

武器类任务载荷主要有：小型机载精确制导武器（要求质量为 45 ~ 113kg），反辐射超小型高能战斗部，自动风偏修正布撒器，非动能或混合型战斗部（如大功率定向微波、固态高能激光等，正在研制的定向激光炮，要求执行一次作战任务可射击200 次）。

特种作战装备：这是一类非杀伤、非爆破式战斗部，只用来使敌军或装备暂时失去或削弱其作战能力，它特别适合于装载在敢冒高风险作战的无人作战飞机上。目前，国外正在研发的这类装备五花八门，品种很多，有强闪光弹、强噪声弹、奇臭弹、药物弹等，这类弹头可使敌军士兵短时间内产生失明、失聪、昏迷、恶心、奇痒等心理或生理障碍，从而减弱和丧失战斗力。

还有特种油剂弹，它爆裂后能散布超级黏合剂、超级腐蚀剂、超级润滑剂，可使敌飞机或车辆无法正常行驶。此外，还有石墨弹、催雨弹、宣传弹、干扰弹（强电磁脉冲、金属箔云）等。

无人作战飞机的尺寸、重量受到限制，一般不可能做得太大，为保持飞机的隐身特性，提高突防成功率，武器弹药、任务载荷通常采用内埋方式，因此其武器载

荷必须是小型、高精度、大威力，机载传感器必须智能化、小型化。

（1）海面目标探测、识别技术

复杂的海上使用环境包括复杂的电磁环境、多变的气象海况环境、作战环境和形式多样的海上目标属性、特性。海上目标采取多种形式的有源、无源电磁干扰，并普遍采用雷达、红外及可见光隐身措施，使得海上电磁环境极为复杂；海上气象海况环境变化快，包括云、雨等不良天气以及浪、涌等海况，不同的气象条件和海况大小，直接影响各种探测手段的性能；作战环境包括海上和沿岸、岛礁等，单一功能的探测手段难以适应不同作战环境下不同类型目标的探测需要；海上目标特征形式不仅表现为雷达回波特征、红外辐射和可见光特征，而且还有自身携带的雷达、通信、数据链、敌我识别等设备工作时的辐射信号特征，针对不同的目标特性需采用不同的探测手段；海上目标属性已经由非我即敌的目标态势，转变为敌、我、中立方目标混杂，尤其是民船目标居多的态势。

随着作战空间、条件的不同，辨识目标的程度也在不断地变化。一般来说，仅仅区分友军、中立和敌军就足够支持武器系统的发射决策，但舰载无人作战飞机采用无人驾驶，需要明确目标等级（如水面舰艇、地面装甲车辆等）、目标特性（目标或者是诱饵）或者是特殊目标参数（如种类和范围的选择、武器的响应）、目标属性（敌、我、民用或军用伪装成民用）。目标识别系统必须提供必要的识别信息以支持舰载无人作战飞机武器发射的正确决策。因此必须发展先进的传感器以及模式识别、柔性智能决策等人工智能技术。当然，如果携带了具备自动目标识别能力的导弹，那么对载机的要求可以适当降低。另外，将无人机探测到的目标信息发回到基地，由地面操纵人员进行分析、决策，也是可行的办法之一，但这种方法进一步提高了对数据链的传输速率及安全性的要求，同时作战实时性也受到地面操纵人员分析、决策这一个环节的很大影响。

（2）模块化设计技术

无人作战飞机上舰后，由于航母上空间有限，载机数量有限，因此希望舰载机能够一机多用，以最大限度地发挥其作战效能，因此必须采用标准化、模块化的任务载荷，以及通用的信息处理设备。作战时根据作战任务的变更，迅速地更换不同的任务载荷模块，使一架无人机能满足一系列任务的需要，以适应复杂多变的海上战场环境。而且舰上保障资源有限，减少载机种类有利于提高保障能力，提高保障效率，缩短维修保障时间。舰载无人机需要广泛承担情报、监视、侦察（ISR）和对地对海打击等作战任务，任务范围广，需要具有良好的多用途能力以提高任务灵活性和适应性。但是，多用途能力对飞机设计提出了更高要求，因为在有限的内部空间里布置多种任务载荷不仅仅要考虑重量重心对飞机性能的影响，更要考虑不同有效载荷的散热、电磁兼容等问题。

任务载荷模块化是提高无人机多用途能力的有效手段。若要采用模块化任务载荷，不同的任务载荷必须具有相互兼容的机械、电气、信息接口，从而对任务载荷研制提出了新的要求。而飞机的系统软件也必须具有开放性的构架，能够满足"即插即用"的要求。

8.7.3.3 指挥、测控系统技术

无人作战飞机的飞行与作战要靠基地操控员和高智能化的飞行控制系统来完成，其决策主要依靠信息和对有关数据的综合分析，因此，信息的获取与交换传输，即先进、可靠的通信技术是无人作战飞机的核心关键技术之一（也可能是其致命之处），传输链路要求隐蔽、畅通、准确、可靠、实时快速，并能融入C⁴ISR大网络系统之中。当前需研究解决的问题有：

①数据链路的抗截获、抗干扰的编码、加密、变频、跳频、扩频与解扩技术，图像压缩与传输解压，高速信号处理技术等；

②中继技术，包括超视距中继转发与传输，多通道大容量实时信息中继复合传输，军民共享卫星链路，中继载体与无人作战飞机协调等技术；

③多目标测、控、定位、数据融合、航路参数处理与显示技术，多雷达监侦数据的判定、组合定位技术；

④组（入）网技术，无人作战飞机与地面（海上、空中）指挥站、卫星、预警系统、远程导弹共同组成攻防大系统，要保证大系统高效、有序、可靠地运行，子系统之间信息的高速、隐蔽、准确的交换和信息共享技术，是一个需要多方协作研究解决的大课题。

（1）测控系统抗干扰

在现代战争中，各种军事技术对抗愈演愈烈，而作为电子对抗中重头戏的通信对抗也愈来愈广泛地应用于一些重要领域，如侦察和反侦察、导航对抗、遥控遥测对抗以及其他作战系统间的对抗。在可以预见的将来，各种类型的无人机会广泛运用于作战，而无人机的工作离不开卫星导航和无线遥测遥控系统，同时卫星导航和无线遥测遥控系统又离不开通信系统，所以研究无人机的通信抗干扰手段对提高无人机的战场生存能力、有效提高战斗力具有举足轻重的作用。

为应对复杂电磁环境，无人机在测控系统中可使用的抗干扰技术主要有扩频抗干扰技术、自适应干扰抑制技术以及信源与信道编码技术等。

扩频技术在军事通信中已得到广泛应用，无人机测控系统中多采用直接序列扩频（DS–SS）技术。直接序列扩频将待传输信息的频谱用伪随机二进制码扩频码伪随机噪声（PN）扩展后成为宽带信号再传输，在接收端对扩频信号再次与原扩频伪随机序列进行波形相乘而还原出信息码序列，干扰信号则被接收机本地伪随机码波形相乘后而扩频。只有很小部分干扰信号能量能进入接收机中频窄带滤波器，而绝大部分干扰能量被抑制。一般直接序列扩频的带宽比常规通信体制大几百倍至几千倍，故在相同的信噪比条件下，具有较强的抗干扰能力。

自适应技术能够连续地测量跟踪信号和系统特性的变化，使通信系统自动改变系统结构和参数，能适应电磁环境变化，尽可能地消除干扰的影响。自适应干扰抑制技术包括空间自适应技术（如自适应天线技术）、频率自适应技术（如自适应跳频、自适应频率滤波、自适应信道选择）、功率自适应技术（如自适应功率控制、自动增益控制）等。

目前大多数无人机测控系统都实现了数字化，且采用信源和信道编码技术。前者在射频信号带宽和传输质量一定的情况下，可降低基带信号速率，提高抗截获性能，后者可提高通信系统的抗干扰性能。同时，采用纠错编码技术，能有效提高数字通信系统的抗干扰能力。

（2）移动自组织网络技术

在复杂多变的信息化战场环境下，单架无人机执行情报侦察、战场监视或目标攻击等任务时面临侦察角度、监视范围、杀伤半径、摧毁能力、攻击精度等诸多方面的限制，制约了作战效能的发挥。因此，组织多架性能不同、功能各异的有人／无人机协同执行侦察、监视、多目标攻击等任务将是信息化战争中无人机作战的一种重要军事行动方式。

多机协同作战的前提是实现无人机群自主测控通信一体化，也就是必须组建具有较强通信能力、信息感知能力和抗毁性强的无人机网络。该网络必然是一个动态性很强的网络，网络的拓扑结构快速变化，不断会有节点加入或离开网络。

无人机移动自组织网络作为自组织网络的一个应用领域，其网络参考模型应具有相同结构。但是，无人机移动自组织网络是适应无人机特点和无人机作战环境而组建的自组织网络，有其自身的独特性，在媒体接入控制、路由建立与维护、服务质量保证和网络安全管理等各个方面都有不同于一般移动自组织网络的特殊要求，是一个涉及路由协议、MAC 协议、服务质量、安全协议等多项关键技术的一个复杂的网络通信系统。

目前，各国对无人机自组网的研究还处于初级阶段，采用的信号传输手段和通信协议都还不够完善，还没有一个统一的标准，并且存在很多在理论上没有解决的问题。随着战场环境的日益复杂和无人机机动性能的不断提高，对无人机自组网的可生存能力和通信能力的要求也会越来越高，无人机自组网将会面临更大的挑战。

（3）抗干扰防诱骗技术

海上战场背景环境复杂，无人机面临敌舰基、陆基、空基电子对抗装备的干扰甚至诱骗，对正常使用造成危害。综合考虑辐射源和干扰对象，按照威胁程度高低可将海上复杂电磁环境对无人机的干扰分为以下三个等级：一是对无人机测控、导航系统的干扰和欺骗，将直接影响无人机的飞行和任务安全，危害最大；二是威胁电磁环境对无人机雷达、光电等任务系统的干扰，将直接导致任务载荷能力减弱甚至失效，影响无人机正常执行任务；三是所处的海上战场背景电磁环境包括所处区域噪声环境，以及我方编队各种电子设备如舰载雷达、通信等系统产生的电磁波互扰环境等，对无人机海上使用电磁兼容问题构成的危害将可能降低无人机海上使用的可靠性。

为此，需尽快针对以上三个等级，有针对性地开展海上复杂电磁环境下无人机抗干扰防诱骗技术研究，为后续形成切实有效的无人机海上复杂电磁环境下的抗干扰、防欺骗措施和手段提供技术支撑，保证复杂电磁环境下海军无人机海上正常使用和任务完成。

（4）有人/无人机协同作战技术

有人机与无人机的作战特点与使用方式存在明显差异：有人机综合判断能力强，无人机智能决策能力有限；有人机快速反应能力强，无人机判断识别水平低；有人机成本高、战损代价大，无人机低成本、零伤亡；有人机航时相对较短，持续作战能力和机动性有限，无人机航时较长，持续作战能力和机动性更强。

实施无人机与有人机协同作战，可提升无人机的作战能力：在有人机的机动指挥控制下，无人机摆脱了对地面站及卫通链路的依赖和束缚，作战半径大幅提高，抗干扰、反欺骗能力显著增强；可充分利用人的智慧和综合判断能力，有效弥补无人机在高威胁条件下智能决策能力的不足，增强无人机的战场反应力和生存力；依托有人机的态势感知、指挥控制、判断决策及电子支援，拓展无人机任务类型，显著增强复杂对抗环境下遂行作战任务的能力。

实施无人机与有人机协同作战，也可提升有人机的作战能力：利用无人机的载荷搭载能力和长航时特性，作为有人机"力量倍增器"，将无人机融入有人机"观察—判断—决策—行动"任务环，丰富有人机的任务域；充分利用无人机的低成本和无人员伤亡特性，降低有人机遂行高危作战任务的风险，提高战场生存力。

实施有人/无人机协同作战，可提升体系作战能力：在增强有人机、无人机单类平台作战能力的基础上，可生成新的作战样式，形成新的作战能力。有人平台对无人机的直接控制，将充分利用两类平台任务使命及载荷的差异，生成有人/无人平台间信息支援、打击支援，以及多目标分布式协同探测/打击、单目标"复眼"探测、"蜂群"攻击等作战样式。无人机作为有人机僚机，将扩充单类平台作战在平台、传感器、武器等方面的数量及种类的多样性，形成新的作战能力。

8.7.3.4 综合保障技术

（1）综合保障技术

无人机系统在有效完成任务的同时，应尽量减少作战和支援费用。后勤/支援和基本设施的构成应与活动基地、可用性、快速转移、出勤率等作战使用观念协调。

支持设备应充分利用现有的基本支持设施以减少生命周期费用。在系统设计时就应考虑适配器和接口设备，以便使用部署地点的通用支持设备，而不是开发特殊的支持设备。当需要时，支持设备应包括所有用以装配、支持和维护系统的软硬件。

为使无人机具有较好的后勤保障性，无人机应采用目前有人驾驶飞机使用的航空燃油。机载和机外诊断应进行综合。注重发动机的可靠性，避免增加因误诊引起的拆卸/替换所需的费用和维护负担。无人机系统应能通过各种运输方式在全球展开，并在短时间内投入战斗。

无人机系统在作战训练之间应能够长期储存，并能监视其状态。储存后的移动、综合、检验应与部署需求相协调。在无人机系统使用、维护和储存时应尽量减少人力和工作人员的需求。人员的培训应考虑平时与战时的需求。

总之，无人机在设计阶段就应充分考虑保障性的要求，在使用过程中采取各种措施来提高无人机的维护保障性，提高无人机的出动率，降低后勤支持的成本。

（2）舰面操作技术

无人作战飞机上舰后就将面临舰面操作问题，当前有人舰载机的舰面操作都是靠飞行员目视指挥人员的手势，然后将其"翻译"成相关指令后，执行一定的动作来完成的。但对于无人机，这一套成熟的指挥方法将完全失效。如何能够让无人机舰面操作融入有人机的操作流程之中，将成为制约无人机能否上舰的关键技术。

舰载机的舰面操作技术包括但不限于以下几种方法：拖车、线控、遥控、机器视觉等。

使用拖车是解决这一问题最简单的方法，无须对航母和无人机进行大的改动，技术成熟，风险低，成本小，但是，在航母上使用拖车也有一些问题。首先，当这些拖车不使用的时候，要占据本来就非常紧张的甲板空间，影响有人机的操作。其次，拖车需要经常充电或更换电池，这增加了船员的工作负担，或是需要专门增加船员。而且航母还要增加为拖车充电的电气接口。第三，拖车也需要维修，需要准备配件，这加重了航母上保障作业的负担。第四，每次无人机需要移动的时候都要将拖车与无人机连接，移动到位后再解除连接，延长了操作时间。

线控方式是指专门的操作人员通过线路将飞机和遥控器连接起来，控制飞机在舰面上的运动，进行舰面操作。这种方式相对而言技术难度不高，风险低。这种方式可以克服拖车所带来的占据空间、增加保障负担等缺点，但其自身也有一定的问题。第一，控制人员负担大。控制人员可能需要在整个甲板范围内移动，工作负担较重。而且控制人员还要背负电源和线缆，这进一步加重了其工作负担。第二，每次无人机需要移动的时候都要将遥控器与无人机连接，移动到位后再解除连接，延长了操作时间。

遥控是指通过无线电控制无人机的运动，实现舰面操作。遥控可以在一个控制站内完成对所有无人机的控制，能够减少船员数量。但是遥控也有以下一些问题：第一，遥控飞机不受舰面指挥员的控制，难以融合到现有的舰面指挥体系中，可能与有人机的操作产生冲突。第二，存在电磁兼容问题。航母上的电磁环境复杂，遥控信号可能与其他电磁信号发生干扰，导致该动作时不动作，不该动作时误动作。第三，对于多架无人机的操作，如何让不同的无人机接受不同的指令而不发生干扰也是比较困难的问题。第四，航母执行作战任务期间都会实行严格的信号管制，而遥控信号可能导致电磁泄漏。

机器视觉是指在无人机上安装相应的传感器，感知指挥人员的动作，"翻译"成相关的指令，执行相应的动作。这种方法的好处是能够充分与现有的指挥体系相融合，无须增加额外的辅助设备和人员，也不会产生电磁泄漏和电磁兼容方面的问题。但是该方法也存在着技术难度大、成本高等问题。第一，必须可靠地识别指挥员的手势。航母甲板上环境复杂，传感器的视野中可能存在许多运动物体，甚至多个指挥员，如何能够正确识别指挥员的动作是一个比较困难的问题。第二，不同的指挥员的动作各不相同，给机器识别带来了难度，可能需要通过严格训练，提高动作的标准化来解决这一问题，但在实际实施中可能存在问题。第三，传感器获得的图像受到光照、发动机尾流、弹射器蒸汽以及黑夜的影响，可能导致识别困难。第四，

机器识别系统必须具备相当高的纠错能力，否则一旦指挥员动作不标准，导致无人机误动作，就可能造成灾难性的后果。

目前，为满足 X–47B 上舰的需求，美国正积极研究以机器视觉为主的舰面操作技术。麻省理工学院开发了一种姿态识别软件，有望使操作员像指挥有人机那样，通过手势和身体姿态来引导无人机。耶鲁大学的一名博士后正在对软件进行调整和完善，他用一台 3D 摄像机记录下人的动作，将 3D 图像的视觉特征转换成骨骼建模，然后通过一个动态条件随机程序来分析运动情况，并转换成指令输入计算机。这个过程很复杂，在使用中，速度和算法必须随着响应变化，而不是等着它们完成时再进行分析，这也意味着计算是建立在信号可能性的加权均值上。虽然该软件的准确率已经达到 76%，但仍达不到上舰的要求。这位博士后正在重新修改算法，对手和臂的动作进行分别分析，以降低计算的复杂性，提高精确性。

8.7.4 技术发展路线图

（1）关键技术发展思路

以突破各类无人机平台气动布局和分系统关键技术、探索以各类新概念作战模式为方向，开展相关系统的演示验证工作，加速急需无人作战飞机系统的研制进度。

充分采用民用领域的技术成果，并注重演示验证阶段和型号研制阶段技术的可继承性和可扩展性，按照"一次规划，分步实施，螺旋递进"的原则实施项目，搭建基本构架，分阶段对关键技术开展验证。

（2）关键技术发展路线图

各类无人作战飞机关键技术的发展应与装备发展进度紧密结合，如图 8–29 所示为关键技术与无人机系统发展的匹配关系。

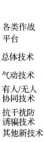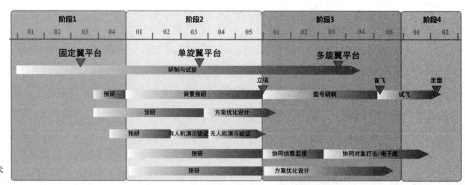

图 8–29 无人作战飞机与技术发展路线图

附录1　无人作战飞机大事记

时间	国别	事件
1940 年	美国	美国人李·迪·福里斯特（无线电设备发明家）和 U. A. 萨那布里亚（电视工程师）在《大众机械》（*Popular Mechanics*）杂志上发表了一篇有关无人作战飞机的文章，这被认为是世界上最早的对无人作战飞机的探索
1960 年 8 月 12 日	美国	美国海军首架 QH-50 无人反潜直升机（DASH）原型机试飞成功，这被认为是最早的无人攻击直升机。这款无人机由美国泰勒·雷恩航空公司研制，能够发射鱼雷，对抗苏联攻击型潜艇的威胁
1963 年 1 月	美国	美国海军开始在其驱逐舰上部署数以千计的 QH-50 DASH
1963 年	苏联	苏联图波列夫设计局研制的图 -123（又称"鹰"DBR-1）无人作战飞机完成样机制造
1964 年	美国	泰勒·雷恩公司向美军提出载弹无人机"火蜂"方案，但并未引发关注
1970—1971 年	美国	DASH 从美国海军退役，原因是高故障率和搭载 DASH 的小型舰艇陆续退役
1971 年	美国	美军启动了 Have Lemon 项目，致力于研发一种无人作战飞机系统，执行危险的防空火力压制任务。该项目对多架"火蜂"无人机进行改装，安装武器挂架，配备电视制导导弹、前视光电摄像头以及数据链，代号 BGM-34A
1973 年	美国	美军新型无人作战飞机 BGM-34B 问世，机头安装红外成像系统和激光指示器（可为激光制导导弹提供目标瞄准和引导）
1973 年	以色列	在赎罪日战争中，以色列使用美军"火蜂"靶机与埃及交战，获得胜利
1976 年	美国	美军新型多用途无人作战飞机 BGM-34C 问世，其机头和其他元件可以更换，可执行侦察或攻击任务
1979 年	美国	因资金问题，美军取消了 Have Lemon 项目，并封存了"火蜂"系列无人机
1991 年	苏联	苏联图波列夫设计局设计的图 -300 无人飞行器开始试飞，机上配有大型武器挂架
1996 年	美国	美国 15 卷研究报告《世界新前景》问世，其论述无人作战飞机前景的内容（这项研究得出的一个结论是迫切需要作战用无人驾驶飞机综合体，不仅需要发展无人驾驶飞机系统技术，而且也迫切需要利用一切科学技术成果发展无人作战飞机本身）在某种程度上成为对西方新一轮无人作战飞机研制起推动作用的"催化剂"
1997 年	美国	美国国防部开始为美国空军 UCAV-ATD 计划拨款，旨在建造满足美国空军要求的无人作战演示验证机

附录1（续）

时间	国别	事件
1997 年	英国	英国国防部将未来攻击机（FOA）计划调整为未来空中攻击系统（FOAS）计划。英国在 FOAS 计划中首次提出了无人战斗机的发展愿景
1999 年 3 月	美国	美国国防预先研究计划局授予波音公司合同，用于研制两架 X-45A 无人作战飞机样机
2000 年 6 月	美国	美国海军启动了未来先进无人作战系统概念研究（UCAV-N）工作，与波音公司和诺斯罗普-格鲁门公司签订合同
2000 年 9 月	美国	X-45A 完成样机试制
2001 年 6 月	美国	诺斯罗普-格鲁门公司的"飞马座"获得美国海军青睐，获得正式编号 X-47A
2002 年	欧洲（德国）	欧洲 EADS 研制的"梭鱼"空中侦察和作战无人机项目启动
2002 年 5 月 22 日	美国	X-45A 在爱德华空军基地首飞并进行了一系列地面试验
2003 年 1 月	意大利	意大利阿莱尼亚公司研制的"天空"-X 无人作战飞机项目启动
2003 年 2 月 23 日	美国	X-47A "飞马座"原型机在美国海军中国湖航空武器试验场首飞
2003 年 4 月	美国	DARPA 决定将 UCAV-N 第 2B 阶段并入空海军联合研究项目
2003 年 5 月 1 日	美国	DARPA 授予诺斯罗普-格鲁门公司合同以制造两架 X-47B
2003 年 6 月	欧洲（法国）	欧洲"神经元"项目启动，项目由法国领导，多国参与
2003 年 7 月	美国	美国空海军联合研究项目被命名为 J-UCAS
2004 年初	欧洲（德国）	欧洲"梭鱼"无人机通过关键设计评审，开始机体部件的制造
2004 年 3 月	美国	X-45A 首次在试飞过程中投掷武器
2004 年 6 月 8 日	美国	波音公司开始组装首架 X-45C
2004 年底	欧洲（德国）	欧洲"梭鱼"无人机在曼兴第一次试飞
2005 年 5 月 29 日	意大利	意大利阿莱尼亚公司的"天空"-X 无人作战飞机首飞
2005 年 6 月 13 日	欧洲（法国）	欧洲"神经元"全尺寸样机在巴黎航展上亮相
2005 年	俄罗斯	俄罗斯米格公司启动"鳐鱼"无人作战飞机的研制计划
2005 年	俄罗斯	俄罗斯雅科夫列夫设计局推出了"突破"-U 无人作战飞机方案
2005 年	美国	美国 MQ-1B "捕食者"具备初始作战能力，可执行情报搜集和动态目标打击任务

附录 1（续）

时间	国别	事件
2006 年	美国	随着美国国防部发展战略的调整，X–45C 的研制工作冻结
2006 年 4 月 2 日	欧洲（德国）	欧洲"梭鱼"无人机首飞
2006 年 12 月 7 日	英国	英国国防部国防采购局（DPA）宣布授予 BAE 系统公司等为期 4 年价值 1.24 亿英镑的合同用于"雷神"项目
2007 年 8 月	美国	美国海军选择诺斯罗普 – 格鲁门公司的 X–47B 方案，用于研究海上发射和回收
2007 年 8 月	俄罗斯	俄罗斯"鳐鱼"全尺寸样机在莫斯科航展上亮相
2008 年	英国	英国于 2006 年从美国购入的 MQ–9"死神"开始执行任务
2008 年 6 月	美国	波音公司秘密启动"鬼怪鳐"项目，以 X–45C 验证机为原型，并沿用 X–45A 的一些成熟系统
2008 年 12 月 16 日	美国	X–47B 原型机设计完成
2009 年 10 月	美国	X–47B 的第 1 架原型机完成制造
2010 年 7 月 12 日	英国	"雷神"在 BAE 系统公司的沃顿工厂进行了公开展示
2011 年 2 月 4 日	美国	X–47B 的第一架原型机完成首飞，飞行高度达 1524m
2011 年 4 月 27 日	美国	波音公司的"鬼怪鳐"在位于爱德华空军基地的 NASA 艾姆斯研究中心秘密完成首飞
2011 年 7 月 2 日	美国	X–47B 在"艾森豪威尔"号航母上进行了一系列发射和回收试验，对舰载软件和系统进行了验证
2012 年 12 月 1 日	欧洲（法国）	法国达索航空公司宣布"神经元"无人机于当天首飞成功
2013 年 5 月 4 日	美国	X–47B 在帕图克森特河美国海军航空基地完成首次拦阻着陆
2013 年 7 月 10 日	美国	X–47B 在"乔治·布什"号航母上首次实现拦阻着舰
2013 年 8 月 10 日	英国	"雷神"无人机首次升空
2014 年 3 月 20 日	欧洲（法国）	"神经元"验证机与"阵风"战斗机、"猎鹰"7X 公务机完成编队飞行，这是世界上首次实现无人驾驶飞机与有人驾驶飞机协同飞行
2014 年 4 月 10 日	美国	X–47B 在帕图克森特河美国海军航空基地实现首次夜航着陆
2014 年 8 月 17 日	美国	X–47B 首次在"罗斯福"号航母上实现与有人机的协同飞行
2014 年 11 月 5 日	英国 / 法国	共同启动"未来空战系统"（FCAS）研究工作，承包商有 6 家，分别是 BAE 系统公司、达索航空公司、罗罗公司、斯奈克玛公司、塞莱克斯公司和泰雷兹公司，进行 FCAS 的总体方案论证。FCAS 概念建立在 F–35、"阵风"等有人驾驶战斗机与无人作战飞机协同作战的基础上。5 项优先任务为：压制和摧毁敌方防空系统（SEAD/DEAD）、攻击机场、打击战略目标、空中拦截和执行武装侦察任务

附录 1（续）

时间	国别	事件
2015 年 4 月 22 日	美国	X-47B 完成自主空中加油，成为全球首架实现空中加油的无人机
2015 年 9 月	欧洲（法国）	"神经元"无人机完成了全部飞行试验。
2015 年 11 月	英国	"雷神"无人机完成了三个阶段的飞行试验，完全验证了预期的任务能力
2016 年 3 月 3 日	英国（法国）	在英法首脑峰会上联合宣布两国分别出资 7.5 亿英镑，共同将"未来空战系统"计划推进到原型机阶段
2016 年 12 月	英国	英国国防部与通用原子航空系统公司签订合同，为英国空军研制"保护者"无人机系统，计划 2021 年底服役

附录 2　世界主要无人作战飞机研发机构

附 2.1　俄罗斯苏霍伊控股公司

苏霍伊控股公司的前身为苏霍伊设计局，于 1939 年由首任总设计师帕维尔·奥西波维奇·苏霍伊创建，并以他的姓（苏霍伊）命名。该公司以设计苏氏系列战斗机、客机、轰炸机闻名于世，现任总设计师为伊万诺夫。2020 年 1 月，公司首席执行官奥扎尔因苏 –57 飞机事故而被撤职，暂时由副总经理代管。

1992 年 4 月，苏霍伊设计局更名为苏霍伊航空科学生产联合体，到了 1993 年又改组为苏霍伊控股公司。新西伯利亚契卡洛夫飞机制造厂（NAPO）和阿穆尔共青城飞机制造厂为苏霍伊设计局领导的批生产厂，前者生产歼击轰炸机苏 –32、苏 –34，强击机苏 –25 及其改型，后者生产苏 –27、苏 –35、苏 –57 等。在苏霍伊控股公司内部还有一个运动飞机研发部门，曾经研制出苏 –26、苏 –29 和苏 –31 系列运动飞机，并在欧洲和世界运动飞机比赛中多次获奖。苏霍伊民机公司曾研制出超级喷气 100 系列民用飞机。

在 2007 年莫斯科航展期间，米格公司曾推出"鳐鱼"无人作战飞机演示模型。2009 年，"鳐鱼"项目停止，原设计团队与苏霍伊控股公司无人机研发团队合并，开始研制"猎人"–B 无人作战飞机。除了无人作战飞机外，苏霍伊控股公司还研制了不同用途的"探测器"系列无人机，其中"探测器"–1 和"探测器"–2 属于"全球鹰"级别的无人机。"探测器"–3 是类似于"捕食者"和"死神"的察打一体无人机。

附 2.2　美国诺斯罗普 – 格鲁门公司

诺斯罗普 – 格鲁门公司在 2015 年被评为世界第五大国防承包商。该公司在全球拥有超过 68000 名员工，2015 年营收为 235.26 亿美元。诺斯罗普 – 格鲁门公司在 2015 年的"财富"500 强榜单上排名第 124 位，位于军事最佳雇主前 10 位。

诺斯罗普公司由杰克·诺斯罗普创建。1895 年，诺斯罗普出生于新泽西州的内沃克。诺斯罗普曾先后在洛克希德公司和道格拉斯飞机公司工作，并参与了相关飞机的设计和机型研制。1928 年，诺斯罗普创立了自己的飞机制造公司。1929 年，诺斯罗普航空公司被联合航空运输公司收购，后并入道格拉斯飞机公司。1930 年，格鲁门飞机工程公司创立。1939 年，诺斯罗普公司重新成立。1994 年，诺斯罗普公司收购格鲁门公司，组建成立诺斯罗普 – 格鲁门公司，是一家全球航空和国防科技公

司，总部位于弗吉尼亚州西瀑布教堂。

诺斯罗普 – 格鲁门公司先后研制出 B-2 隐身轰炸机、E-2 预警机、E-8 预警机、EA-6 电子战飞机、KC-30 加油机、X-47A/B 无人作战飞机、"全球鹰"无人机、"火力侦察兵"无人直升机、F-14"雄猫"舰载战斗机等。

该公司在隐身技术上世界领先，技术储备雄厚。在第四代战斗机的竞标中，该公司研制的演示验证机 YF-23 的隐身性能好于 YF-22，只是因造价高昂而失利。

在无人作战飞机的演示验证项目中，诺斯罗普 – 格鲁门公司研制的 X-47B 无人作战飞机获胜。通过这个项目，该公司积累了无人作战飞机的经验和技术。在美国下一代远程轰炸机的项目竞标中，该公司获胜，目前正在为美国空军研制新型远程轰炸机 B-21。

附 2.3　美国波音公司

波音公司是全球最大的航空航天公司，也是世界领先的民用和军用飞机制造商。波音公司的总部位于芝加哥。波音公司下设两个业务部门：波音民用飞机集团和波音防务、空间与安全集团。

波音公司成立于 1916 年 7 月 1 日，由威廉·爱德华·波音创建，并于 1917 年改名波音公司。1929 年更名为联合航空运输公司。1934 年按政府法规要求拆分成三家独立的公司：联合飞机公司、波音飞机公司、联合航空公司。1961 年，波音飞机公司改名为波音公司。

1997 年，波音公司宣布与麦克唐纳·道格拉斯公司（简称麦道公司）完成合并，新的波音公司正式运营。麦道公司曾经是美国最大的军用飞机生产商，著名的 F-4"鬼怪"战斗机、F-15"鹰"式战斗机、C-17 军用运输机、DC 系列以及 MD 系列商用飞机就出自该公司。

在美国空军、海军和国防部推出的一系列无人作战飞机演示验证项目中，波音公司陆续推出了 X-45A/B/C 和 X-46 等无人作战演示验证机。在 2007 年 UCAS-D 项目中，波音公司败给了诺斯罗普 – 格鲁门公司的 X-47B。但在后续的舰载无人侦察和攻击飞行器（UCLASS）项目中，波音公司积累了飞翼布局无人机的研制经验。2016 年 UCLASS 项目下马后，波音公司研制的 MQ-25"黄貂鱼"在美国海军的无人加油机项目中中标。2019 年 10 月 19 日，波音公司宣布 MQ-25"黄貂鱼"在美国圣路易斯机场完成首飞。

附 2.4　美国洛克希德 – 马丁公司

洛克希德 – 马丁公司是一家由多家公司合并的公司。其前身之一的洛克希德公司创建于 1912 年，是一家美国航空航天制造商。公司在 1995 年与马丁·玛丽埃塔公司合并，并更名为洛克希德－马丁公司。目前洛克希德－马丁公司的总部位于马里兰州蒙哥马利县的贝塞斯达。

洛克希德－马丁公司最著名的军用飞机研发机构是秘密的"臭鼬工厂"。该设计团队以研制隐身飞机和侦察机而闻名，其中包括大名鼎鼎的 F-117 隐身攻击机，以及美军的绝密航空研制计划，如 U-2、SR-71 等。

洛克希德－马丁公司的另外一个优势是软件。该公司每年所编写的软件代码数量甚至超过了微软公司。为此，微软公司和洛马公司建立了战略合作关系，在一些美国政府国防项目上进行合作。根据相关资料，F-35 战斗机的初始源代码达到了 2200 万条（也有说 1900 万条），最后装机状态时也高达 800 万条。

该公司研制的主要战斗机机型包括 F-16"战隼"、F-22"猛禽"、F-35"闪电"Ⅱ等。

在无人作战飞机研制方面，洛克希德－马丁公司于 2007 年提出了 SR-71 侦察机的换代概念，携带在大气层与太空交界处发射的武器，集情报收集、侦察、监控、打击等诸多功能于一体。2007 年，一份未经证实的报道称洛克希德－马丁公司正在研制一种 $Ma6$ 的飞行器，2013 年 11 月 1 日的《航空和空间技术》首次公开了 SR-72。洛克希德－马丁公司首先研制单发缩比验证机，有人驾驶的飞行研究机计划于 2018 年开始研制，2023 年首飞。SR-72 计划于 2030 年投入使用。

附 2.5　美国通用原子公司

美国通用原子公司是通用动力公司的分公司，于 1955 年 7 月 18 日成立。其下属企业之一的美国通用原子航空系统公司（GA-ASI）在高性能无人机和各种传感器的研制方面处于世界领先地位。

从 20 世纪 90 年代起，通用原子公司在无人机领域取得突飞猛进的发展，最著名的就是"捕食者"系列无人机，包括最著名的 MQ-9"死神"。

附 2.6　法国达索航空公司

达索航空公司是法国第二大飞机制造公司，世界主要的军用飞机制造商之一，具有独立研制军用和民用飞机的能力。该公司自 1945 年成立以来，总共生产了各种飞机 3000 余架。达索航空公司多年来主要以军用飞机为经营重点，进入 20 世纪 90 年代以后才开始在高级公务机领域发展。

达索航空公司研制的军用飞机包括"幻影"系列战斗机、"大西洋"反潜巡逻机（与德、比、意、荷合作）、"美洲虎"战斗机（与英合作）、"阿尔法喷气"教练 / 攻击机（与德合作）以及"阵风"战斗机。

在无人机领域，由法国领导，瑞典、意大利、西班牙、瑞士和希腊参与，研制

了欧洲无人作战飞机"神经元"。该机可以在不接受任何指令的情况下独立飞行，并在复杂飞行环境中进行自我校正，同时它在战区的飞行速度超过现有任何侦察机。2012年11月，"神经元"无人机在法国伊斯特尔空军基地试飞成功。法国国防部称其开创了作战飞机的新纪元。

附 2.7 英国 BAE 系统公司

BAE系统公司是一家英国跨国国防、安全和航空航天公司，总部位于伦敦。该公司在英国和全球都有业务。它于1999年11月30日由两家英国公司马可尼电子系统公司和英国宇航公司合并而来。BAE系统公司是世界上最大的国防承包商之一。BAE系统公司参与了几项重大的国防项目，包括洛克希德-马丁公司的F-35战斗机、欧洲"台风"战斗机。旗下子公司包括澳大利亚BAE系统公司和BAE系统信息应用公司。

BAE系统公司参加了英国国防部最新的无人作战飞机演示验证机"雷神"项目。2006年初，BAE系统公司公开了有关无人机技术验证的一些基本情况。2006年12月7日，英国国防部在对这个全尺寸验证机的总体方案进行了全面细致的评审后，将一项价值1.24亿英镑的合同正式授予BAE系统公司领导的研制团队。该项目目前正在进行中。

附 2.8 EADS

EADS是欧洲的大型航空航天工业公司，是一个由法国公司、德国公司、西班牙公司组成的联合体。EADS是继波音公司之后世界上第二大航空航天公司，也是欧洲排名仅次于BAE系统公司的武器制造商，主要从事军民用飞机、导弹、航天火箭和相关系统的开发。

EADS于1999年成立，2014年更名为空客集团，其子公司空中客车公司的名称保持不变。

由EADS军用飞机分部负责研制的"梭鱼"无人机于2006年5月在柏林航展上首次展出。这架无人机只是作为一个技术验证平台，将来也不会投入生产，但是该机身上聚集了EADS在无人机研制方面的诸多新成果，是该公司未来无人机发展战略的重要一环。

2006年9月23日，"梭鱼"无人机在一次正常试飞中坠毁，被EADS看成是"在占领世界无人机市场领先地位"上的重大损失。尽管如此，EADS并没有停止这方面的研究，现在，该公司已经开始了下一架"梭鱼"无人机的制造工作，并且在上一架验证机上所取得的诸多经验都将应用在新飞机上。EADS下定决心要在无人机领域抢占先机，准备同美国制造商和英国BAE系统公司争夺未来市场。

参 考 文 献

［1］李明，王永庆. 无人作战飞机系统的技术发展［J］. 现代军事，2001（9）：10-11.

［2］Paul G F，Thomas J G. 无人机系统导论［M］. 北京：电子工业出版社，2003.

［3］田伟. 无人作战飞机航路规划研究［D］. 西安：西北工业大学，2006.

［4］祝小平，周洲. 作战飞机的发展与展望［J］. 飞行力学，2005，23（2）：1-4.

［5］李志. X-47B 战术技术指标分析研究［J］. 航空科学技术，2016，（4）：60-63.

［6］温杰. 英法联合打造未来空战系统［J］. 兵器知识，2016，（5）：52-55.

［7］马强，宁波，陈宇. 英国无人机发展概述［J］. 航空世界，2016，（4）：56-58.

［8］李春林，李高春. 英国"雷神"无人战斗机计划［J］. 飞航导弹，2008，（7）：
    15-18.

［9］Ben V. Taranis UCAV project takes off［R］. Jane's Defense Industry，2007.

［10］Adam Morrison. Taranis Fact Sheet［R］. BAE Systems.

［11］诺曼·弗里德曼. 全球作战无人机［M］. 聂春明，等，译. 北京：中国市场出
    版社，2011.

［12］知远. 近年来各国的无人作战飞机［OL］. http：//www.81.cn，2010.

［13］石一文. 在云端——中国"彩虹"系列无人机［J］. 兵器知识，2015，（12）：
    22-26.

［14］彩虹无人机科技有限公司. "彩虹"系列无人机［EB/OL］. 彩虹无人机科技有
    限公司，2020.

［15］中国航天科技集团有限公司. "彩虹"无人机家族"飞临"珠海航展，多款机型
    首次亮相［OL］. http://www.spacechina.com/n25/indexz.html，2016.

［16］闫东，周乃恩. "彩虹"无人机系列应用及展望［J］. 软件，2018，39（9）：
    117-122.

［17］李文正. X 系列飞行器从 X-1 到 X-45［M］. 哈尔滨：哈尔滨工业大学出版社，
    2004.

［18］薛槐敏，陈小红，徐茜萍. 美国大型攻击无人机及其发展趋势［C］. 2015 中国
    无人机系统峰会，2015.

［19］Kenneth M. Jane's unmanned aerial vehicles and targets［M］. Jane's Information
    Group Ltd.，2002.

［20］Wise K. X-45 program overview and flight test status［C］//2nd AIAA "Unmanned
    Unlimited" Conf. and Workshop & Exhibit，2003.

［21］温杰. X-45 换马甲：波音"鬼怪鳐"验证机首飞［J］. 兵器知识，2011，（7）：
    51-53.

［22］Frederic P M，Agnes F V，John M．Dassault nEUROn［M］．lphascript Publishing，2010.

［23］晨枫．"神经元"——老马塞尔的新梦想［J］．世界军事，2012，（7）：89-92.

［24］温杰．众望所归——"神经元"验证机首次公开亮相［J］．航空知识，2012，（4）：48-49.

［25］德俊．"神经元"和法国未来空中作战系统［J］．国际航空，2009，（8）：35.

［26］韩阜业．中国"智"造"云影"无人机［N］．解放军报，2017-11-24.

［27］董磊．"云影"无人机耀眼，未来或与歼-20协同作战［N］．参考消息，2016-11-04.

［28］万宏蕾．"云影"无人机：比"死神"快，可执行"斩首行动"［J］．瞭望东方周刊，2016，11.

［29］Davidson R．Flight control design and test of the joint unmanned combat air system X-45A［C］// AIAA 3rd "Unmanned Unlimited" Technical Conference，Workshop and Exhibit，2004.